国家电网公司
电力科技著作出版项目

柔性低频输电
控制保护技术

陈安伟◎主编

中国电力出版社
CHINA ELECTRIC POWER PRESS

内 容 提 要

本书系统讲述了柔性低频输电的理论和应用，重点介绍了柔性低频输电控制保护技术。全书共 12 章：第 1 章介绍了柔性低频输电的发展历程、基本特点和应用场景，重点讲述了柔性低频输电系统和换频器的拓扑结构；第 2～5 章介绍模块化多电平矩阵换流器（M3C），依次介绍了 M3C 的工作原理、主回路参数选择、站级控制与保护策略、阀级控制保护；第 6、7 章介绍了柔性低频输电的交流保护技术和设备；第 8、9 章给出了台州和杭州的柔性低频输电工程应用；第 10、11 章讲述了柔性低频输电工程的运维技术和异常处置、故障分析；第 12 章对柔性低频输电技术进行了总结展望。

本书适合从事柔性低频输电技术研究、开发、应用的技术人员和电力系统科研、规划、设计、运行的工程师，以及高等学校电力专业的教师和研究生阅读。

图书在版编目（CIP）数据

柔性低频输电控制保护技术／陈安伟主编. -- 北京：
中国电力出版社，2025. 1. -- ISBN 978-7-5198-9434
-4

Ⅰ．TM72

中国国家版本馆 CIP 数据核字第 20241U3B39 号

出版发行：中国电力出版社
地　　　址：北京市东城区北京站西街 19 号（邮政编码 100005）
网　　　址：http://www.cepp.sgcc.com.cn
责任编辑：刘　薇（010-63412357）
责任校对：黄　蓓　常燕昆
装帧设计：张俊霞
责任印制：石　雷

印　　　刷：北京九天鸿程印刷有限责任公司
版　　　次：2025 年 1 月第一版
印　　　次：2025 年 1 月北京第一次印刷
开　　　本：710 毫米×1000 毫米　16 开本
印　　　张：14.75
字　　　数：245 千字
印　　　数：0001—1000 册
定　　　价：88.00 元

本书编写组

主　　编　陈安伟

副 主 编　王凯军　朱　炯　陈水耀　黄晓明　刘伟浩　谭海云

参编人员　裘愉涛　方愉冬　潘武略　陆承宇　吴振杰　汤义勤

　　　　　裘　鹏　陆　翌　杨　帆　吴　靖　吴　坚　吴佳毅

　　　　　许　烽　胡　晨　乔　敏　徐路遥　倪晓军　黄　镇

　　　　　董云龙　陈建华　洪　丰　宁俊保　杨　晨　李新东

　　　　　徐一星　于　杰　邱德锋　万洛飞　沈从昱　马　伟

　　　　　姜　竞　徐灵江　蒋正邦　常俊晓　林艺哲　孙志攀

　　　　　顾益斌　吕江涛　杨　林　陈民权　史宇超　陈俊尧

　　　　　缪维颖　熊明玮　金　楷　霍　丹　洪慎之　戴世刚

　　　　　郑芷逸　胡耀华　孙思聪　沈泽锴　朱忆宁　徐成司

在能源转型与"双碳"目标的大力推动下，光伏、风电等新能源发电装机规模呈现出持续扩大的态势。这一发展趋势使得研发更适配、高效的输电技术迫在眉睫，因为只有这样，才能有效满足高比例新能源接入和新型电力系统安全稳定运行的严格要求。

柔性低频输电技术顺势而生，它基于电力电子技术，将传统 50Hz 工频降至约 20Hz。此举削减了输电线路的电容效应和电抗，大幅增强输送能力、延长输送距离、提高输送效率，并显著提升电网柔性控制水平。该技术在深远海风电送出等众多场景表现出色，对能源转型和新型电力系统构建意义重大，深受学术界与工业界重视。低频输电的构想其实由来已久。早在 1950 年，瑞典在本土至哥特兰岛的输电工程建设期间，就对 25、50/3Hz 交流输电及直流输电 3 种方案进行了全面且细致的技术经济比较。1994 年，中国科学院院士王锡凡前瞻性地提出了陆上采用低频方案进行远距离大容量架空线路输电的大胆设想。

近年来，随着电力电子技术的飞速发展，尤其是模块化多电平矩阵式换流器（M3C）技术取得了重大突破，低频输电技术得以成功迈入工程实用阶段。2022 年，全球首个柔性低频输电工程在浙江台州顺利投运，它开创性地采用 20Hz 频率，通过 35kV 海缆成功地将海上风电输送至陆上电网，为海上风电的大规模开发和利用开辟了新的途径。2023 年，杭州低频输电工程采用 20Hz 频率和 220kV 线路，成功实现了两个 500kV 供区 300MW 的柔性互济，有力地证明了大容量低频输电的可行性和巨大潜力。此外，正在加紧建设的华能玉环 2 号海上风电项目，作为世界首个应用 220kV 柔性低频输电技术的海上风电工程备受瞩目。

本书作为全球范围内首部全面阐述柔性低频输电原理与应用的重要著作，具有极其重要的学术价值和实践指导意义。书中详细介绍了低频输电系统的基本拓扑架构和 M3C 工作原理，深入剖析了主回路参数选取、主设备研发、控制保护策略及低频交流保护等核心技术，全面总结了工程在建设、运维及异常故障处置方面的成果与经验，凝聚了众多一线技术人员的智慧。我们由衷地期待，更多关注低频输电的专家、学者和技术人员能够从本书中获取宝贵的知识，共同携手推动低频输电技术在电力系统中的广泛应用，为新型电力系统的建设贡献力量，助力我国能源事业的高质量发展。

2024 年 5 月

前　言

在全球能源转型的汹涌浪潮中，电力作为能源的关键载体，其输送技术的创新与发展已成为推动能源高效利用和可持续发展的核心要素。低频输电技术，作为新兴崛起的前沿输电技术，正日益受到广泛的关注与深入研究。

电力输送一直是电力系统中举足轻重的环节。伴随能源需求的持续攀升、可再生能源的大规模开发及电网架构的日趋复杂，传统输电技术在特定场景下渐露疲态，其局限性日益凸显。低频输电技术也称为分频输电技术，其通过交交变频装置将 50Hz 工频电力降为非工频进行传输，或由可再生能源直接发出低频电力予以输送。低频输电技术的问世，为解决上述难题开辟了全新的路径与可能。

低频输电技术巧妙融合了直流输电和常规交流输电的优势，既能大幅削减线路电抗与充电无功，显著增强线路输送容量，又能承袭交流输电在电压等级变化、故障开断和组网方面的长处。这种特质，令低频输电在应对中远距离输电、海上风电送出、多端互联组网等问题时，彰显出巨大的潜力。针对低频输电的工 / 低频交交变频方案，国内外学者已提出众多技术路线，涵盖三倍频变压器和同步变频机等早期的铁磁、旋转变频方式，以及基于半控型晶闸管的相控交交换频器、周波变换器、矩阵型变换器等。上述变频方式虽结构简易、造价较低、可靠性较高，然而铁磁型换频器效率低下且谐波偏大，基于半控型晶闸管的相控交交换频器存在谐波大、动态响应迟缓、故障穿越能力欠佳、需要无功补偿装置和大量滤波装置及换相失败等问题。由于模块化多电平矩阵式换流器（M3C）采用全控型器件，具备潮流灵活调节的优势，近年来在柔性低频输电工程中得以应用。

柔性低频输电的应用前景极为广阔。例如，针对中远距离新能源汇集送出应用场景，在海上构建一个经济高效、灵活柔性且可靠自愈、与陆地低频换流站多点互联的低频输电系统；针对海岛及城市电网多端互联应用场景，柔性低频输电技术在海岛及城市电网电缆输送能力提升改造、多端互联组网等方面极具经济优势；针对多馈入特高压直流落点应用场景，新能源的大量接入致使电网出现短路电流超标、潮流疏散受断面限额制约、故障连锁风险等状况，采用柔性低频输电构建多供区互济电网，是解决多馈入特高压直流落点问题且具经济优势的良策。

我国在柔性低频输电工程领域进展迅猛，国家电网有限公司有多个 M3C 工程已经建成或正在建设。例如，浙江省于 2022 年 6 月 16 日投运的台州 35kV 柔性低频输电示范工程，乃世界首个运行于 20Hz 频率下的海洋输电工程；2023 年 6 月 30 日投运的杭州 220kV 柔性低频输电工程，是我国首个 220kV 柔性低频输电工程，同时也是当下全球电压等级最高、输送容量最大的柔性输电工程。

鉴于柔性低频输电技术的工程应用时间尚短，尤其是基于 M3C 的柔性低频输电技术发展历程更为短暂，首个示范性工程仅投运两年有余，因而此方面的专著凤毛麟角。本书在总结已有工程经验，深度剖析相关技术难题及其解决方案，并广泛参考前沿理论研究成果的基础上编写完成。

本书旨在对柔性低频输电控制保护技术进行全面、系统的整合与阐释。从基本原理、技术特点到工程应用实例，致力于为读者呈现一个清晰、完备的低频输电技术体系。本书共 12 章，主要内容涵盖柔性低频输电系统的基本拓扑结构、M3C 工作原理、M3C 主回路参数选择、M3C 站级控制与保护策略、M3C 阀级控制保护、柔性低频输电交流保护技术、柔性低频输电设备，以及工程应用、运维技术、异常处置和故障分析等。本书适合从事低频输电控制保护技术研究，直流输电工程设计、建设、运行，低频输电设备制造，电力系统规划设计和运行管理，以及大功率换流技术等领域的专业技术人员及管理人员阅读使用。同时，也可作为高等院校相关专业研究生和大学生的参考读物。

本书参编人员多为长期投身低频输电科研、设计及工程建设的专业技术人员。在本书的编写过程中，得到了国网浙江省电力有限公司、浙江省电力设计院、南京南瑞继保电气有限公司及国电南瑞科技股份有限公司等单位的鼎力支持，在此深表谢意。

由于编者的水平和经验所限，书中难免存在疏漏之处，恳请读者不吝批评指正。

编　者
2024 年 5 月

目　　录

第1章

概　　述

1.1　柔性低频输电发展历程

近年来国内外风电发展重心已呈现出从陆上转移至海上的趋势。海上风电场具有风能稳定、发电利用小时数高、基本不受地形地貌影响和适宜大规模开发等优点。其中，离岸大于 100km、水深超过 50m 的远海领域具有更加广阔的海域资源和更加庞大的风能储量，具备极佳的发展潜力和开发前景。以英国、德国为代表的海上风电技术领先国家已率先布局远海风电领域，目前已投运或在建的远海风电场主要集中在欧洲地区，包括 2013 年完工的德国 BARD Offshore I 海上风电场、2017 年投产运行的英国 Hywin 海上风电场和正在建设的英国 Hornsea Project One 海上风电场。在国内，随着近海风电工程的逐渐饱和，针对远海风电送出系统的研究也正在陆续展开，但总体而言仍处于初始阶段。目前，我国已投运或在建的海上风电送出系统一般采用工频高压交流方案或柔性直流方案。

我国岛屿众多，蕴藏着丰富的可再生能源、矿产资源、渔业资源、旅游资源和港口资源等，合理开发海岛是发展海洋经济的重要途径，具有重要的经济意义和国家战略意义。电力供应是海岛建设的基础条件之一，保障海岛电力供应的安全性、可靠性和经济性是电力规划设计工作的重要任务。近年来我国经济发展迅速，各海岛电力负荷呈持续增长趋势，尤其是以旅游业为主的海岛，用电负荷增长较快，在用电高峰的旅游旺季，当地电网稳定性问题突出，使得海岛发展存在瓶颈。孤岛电力系统具有规模容量小、电网较为薄弱、电压波动大的特点；由内陆主网向海岛供电，有助于解决海岛电网电能质量和系统稳定性等问题，同时还具备零排放、主网电价成本低等优势。目前海岛供电多采用高压交流输电方案或者柔性直流输电方案[1, 2]，其中高压交流方案由于输电距离远等导致电能质量无法得到充分保证，而柔性直流输电投资较大且不利于组网。

另外，随着国民经济的快速增长，大型城市用电负荷快速增加，我国城市电网建设不断加强。大型城市电网大都在外层形成直接与输电网相连的 500kV 环网，接受外部电源供电；内层采用 220kV 电网深入供电中心，构成骨干网架，给负荷中心提供电能。大型城市电网一般采取 220kV 电压等级分区运行模式以限制电网短路电流和消除电磁环网。然而，城市电网分区独立运行也带来一些安全性问题，如各分区供电能力不足、电力平衡与"$N-1$"故障后潮流过载、电网故障后母线电压水平较低、系统短路电流过大、城市负荷中心缺乏足够的电压支撑等，造成暂态电压稳定问题。为解决上述问题，通过分区间进行紧急功率支援显得非常必要，但如果直接闭合联络线进行功率支援，由于潮流不可控，容易造成事故扩大化。因此，对城市分区柔性互联技术展开深入研究是非常有必要的。现有研究中对于城市分区柔性互联的讨论主要局限在以背靠背换流站为代表的柔性直流输电领域；但是在实际工程建设中若采用柔性直流输电技术，还需要考虑输电线路交改直、直流电缆空间电荷积累效应和直流故障保护措施等问题。

为解决上述问题，发挥工频交流组网便捷和直流可远距离大容量输电的技术特点，充分挖掘频率维度在输变电领域的利用潜能，介于工频和直流之间的柔性低频输电技术得到了广泛的关注。与直流利用电力电子装置将工频 50Hz 变成直流 0Hz 类似，基于电力电子的柔性低频输电技术是一种将工频 50Hz 变成约 20Hz 的新型输电技术，其特性介于交流和直流之间：①在相同电压等级下，低频输电可传输容量和传输距离优于工频交流输电；②在组网方面，类似工频交流，低频输电容易实现电压等级变换和故障电流开断，易于组网。

近年来，低频输电作为一种颇具竞争力的远海风电送出方案，引起了学术界的广泛关注[1, 2]。采用低频交流输电系统完成中远距离海上风电送出，能够大大提升交流海缆的输电能力，无需设置海上换流站及海上换流平台，便于海上风电集群组网[3-4]。鉴于上述低频交流输电技术在电缆输电领域的独特优势，低频交流输电方案也是一种极具竞争力的海岛供电方案[7-9]。而在大型城市电网现有交流电缆系统两端加变频站即可完成由常规交流互联系统向低频交流互联系统的升级，减小了线路改造的难度和隧道反复开挖对城市环境造成的不良影响，同时也可以消除电缆空间电荷积累效应，交流故障的处理难度也较低。

交交换流阀是低频输电系统最核心的设备，其发展先后可分为三个阶段：

第一阶段，采用铁磁饱和特性构成的三倍频变压器实现 50/3Hz 与工频 50Hz 的变换，但倍频变压器存在效率低和深度饱和的变压器工作点不稳定等问题，且利用倍频变压器无法实现从工频到低频的转换，因此没有得到推广应用[7]。

第二阶段，采用基于半控器件晶闸管的交交换流阀（周波变换器）作为低频输电系统的关键变频设备，但交交换流阀存在谐波大、需要无功补偿及易发生换相失败等问题[11]。

第三阶段，采用全控型器件[7,12]的交交换流阀，可采用多种拓扑结构，其中基于链式 H 桥的模块结构（如图 1-1 所示）适用于高压大容量场合，该拓扑通过控制 H 桥模块的输出电压可以灵活地实现工频和低频的转换。

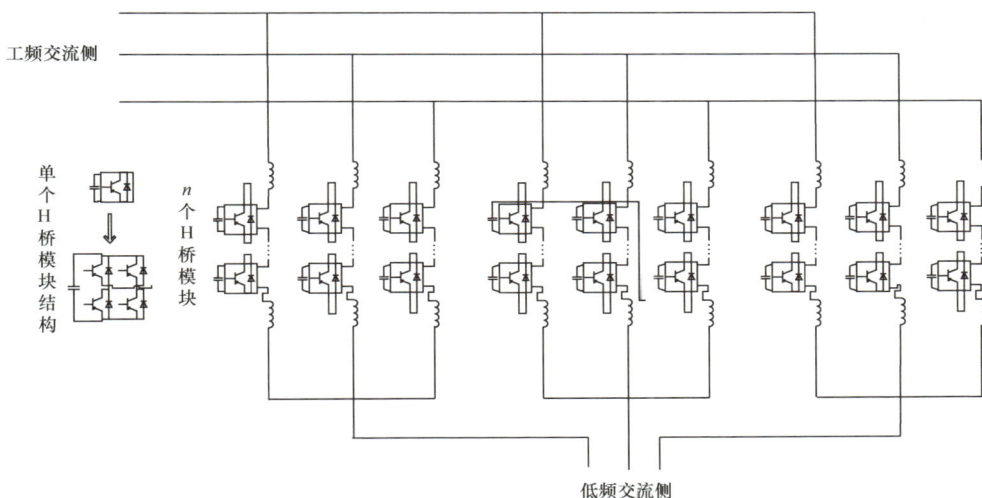

图 1-1　基于链式 H 桥模块的交交换流阀结构

1.2　柔性低频输电系统的基本特点

1.2.1　柔性低频相比工频的技术优势

相比工频交流，柔性低频具备更大容量和更远距离的电能传输能力。对于远距离架空线输电系统，若降低系统传输频率至 50/3Hz，可使线路电抗减少为工频时的 1/3 左右，输电线路的静稳极限增大为工频时的 3 倍（综合考虑线路静稳极限和热极限的约束，线路的输送容量可提升为工频时的 2.5 倍左右），电压波动将减小为工频时的 1/3；对于采用电缆传输的供电系统，降低频率对改善集肤效应效果显著，可减小导体损耗，提高线路载流量，并且由于容抗增大为工频时的 3 倍，释放了大量的无功容量用于有功功率的传输，从而提升了电缆的有效输送容量。同时，柔性低频输电具备潮流控制、动态电压支撑等工频无法具备的柔性调控能力。

1.2.2　柔性低频相比柔性直流的技术优势

相比柔性直流输电，低频交流输电具备更强的组网能力。由于柔性低频仍属于交流范畴，无需直流断路器，可使用交流开关组成低频交流输电网络，无需面对柔性直流系统电流难以切断导致保护困难的难题；同时柔性低频系统可通过交流变压器进行变压，组成不同电压等级的互联系统，具有更强的组网性能和更灵活的运行方式。

对于风电、水电等低转速原动机电能送出场景，低频输电系统无需建设电能送出端的换流站，同时节省了换流站的检修成本和时间，能提高电能利用小时数，在一定的输电距离内相比柔性直流具有经济优势。

1.2.3　柔性低频存在的问题

低频输电系统需要利用电力电子换流阀实现工频和低频的转换。换流阀投资大，以采用模块化多电平矩阵式换流器（modular multilevel matrix converter，M3C）换流阀为例[13]，由于采用 9 桥臂结构，相比 6 桥臂结构的柔性直流换流阀，在同电压等级和容量情况下低频换流阀投资更高。同时由于频率的降低，低频变压器与工频变压器相比，在相同电压等级及容量条件下质量、体积和成本都会增大，损耗略有增加[4,14]。以 220kV 电压等级为例，低频变压器的质量和成本约为工频变压器的 1.61 倍，体积约为 1.59 倍，损耗约高 7%。

此外，由于仍属于交流输电范畴，低频输电的输电距离和输电容量相比工频有所提升，但不及直流输电技术，尤其在 35kV 及以下电压等级，低频输电技术输电距离和输电容量相比工频交流优势并不突出。

工频交流、柔性低频和柔性直流的技术对比如表 1-1 所示。

表 1-1　　　工频交流、柔性低频和柔性直流的技术对比表

输电方式	远距离大容量传输能力	组网能力		柔性调控能力	投资成本
		故障电流开断能力	变压能力		
工频交流	弱	强	强	无	较低
柔性低频	较强	强	较强	强	高
柔性直流	强	弱	弱	强	高

1.3　柔性低频输电系统拓扑

柔性低频交流输电通过 M3C 构成三相交流输电系统，构建单端、双端及多端典型系统拓扑。单端系统拓扑适用于风电、光伏等新能源并网送出，要求电源侧并网换流器可以直接输出低频交流电能；双端系统拓扑可以实现异步工频电网互联，满足潮流跨区域互济需求；多端系统拓扑可实现不同形式的源、荷、储互联互补。三种低频交流输电系统的拓扑结构如图 1-2 ～图 1-4 所示。

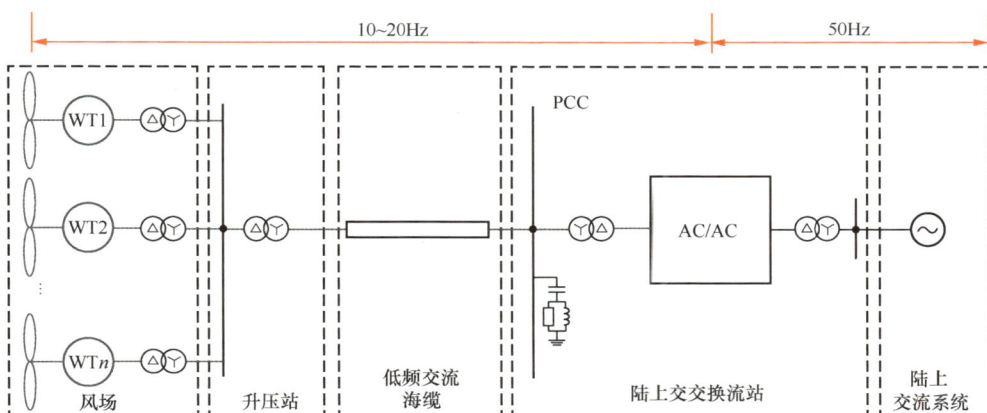

图 1-2　单端柔性低频交流输电系统拓扑结构

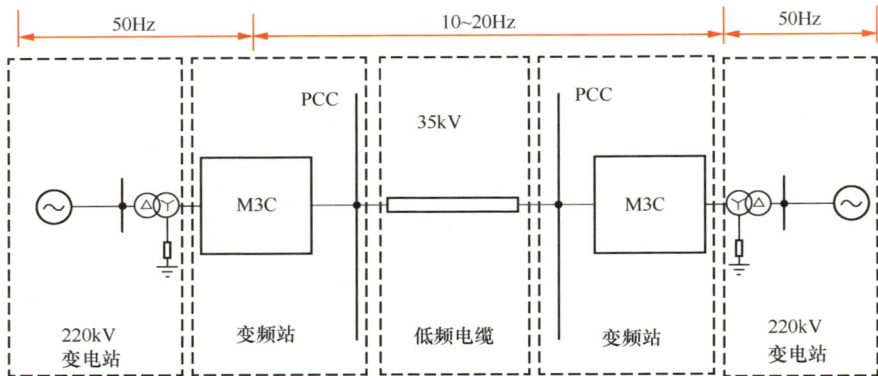

图 1-3   双端柔性低频交流输电系统拓扑结构

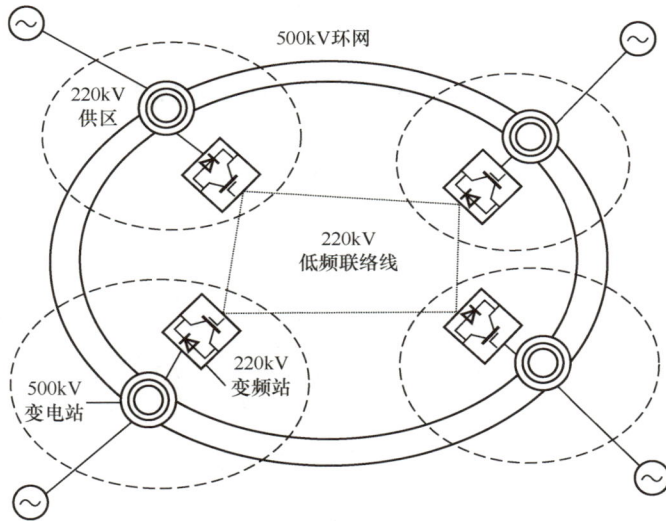

图 1-4   多端柔性低频交流电网系统拓扑结构

1.3.1   单端柔性低频交流输电系统

单端柔性低频交流输电适用于中远海风电大容量送出，其系统架构如图1-2所示。海上风机换流器直接输出低频电能，经低频交流汇集升压后，由海缆线路送至岸上，通过岸上换流器实现频率变换后并入工频电网，无需在海上增设无功补偿平台或换流平台。柔性低频交流输电系统通过降低频率，可降低线路感抗。对于采用电缆的输电方式，传输能力主要由热稳极限决定，频率降低可大幅降低电缆的充电无功，并提高电缆的载流量，提高传输能力。此外，频率降低还可减少电压跌落。

工频交流送出方式下，随着输电距离增加，输送功率快速下降；海缆充电功率与输电电压的平方成正比，电压等级越高则功率输送的极限距离越短[19]。电压等级为 220kV、输送距离为 70km 时，输送功率为 300MW；输送距离变为 200km 时，输送功率降至 200MW；输送距离变为 260km 时，输送功率降低接近为零。电压等级为 330kV、输送距离为 70km 时，输送功率为 460MW；输送距离变为 200km 时，功率降低接近为零。在系统频率为 20、50/3、12.5Hz 时，电压等级为 220kV，输送距离为 200km 的柔性低频交流输电系统输送功率可分别达 400、420、450MW；电压等级为 330kV 时，输送功率分别达 560、600、650MW。可见，采用 20Hz 及以下的柔性低频交流输电，显著提升了单回海缆输送能力，可实现中远距离海上风电场的单回海缆送出。

1.3.2　双端柔性低频交流输电系统

双端柔性低频交流输电系统适用于跨区域电网柔性互联，也可用于陆上大规模新能源发电汇集后低频送出。柔性低频交流输电系统具备四象限运行能力，在进行系统频率变换的同时，还可通过对输出电压幅值与相位的灵活控制，实现工频和低频系统的潮流控制、动态无功补偿、电压支撑等柔性调控功能。双端柔性低频交流输电系统结构如图 1-5 所示，其特殊的拓扑结构和控制方法可对工频、低频两侧进行解耦控制，实现异频系统或区域电网的柔性互联。

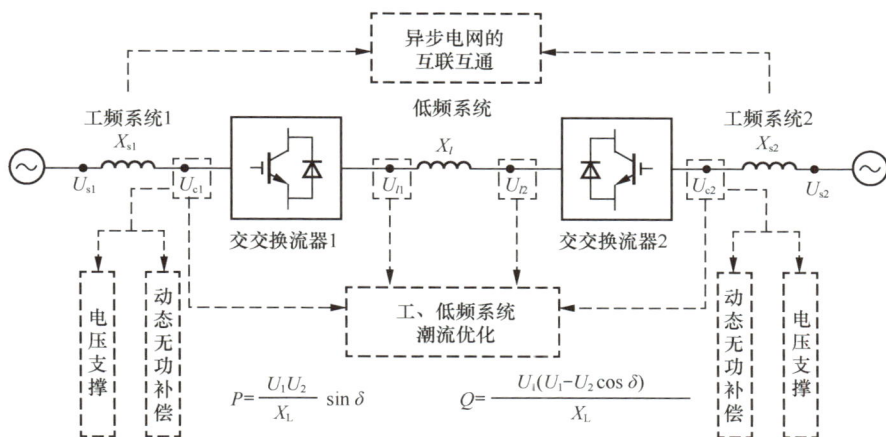

$$P = \frac{U_1 U_2}{X_L} \sin \delta \qquad Q = \frac{U_1(U_1 - U_2 \cos \delta)}{X_L}$$

图 1-5　双端柔性低频交流输电系统结构

我国西藏地区清洁能源丰富，但本地电源开发不足，区外联网通道送电占比高，任一通道故障都会产生较大的有功功率缺额。同时，西藏地区地域辽阔、负荷分散，长链式弱互联输电通道送电能力低，电压、频率、功角稳定问题突出；电力电子化特征明显，本地惯量支撑能力严重不足，外联通道弱互联，藏中负荷中心空心化问题严重。采用柔性低频交流输电技术，可以提高西藏地区和相同类型地区电网的新能源基地及水光互补基地电源的大范围汇集与送电能力。通过低频化降低线路阻抗可以提高交流电网强度，从而提高新能源消纳能力和并网稳定水平，以及本地电源电力供应水平，同时减少区外联网通道供电压力，弥补工频汇集、输电能力受限，以及柔性直流和直流组网困难、经济性差和可靠性不足。此外，柔性低频输电采用电压源型换流器，可为该地区提供功率控制、无功补偿、动态电压支撑等柔性调节功能，提高电网尤其是负荷中心的安全稳定运行水平，有利于支撑大规模新能源跨区远距离送出，并且可实现工频电网间的交流异步互联。

1.3.3 多端柔性低频交流电网

多端柔性低频交流电网适用于海岛互联供电和城市电网分区柔性互联等场景。

离岸距离较远的海岛群通过交流海缆实现岛屿互联，构成岛群互联电网，并通过海缆线路与陆上主网相连，海缆用量较大。受海缆线路充电功率与护套损耗等因素影响，海缆线路有效载流量受限，同时线路末端供电电压偏差受相关标准约束，海岛互联海缆线路输送能力受限。此外，海岛新能源并网对海岛互联电网的柔性调节功能也提出了新的要求。柔性低频交流输电可应用于海岛互联供电场景中，其优势主要有：

（1）系统频率降低，可减少海缆线路充电功率和护套损耗，提升海缆线路有效载流量，还可以通过灵活控制低频侧电压解决线路两端电压越限问题，从而大幅提升现有电压等级线路的输电能力。同时，仅需在现有的变电站内加装交交换流器，由于电压等级和容量都相对较低，换流器可借鉴常规大功率风电换流器类似的交交变频技术，其成熟度和经济性较好，相对于采用更大截面的海缆线路和整体提高系统电压等级更能节省工程投资。

（2）基于柔性低频交流输电技术组成的海岛互联电网，具有灵活调控等柔性控制功能，便于岛上新能源接入，也可实现与陆上主网的柔性互动，进一步提升系统供电能力。

中国省级电网以 500kV 电压等级为主，通过降压至 220kV 为大型城市供电，由于普遍采用分区解环方式运行，影响了电网供电可靠性。城市电网线路以电缆为主，充电功率大，存在电压越限及无功倒送问题。将柔性低频交流输电技术应用于城市电网，一方面可实现分区电网的柔性互联，增加供电可靠性，且不增加短路电流；另一方面，将局部电网改造为柔性低频电网，可降低电缆线路充电功率，抑制电网电压波动及无功倒送，提升电网供电能力。

1.4　换频器拓扑结构

换频器是柔性低频交流输电系统中最重要的元件，类似于高压直流（high voltage direct current，HVDC）输电系统中的换流器[20]，主要影响低频系统的经济性。常见的换频器拓扑结构有以下三类。

1.4.1　基于晶闸管的交交换频器

基于晶闸管的交交换频器拓扑结构如图 1-6 所示。晶闸管的半控特性决定了交交换频器必须从两侧电网吸收大量的无功功率，并向电网注入较多的谐波，因此需要考虑谐波抑制及无功补偿问题。

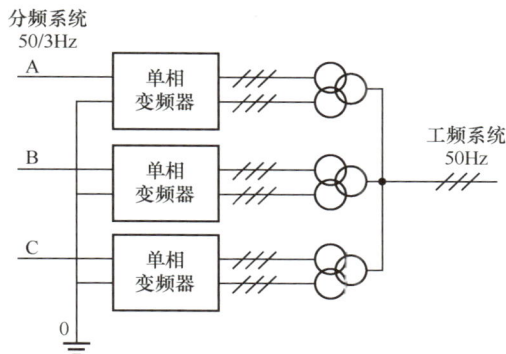

图 1-6　基于晶闸管的交交换频器拓扑结构

1.4.2　基于背靠背模块化多电平换流器的换频器

直流线路长度为零的柔性直流输电系统统称为背靠背柔性直流输电系统[21]，

其整流侧设备和逆变侧设备安装在同个换流站内。基于背靠背模块化多电平换流器（back-to-back modular multilevel converter，BTB-MMC）的换频器通过交流—直流—交流的换流拓扑结构也能够实现两侧交流系统频率的变换，如图1-7所示。然而在相同电压等级与输电容量下，BTB-MMC需要更多的桥臂（12个桥臂）、更多的子模块及更多的开关器件，子模块的电容器容值也更高，因此一般不采用BTB-MMC换频器。

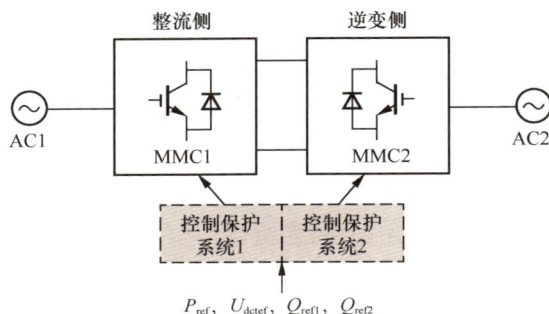

图 1-7　基于背靠背模块化多电平换流器的换频器拓扑结构

1.4.3　基于全控器件的矩阵式换频器

基于全控器件的矩阵式换频器具有谐波少和网侧功率因数可控等优点。限于当前绝缘栅型双极型晶体管（insulated gate bipolar transistor，IGBT）的制造水平，传统的两电平矩阵换流器无法直接应用于高压输电领域，但是近年来基于模块化多电平换流器技术的模块化多电平矩阵式换流器（M3C）技术大大弥补了这些缺陷[22]。M3C易于高压、大容量扩展；相较于BTB-MMC的交流—直流—交流换流拓扑，M3C采用无直流环节的交交换流，其所需的桥臂、子模块及开关器件数量更少，子模块电容器容值更低，基于IGBT的模块化多电平矩阵式换流器拓扑结构如图1-8所示。同时，M3C适用于工频、低频输出电压等级相近的场景，可辅助变压器配合应用，尤其适用于高电压等级、大容量柔性低频交流输电系统。美中不足之处在于全控性器件IGBT的成本相比晶闸管仍然较高，因此M3C的经济性仍有很大的提升空间。

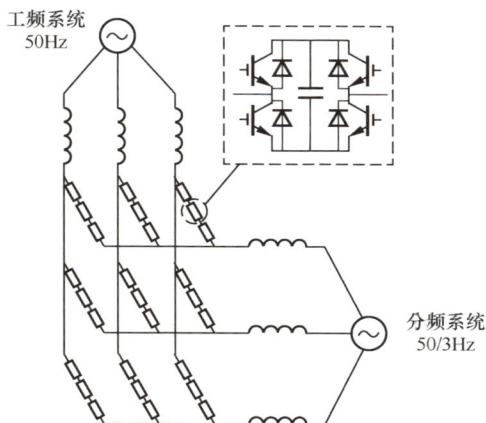

图 1-8　基于 IGBT 的模块化多电平矩阵式换流器（M3C）拓扑结构

1.5　柔性低频输电应用场景

作为工频交流和直流输电的有益补充，低频输电可在特定场景下发挥其技术优势，主要体现在以下两大方面：①中远距离风电等低转速原动机电能送出场景；②对输电距离、柔性调控能力和组网能力要求较高的场景，如新能源发电汇集与送出和城市供电增容改造、偏远地区供电等供电提升特定场景。

1.5.1　中远距离大容量风电送出

目前世界范围内海上风电的发展逐渐呈现出深海化和远海化特点。工频交流输电一般适用于装机容量在 400MW 以下、距离并网点在 70km 以内的风电场；柔性直流输电适合风电的远距离输送，通常在 200km 以上，但海上换流站建设成本和运行维护费用高；在 70～200km 范围内，低频输电技术可满足风电输送距离和容量需求，且无需建设风电送出侧换流平台，可靠性和经济性更高[23,24]。以离岸 80km、1100MW 江苏如东海上风电项目为例，柔性低频交流送出与柔性直流送出方式相比，节约工程投资约 7.4 亿元，占送出系统总造价的 17.6%，且可节省每年约 1.2 亿元的海上换流站运维成本，约占风电场总运维成本的 25%。

1.5.2　新能源发电汇集与送出

新能源发电的间歇性、波动性导致其汇集与送出的平稳性较差,给系统的安全稳定运行带来压力。与柔性直流类似,低频输电系统采用电力电子变换器,可以对线路潮流进行灵活控制,同时可以为系统提供动态无功支撑,有利于维持系统电压稳定,因此低频输电技术十分适用于新能源发电汇集与送出。

与张北四端柔性直流系统功能相同,通过构建基于柔性低频的新能源多端汇集与送出系统,可充分发挥不同类型新能源和储能的协调互补作用,实现功率波动的集中平抑,对交流系统呈现平稳的电源特性。

1.5.3　供电提升特定场景

城市电网电缆化导致充电无功大,输送距离及容量受限,同时由于城市电网走廊紧张,线路改造困难,而通过局部电网低频改造可以降低充电无功,释放线路有功传输容量,且频率降低有利于提升电缆线路热稳极限。利用上述特点,低频输电技术可应用于城市电网的增容改造,而且不需要新建输电线路。

相比工频,低频线路的电抗降低,可有效减小末端电压波动,在末端电压满足标准规定的前提下,提高电能的传输距离。利用该特点,低频输电技术可应用于海岛和偏远地区等中远距离负荷供电的应用场景,并易于实现组网。

第 2 章

M3C 工作原理

2.1　M3C 拓扑结构

模块化多电平矩阵式换流器（M3C）的主回路包括输入侧和输出侧的联结变压器、桥臂电抗器、子模块电容器等一次设备[26]。M3C 主回路一个半桥子模块的拓扑结构如图 2-1 所示，可以把 M3C 看作是 MMC 拓扑结构的扩展。图 2-1 中的 M3C 主回路结构，可以看作是在 MMC 上、下各 3 个桥臂结构的基础上又增加了中间 3 个桥臂[25]，进而使 MMC 从上桥臂公共母线到下桥臂公共母线之间输出的直流电压变成了 M3C 从上桥臂公共母线、中间桥臂公共母线和下桥臂公共母线输出的三相交流电压，实现了从输入端的三相交流电压到输出端的三相交流电压的变换，且这个变换包含了三相电压幅值的变换和三相电压频率的变换，实现了交交换频器的功能[27-29]。

对于如图 2-1 所示的三相 M3C 拓扑结构，输入侧电气量的下标用大写字母（A、B、C）和字母 i 表示，输出侧电气量的下标用小写字母（a、b、c）和字母 o 表示，桥臂电抗器和桥臂子模块的命名采用普遍接受的命名规则，例如，u_{Ca} 表示桥臂 Ca 上所有子模块合成的电压，而 u_{cCa1} 表示桥臂 Ca 上第 1 子模块的电容电压。特别注意 "V" 和 "v" 是表示位置的符号，"V" 表示输入侧的阀侧，"v" 表示输出侧的阀侧，而 E_{VA}、E_{VB}、E_{VC} 表示输入侧各相 3 个桥臂的公共连接点，而 E_{va}、E_{vb}、E_{vc} 表示输出侧各相 3 个桥臂的公共连接点。

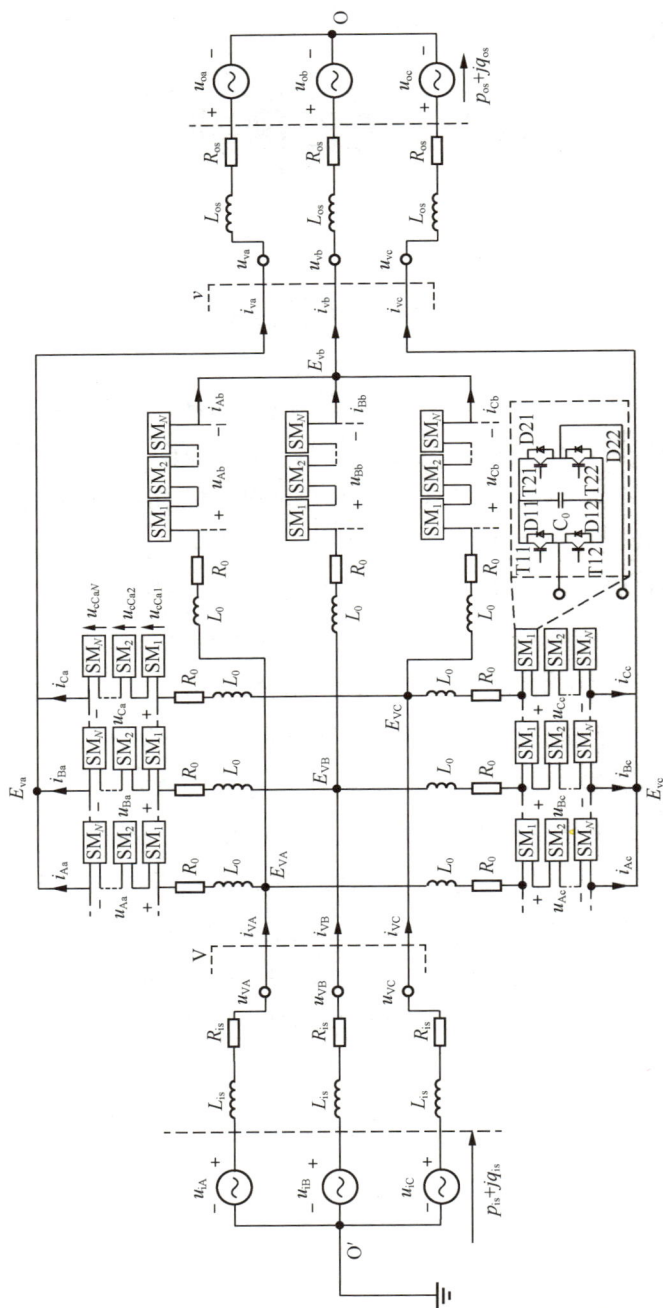

图 2-1 一个半桥子模块的拓扑结构

2.2 M3C 工作原理

M3C 可以采用图 2-2 所示的单相基波等效电路来表示，工频交流电网与低频交流电网经过 M3C 单相等效桥臂相连，单相等效桥臂电压为 u_{arm}。M3C 换流站在工频侧和低频侧的母线分别用 PCC1 和 PCC2 两个公共连接点表示，PCC 点的换流器一端，M3C 桥臂出口在工频侧和低频侧的母线分别用 diff1 和 diff2 表示，桥臂出口经由等效桥臂电抗 $X_{\text{L}0}/3$ 与联结变压器漏抗和 PCC 点连接，PCC 点的系统一端由交流系统理想电压源串联一系统阻抗来等效。

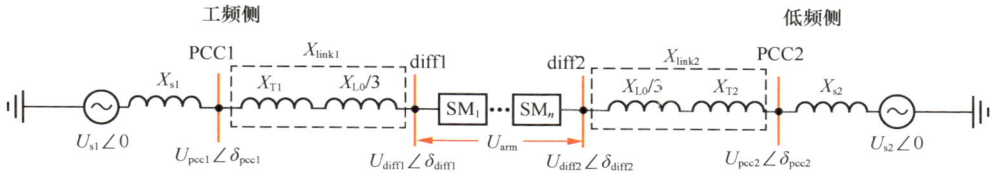

图 2-2　M3C 等效电路

在输入侧和输出侧对称且环流控制到零的条件下，基于 M3C 等效电路，可以推出单相等效桥臂的电压 u_{arm}、电流 i_{arm} 与工频侧、低频侧交流电压、交流电流关系为

$$u_{\text{arm}} = u_{\text{diff1}} - u_{\text{diff2}} \qquad (2\text{-}1)$$

$$I_{\text{arm}} = \frac{1}{3} i_{\text{v1}} + \frac{1}{3} i_{\text{v2}} \qquad (2\text{-}2)$$

式中，u_{diff1}、i_{v1} 分别表示换流器工频阀侧交流相电压、交流电流；u_{diff2}、i_{v2} 分别表示换流器低频阀侧交流相电压、交流电流。由于是正序基波等值电路，工频侧交流电流 i_{v1} 与低频侧交流电流 i_{v2} 处处相等，根据基尔霍夫电压定理，可以推出换流器阀侧电压 u_{diff1}、u_{diff2} 与交流系统电压 u_{s1}、u_{s2} 的关系如下

$$u_{\text{diff1}} = u_{\text{s1}} - (L_{\text{s1}} + L_{\text{T1}} + L_0/3) \frac{\mathrm{d}i_{\text{v1}}}{\mathrm{d}t} = u_{\text{s1}} - (L_{1\Sigma}) \frac{\mathrm{d}i_{\text{v1}}}{\mathrm{d}t} \qquad (2\text{-}3)$$

$$u_{\text{diff2}} = u_{\text{s2}} + (L_{\text{s2}} + L_{\text{T2}} + L_0/3) \frac{\mathrm{d}i_{\text{v2}}}{\mathrm{d}t} = u_{\text{s2}} + (L_{2\Sigma}) \frac{\mathrm{d}i_{\text{v2}}}{\mathrm{d}t} \qquad (2\text{-}4)$$

交流系统相电压 u_{s1}、u_{s2} 与电流 i_{v1}、i_{v2} 可以由下面两组方程表示

$$\begin{cases} u_{s1} = U_{m1}\cos(\omega_1 t + \theta_{12}) \\ i_{v1} = I_{m1}\cos(\omega_1 t + \theta_{12} - \varphi_1) \end{cases} \tag{2-5}$$

$$\begin{cases} u_{s2} = U_{m2}\cos(\omega_2 t) \\ i_{v2} = I_{m2}\cos(\omega_2 t - \varphi_2) \end{cases} \tag{2-6}$$

式中，L_{s1}、L_{s2} 分别表示工频系统、低频系统的系统等值电感；L_{T1}、L_{T2} 分别表示工频变压器、低频变压器的等值电感；L_0 表示桥臂电感；θ_{12} 为工频侧系统与低频侧系统间的相位差；φ_1、φ_2 分别为工频侧系统与低频侧系统的阻抗角；U_{m1}、U_{m2}、I_{m1}、I_{m2} 分别表示对应交流系统相电压 u_{s1}、u_{s2} 与电流 i_{v1}、i_{v2} 的幅值。

2.3   M3C 运行特性

2.3.1   稳态运行仿真

以海上风电低频送出系统为例进行仿真验证，系统结构如图 2-3 所示。海上风电场送出电能经 20Hz 低频输电系统送至陆上，再由陆上换频站升至工频后接入交流同步电网。各换频站参数通过本书团队研究提出的主回路参数设计方法确定，换频站主回路参数如表 2-1 所示，低频输电线路电阻为 1.0474Ω，电感为 17.2mH。换频站低频侧采用定子模块电压与定无功功率控制策略，工频侧采用定有功功率与定无功功率控制策略，低频输电线路交流电压由远端换频站控制。换频器低频阀侧交流电压、电流的仿真波形如图 2-4、图 2-5 所示，换频器工频侧与低频侧有功功率、无功功率的仿真波形如图 2-6、图 2-7 所示，换频器等效桥臂电压的仿真波形如图 2-8 所示，换频器子模块电压平均值的仿真波形如图 2-9 所示，换频器桥臂环流的仿真波形如图 2-10 所示。

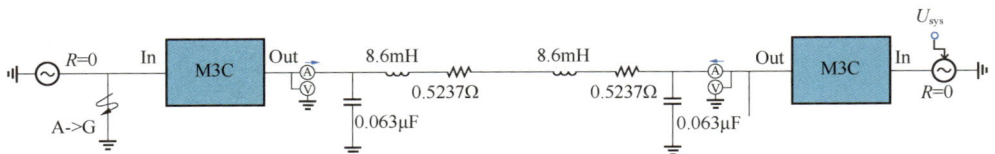

图 2-3   海上低频输电系统结构图

表 2-1　　　　　　　　　　　　　　　　换频站主回路参数

换频器额定容量（MVA）	11
桥臂额定电压（kV）	23.2
联结变压器额定容量（MVA）	12.5
联结变压器电压比	35/12
联结变压器短路阻抗（%）	15
桥臂子模块个数	29
子模块额定电压（kV）	0.8
子模块电容值（μF）	10000
桥臂电抗（H）	0.014
换流站出口平波电抗器（H）	0
换频器输出有功功率（MW）	11
换频器输出无功功率（Mvar）	5.02

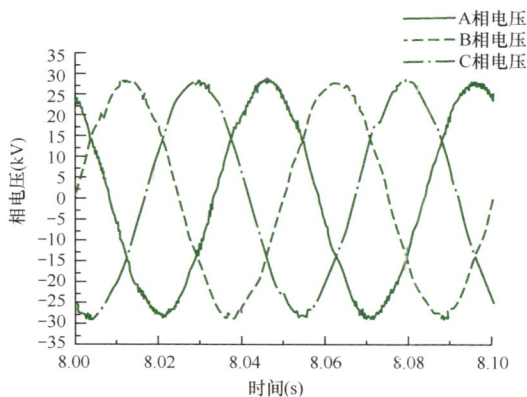

图 2-4　换频器低频阀侧交流电压的仿真波形

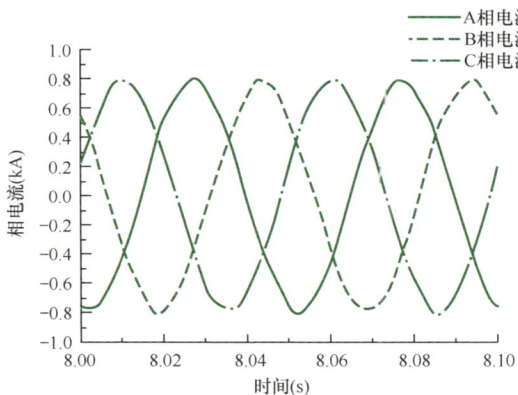

图 2-5　换频器低频网侧交流电流的仿真波形

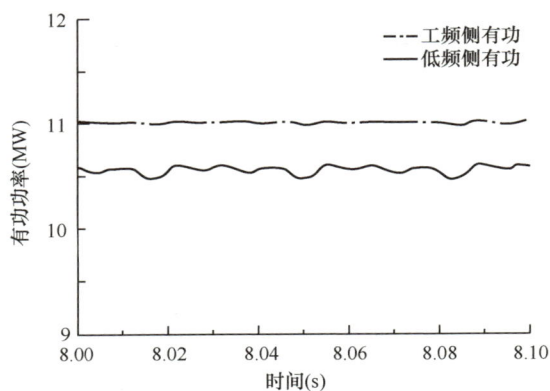

图 2-6　换频器工频侧与低频侧有功功率的仿真波形

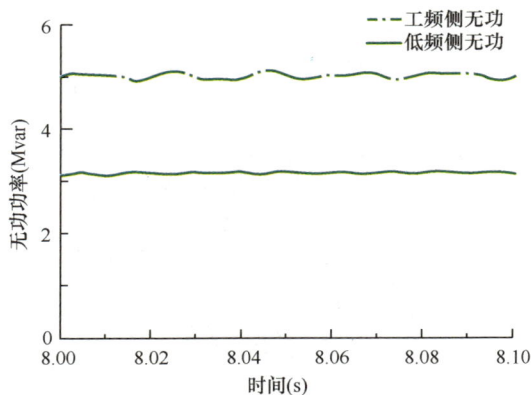

图 2-7　换频器工频侧与低频侧无功功率的仿真波形

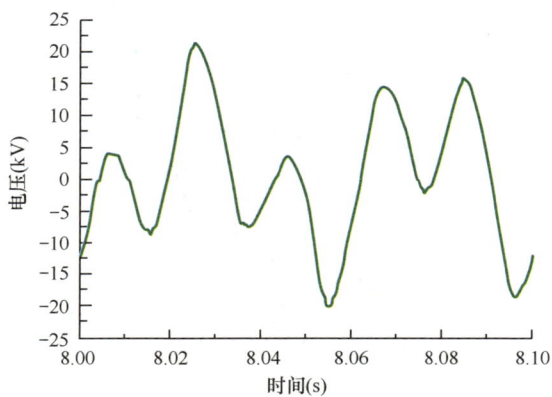

图 2-8　换频器等效桥臂电压的仿真波形

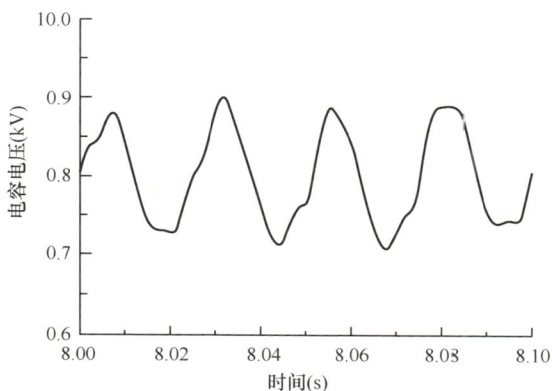

图 2-9 换频器子模块电压平均值的仿真波形

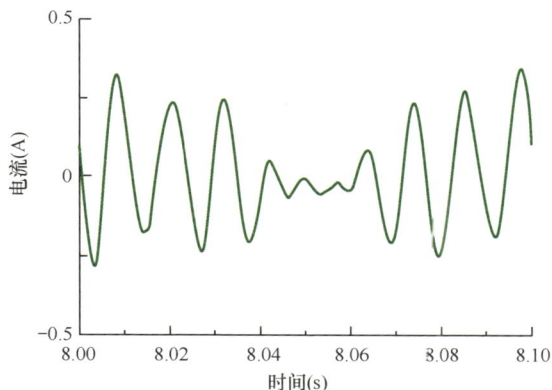

图 2-10 换频器桥臂环流的仿真波形

系统稳态运行时，换频站向工频系统输送 11MW 有功功率与 5.02Mvar 无功功率。由图 2-4 和图 2-5 可以看出，换频站低频网侧交流电压稳定为 35kV、50Hz，交流电流也保持相对稳定；由图 2-6 和图 2-7 可以看出，换频站工频侧输出有功功率与无功功率紧跟指令值，低频侧输出无功功率也能够紧跟指令值，证明换频器具有较大调节裕度；由图 2-8～图 2-10 可以看出，换频器桥臂电压波形稳定，子模块电容电压最大波动率不超过 10%，桥臂环流也保持在较低水平。以上结果说明本书提出的低频输电系统主回路参数设计合理，设备具有较好的工作性能。

2.3.2 工频侧故障仿真

对海上风电低频输电系统工频侧故障进行暂态仿真研究，海上低频输电系统的控制策略、主回路参数和线路阻抗与 2.3.1 节稳态运行仿真研究中相同。当 $t=5s$ 时低频输电系统送出端工频侧电网发生三相短路故障，故障持续时间 0.1s，送出端换频器工频网侧吸收有功与吸收无功、换频器低频网侧发出有功与发出无功、换频器低频网侧交流电压有效值仿真结果如图 2-11 所示。

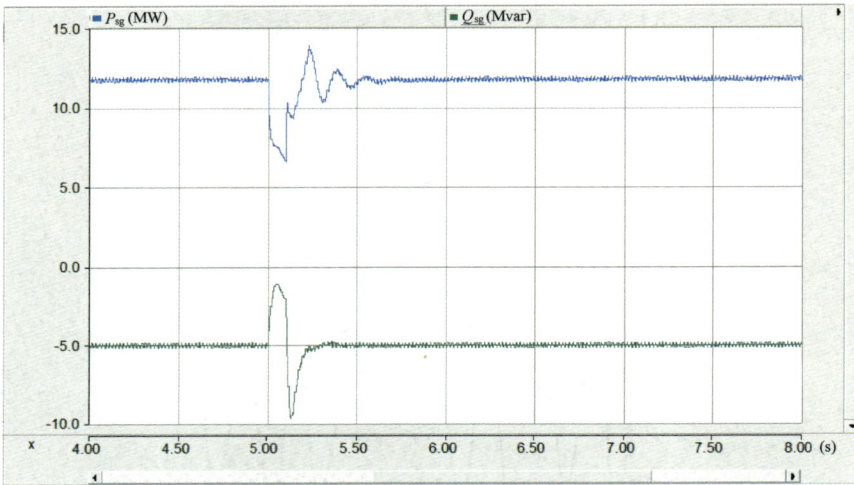

（a）换频器工频网侧吸收有功与吸收无功

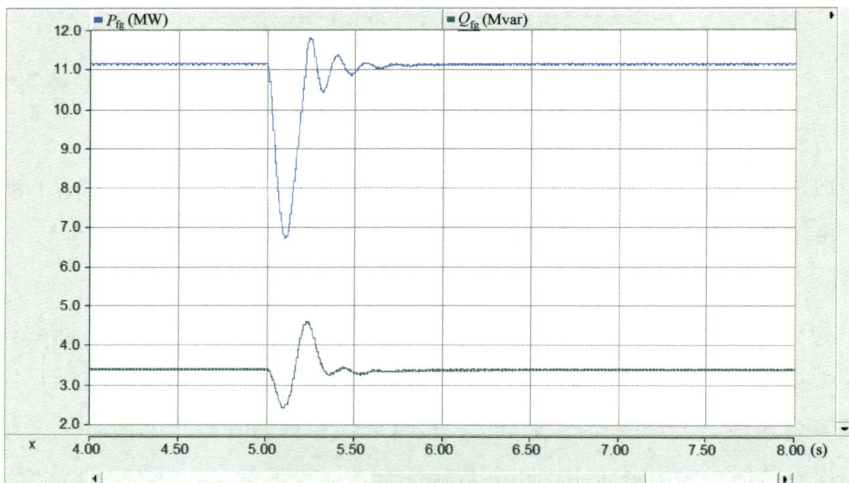

（b）换频器低频网侧发出有功与发出无功

图 2-11　送出端换频器工频网侧三相短路故障持续 0.1s（一）

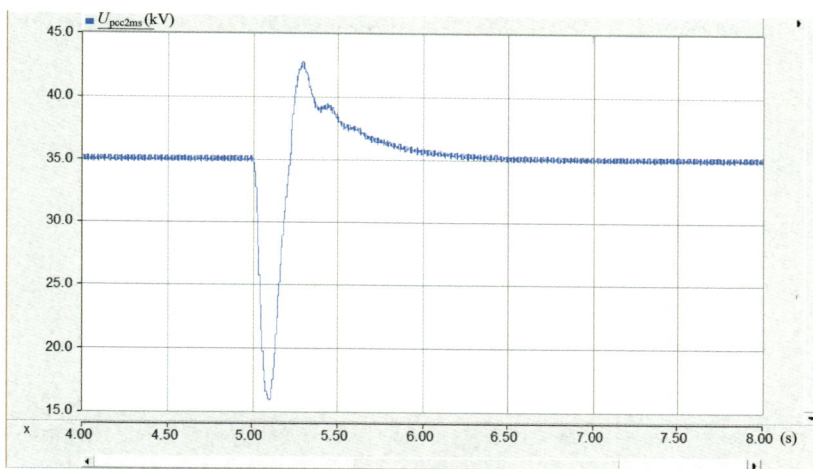

（c）换频器低频网侧电压有效值

图 2-11　送出端换频器工频网侧三相短路故障持续 0.1s（二）

当 t=5s 时低频输电系统送出端工频侧电网发生三相短路故障，故障持续时间 0.2s，送出端换频器工频网侧吸收有功与吸收无功、换频器低频网侧发出有功与发出无功、换频器低频网侧交流电压有效值仿真结果如图 2-12 所示。

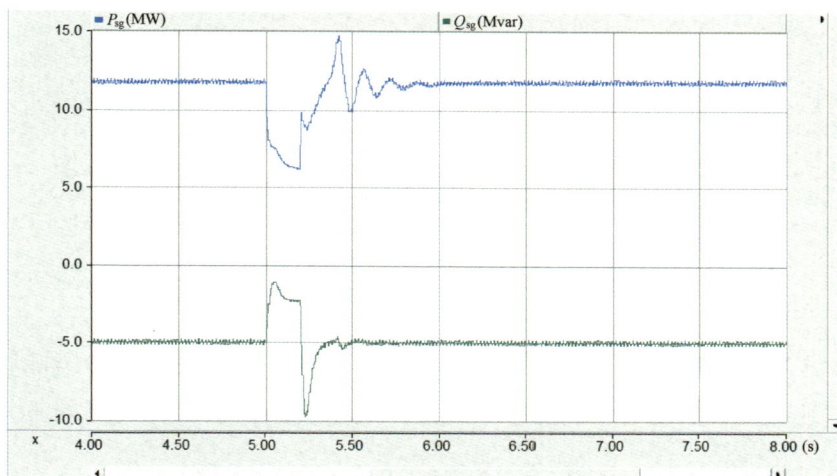

（a）换频器工频网侧吸收有功与吸收无功

图 2-12　送出端换频器工频网侧三相短路故障持续 0.2s（一）

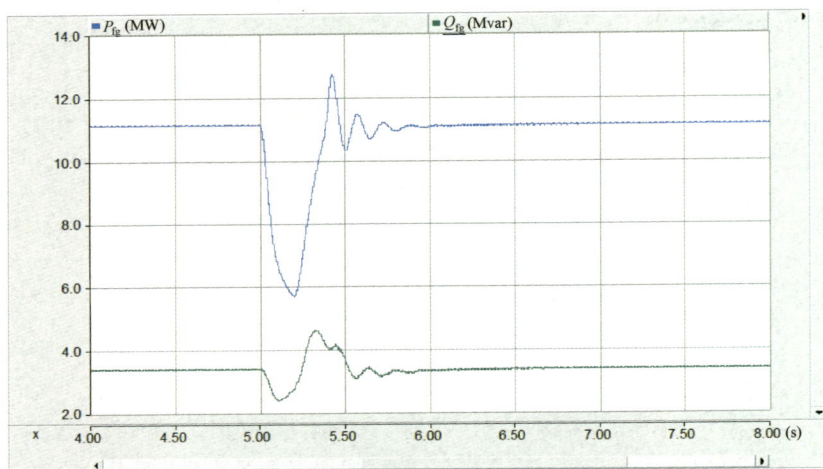

（b）换频器低频网侧发出有功与发出无功

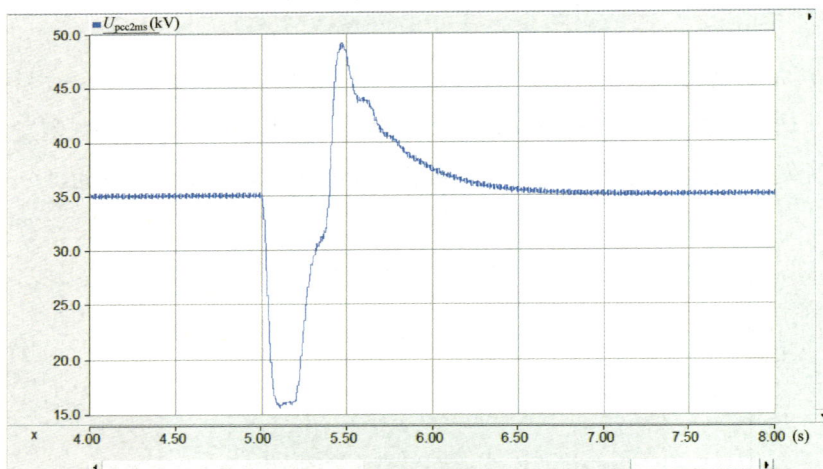

（c）换频器低频网侧电压有效值

图 2-12 送出端换频器工频网侧三相短路故障持续 0.2s（二）

由图 2-11、图 2-12 可以看出，如果送出端换频器网侧短路故障能够较快清除，则柔性低频输电系统能够平稳过渡送出端换频器工频网侧的三相短路故障。

当 $t=5s$ 时低频输电系统接收端换频站工频侧电网发生三相短路故障，故障持续时间 0.1s，接收端换频器工频网侧吸收有功与吸收无功、换频器低频网侧发出有功与发出无功、换频器低频网侧交流电压有效值仿真结果如图 2-13 所示。

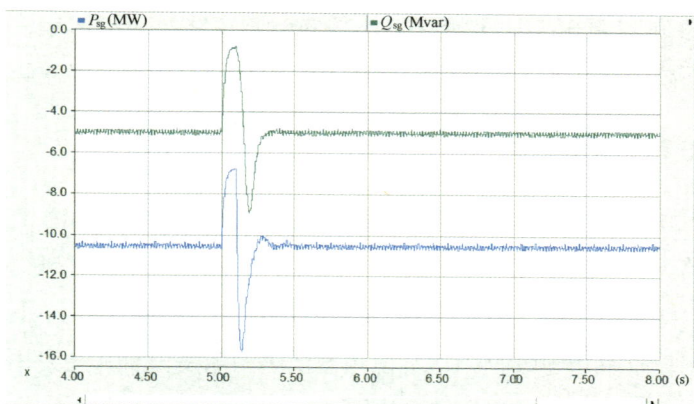

（a）换频器工频网侧吸收有功与吸收无功

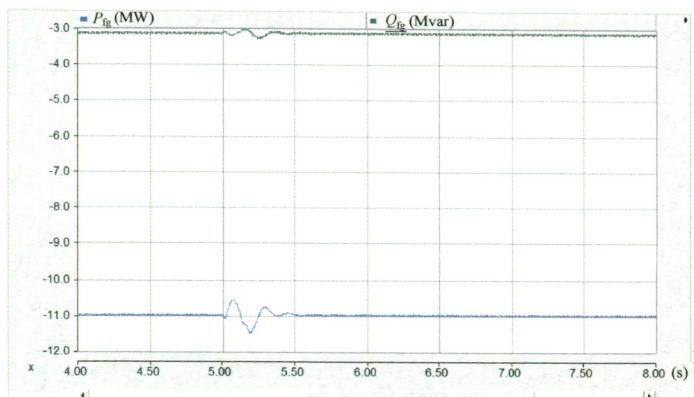

（b）换频器低频网侧发出有功与发出无功

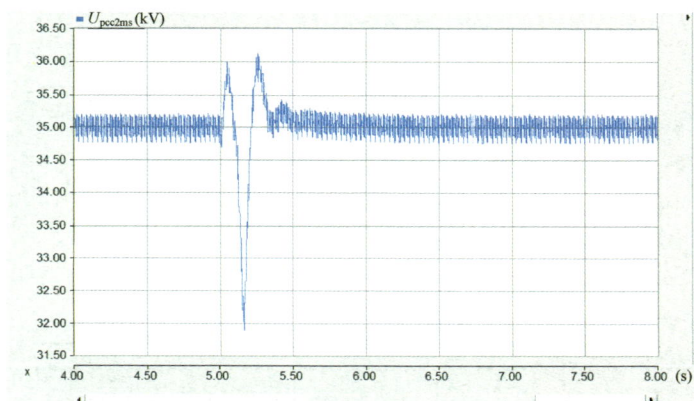

（c）换频器低频网侧电压有效值

图 2-13　接收端换频器工频网侧三相短路故障持续 0.2s

由图 2-13 可以看出，如果接收端换频器网侧短路故障能够较快清除，则柔性低频输电系统能够平稳过渡接收端换频器工频网侧的三相短路故障。

2.3.3　低频侧故障仿真

对海上风电低频输电系统低频侧故障进行暂态仿真研究，海上低频输电系统的控制策略、主回路参数和线路阻抗与 2.3.1 节稳态运行仿真研究中相同。当 t=5s 时低频输电系统低频线路发生单相接地故障，故障持续时间 0.1s，送出端换频器工频网侧吸收有功与吸收无功、换频器低频网侧发出有功与发出无功、换频器低频网侧交流电压有效值仿真结果如图 2-14 所示。

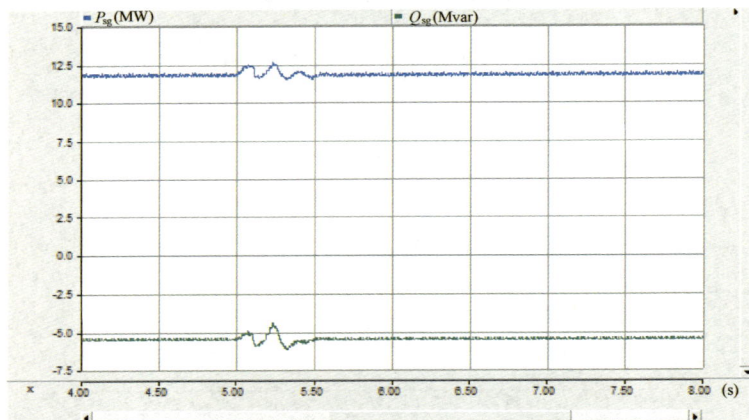

(a) 换频器工频网侧吸收有功与吸收无功

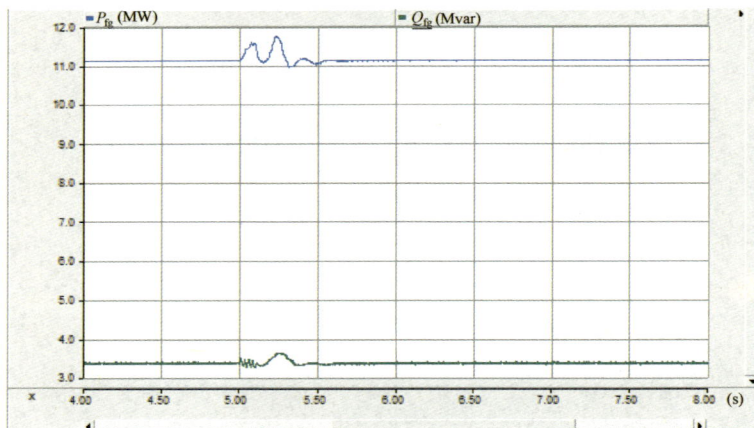

(b) 换频器低频网侧发出有功与发出无功

图 2-14　送出端换频器工频网侧三相短路故障持续 0.1s（一）

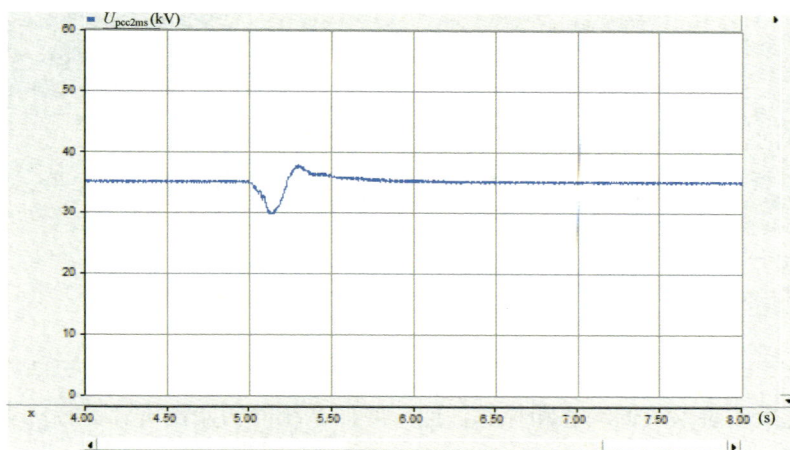

（c）换频器低频网侧电压有效值

图 2-14　送出端换频器工频网侧三相短路故障持续 0.1s（二）

由图 2-14 可以看出，如果低频线路单相接地故障能够较快清除，则柔性低频输电系统能够平稳过渡送出端换频器低频网侧的三相短路故障。

第3章

M3C 主电路参数选择

M3C 主回路参数选择是 M3C 换流站的重要组成部分，合理的主回路参数设计可以有效改善系统的动态和稳态性能，降低系统的初始投资及运行成本，提高系统的经济性能指标。

3.1 M3C 桥臂子模块数目的确定

要确定 M3C 每个桥臂中的子模块数目，首先需要根据系统需要的容量选择合适的阀侧电压。阀侧电压选择主要考虑以下因素：

（1）阀侧电压主要取决于半导体器件的通流能力，同时需要给半导体器件适合的裕度以便于安全保护；

（2）需要结合阀侧其他设备（如 GIS 等）的额定通流能力考虑；

（3）需要结合设备的过电压绝缘能力选择。

M3C 换流器有 9 个桥臂，每个桥臂的电流可以根据容量近似计算

$$I_{\text{leg}} = \sqrt{\left(\frac{S}{9U_{\text{N50}}}\right)^2 + \left(\frac{S}{9U_{\text{N20}}}\right)^2} \tag{3-1}$$

式中，I_{leg} 表示桥臂电流有效值；S 表示设计容量；U_{N50} 和 U_{N20} 分别表示工频侧和低频侧相电压有效值。一般设计中取 $U_{\text{N50}} = U_{\text{N20}}$，能够获得较好的经济性。根据 IGBT 的参数，选择合适的 I_{leg}，从而计算得到 U_{N50} 和 U_{N20}。

确定了工频、低频阀侧电压，可以进一步确定子模块个数。子模块个数选择主要考虑如下因素：

（1）阀侧电压 U_{N50} 和 U_{N20} 大小；

（2）额定调制比 m 和稳态调制比范围；

（3）子模块额定电压 U_c，考虑故障时阀过电压保护需求，根据所选 IGBT 的额定电压选择子模块的额定电压 U_c。

（4）子模块数量冗余系数 K，一般考虑 5% ～ 10% 的模块冗余。

单个阀臂交流电压峰值为 50Hz 源电压峰值与 20Hz 源电压峰值相加，所以所有子模块直流电压之和应大于 2 倍相电压峰值。

可以通过以下公式求得子模块的数量

$$N = Ceil\left(\frac{2U_{VN}}{mU_c\sqrt{\frac{3}{2}}}\right) \tag{3-2}$$

式中，U_{VN} 表示阀侧线电压有效值；$Ceil$ 表示向上取整。

3.2　M3C 子模块电容器电容值的确定

子模块电容的选取需要兼顾子模块稳态电压波动、暂态电压波动、系统动态响应特性，以及短路时的设备安全裕度等多方面因素。工、低频系统功率耦合会导致电容电压以不同频率分量波动，从而影响容值的选取。

参考文献 [1] 对电容值和子模块直流电压波动的范围进行了研究，装置进行变频时，功率链上交、直流侧功率瞬时相等，可建立直流电容器容值与子模块直流电压波动之间的关系，考虑到子模块能量不能无限积累，其直流项应为零，从而可以得出，由于工、低频系统的影响，矩阵变换器桥臂上的电容电压以 $2\omega_1$、$2\omega_2$、$\omega_1+\omega_2$、$\omega_1-\omega_2$ 共 4 种频率分量形式波动，最后得出电容值的计算公式

$$C \geqslant \frac{U_{ym}I_{ym}}{12\pi NU_d^2 k}\left\{\frac{1}{2f_1}+\frac{1}{2f_2}+\frac{1}{f_1+f_2}\left[n^2+\frac{1}{n^2}-2\cos(\varphi-\theta)\right]^{\frac{1}{2}} + \frac{1}{|f_1-f_2|}\left[n^2+\frac{1}{n^2}-2\cos(\varphi+\theta)\right]^{\frac{1}{2}}\right\} \tag{3-3}$$

式中，N 为每个桥臂子模块数量；n 为工、低频的电压变比，工频侧电压峰值 $U_{xm}=nU_{ym}$，低频侧电流峰值 $I_{xm}=I_{ym}/n$；U_d 为链节电容电压，电容电压波动 $\Delta U_d=kU_d$（k 为电容电压波动系数）；f_1 和 f_2 分别为工、低频系统频率；φ、θ 分别为工、低频功率因数角。

根据以上公式可以发现，如果换流器工、低频阀侧电压不同，电容电压波动会变大，为减小电容值，应尽量使 $U_{N50}=U_{N20}$，即 $n=1$。考虑到换流器应保持在稳定运行状态，两端系统的功率因数不应小于 0.95，变换器电容值的选取要保证 k 在目标值之内，即应选择工、低频系统功率因数都不小于 0.95 时的电容值。

3.3　M3C 桥臂电抗值的确定

桥臂电抗值主要与以下三个因素有关：

（1）桥臂电抗器和变压器的电抗器一同起到了连接电抗器的作用，是换流器与交流系统交换功率的纽带，影响稳态功率输送的功率圆。

（2）桥臂电抗器可以抑制桥臂间的环流，换流器的桥臂间有环流通路，增加电抗值可以减小环流。

（3）桥臂电抗器可以抑制故障时桥臂电流的上升速率，选择合适的电抗值，可以为保护动作提供时间。

考虑到 M3C 换流器与柔性直流换流器和静止无功发生器（static var generator，SVG）等大功率电力电子设备类似，因此参考现有 SVG 和柔性直流输电工程的设计经验设计桥臂电抗器，令桥臂电抗器压降为额定相电压的 k_u 倍

$$\frac{L}{3} > \frac{U_{N20}/\sqrt{3}k_u}{2\pi \times 50 \times \dfrac{s}{\sqrt[2]{3}U_{N20}}} \qquad (3\text{-}4)$$

使用短路电流的上升率对以上参数进行校核，为此考虑系统极端故障情况下的短路电流。系统发生相间短路故障的回路等效图如图 3-1 所示。

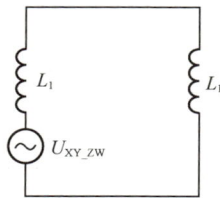

图 3-1　故障回路等效图

图 3-1 中，U_{XY_ZW} 表示短路瞬间两个桥臂间的电压，工频侧短路时为工频侧

线电压，低频侧短路时为低频侧线电压。

　　假设短路瞬间电抗初值电流为峰值电流 I_f，I_f 取稳态运行时最大桥臂电流的峰值，短路电流计算方法如下

$$I_{\text{short}} = I_f + \sqrt{2}\,\frac{U_{\text{XY\_ZW}}}{\omega(2L_1)}\sin\left(\frac{t_{\text{deb}}}{T}2\pi\right) \tag{3-5}$$

式中，L_1 表示桥臂内电感；t_{deb} 表示控制器闭锁时间；T 表示短路电压的频率对应周期；ω 表示短路电压的角频率。

　　由此计算得出的实际最大短路电流不能超过 IGBT 器件的耐受值，并且要留出合适的裕量。

第4章

M3C 站级控制与保护策略

4.1　M3C 数学模型

连接工、低频交流系统的 M3C 拓扑见图 4-1，M3C 由 9 个桥臂构成，各桥臂由 N 个 H 全桥功率子模块（sub module，SM）、桥臂电感 L 及等效电阻 R 以级联方式组成。为便于分析，可将 M3C 划分为 u、v、w 子换流器，其中 u 子换流器由桥臂 au、bu、cu 组成，对 v、w 子换流器的定义方式类似。也可将 M3C 划分为 a、b、c 子换流器，其中 a 子换流器由桥臂 au、av、aw 组成，对 b、c 子换流器的定义方式类似。桥臂 xy（x=a，b，c；y=u，v，w）功率变换回路输出交流电压及桥臂电流分别表示为 u_{xy}，i_{xy}。桥臂 xy 中第 j（j=1，2，…，N）号子模块的直流侧电容电压为 $u_{xy,j}^{dc}$。

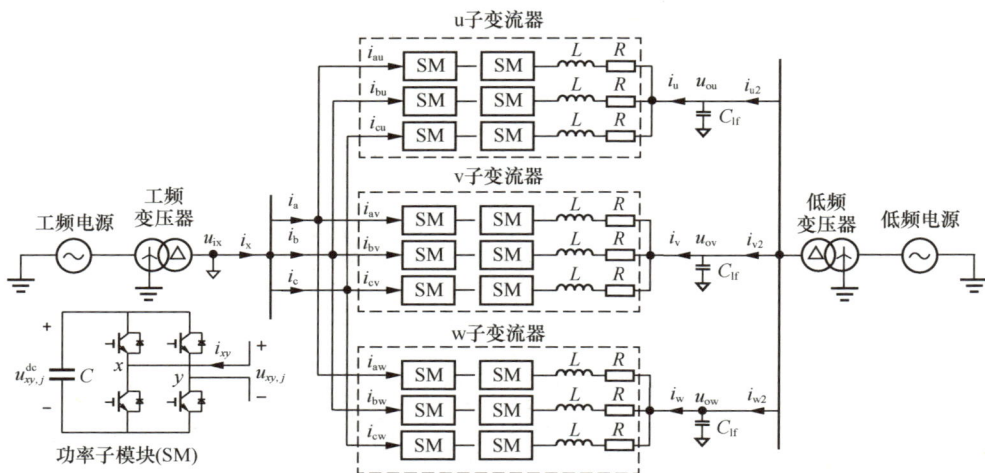

图 4-1　M3C 拓扑方案

M3C 分别连接三相工频交流系统 u_{ia}，u_{ib}，u_{ic} 及三相低频交流系统 u_{ou}，u_{ov}，u_{ow}；M3C 工频侧输入电流为 i_{a}，i_{b}，i_{c}；低频侧输入电流为 i_{u}，i_{v}，i_{w}；低频侧输入负载电流为 i_{u2}，i_{v2}，i_{w2}；工频周期为 T_{s}，频率为 f_{s}；低频周期为 T_{ls}，频率为 f_{ls}；低频侧交流电容为 C_{lf}。

由图 4-1 可得到桥臂 xy 的电压方程为

$$u_{\mathrm{i}x} = Ri_{xy} + L(\mathrm{d}i_{xy}/\mathrm{d}t) + u_{xy} + u_{\mathrm{o}y} \tag{4-1}$$

在 M3C 正常运行时，M3C 三相工、低频侧输入电流不应流至对侧。因此，其工、低频侧的输入电流还需满足如下约束条件

$$\begin{cases} \displaystyle\sum_{x=\mathrm{a,b,c}} i_x = 0 \\ \displaystyle\sum_{y=\mathrm{u,v,w}} i_y = 0 \end{cases} \tag{4-2}$$

定义桥臂 xy 功率变换回路输出交流电压中的工、低频共模分量为

$$\begin{cases} u_{\mathrm{com},x} = \dfrac{1}{3} \displaystyle\sum_{y=\mathrm{u,v,w}} u_{xy} \\ u_{\mathrm{com},y} = -\dfrac{1}{3} \displaystyle\sum_{x=\mathrm{a,b,c}} u_{xy} \end{cases} \tag{4-3}$$

定义桥臂 xy 电流中的工、低频共模分量为

$$\begin{cases} i_{\mathrm{com},x} = \dfrac{1}{3} \displaystyle\sum_{y=\mathrm{u,v,w}} i_{xy} = \dfrac{i_x}{3} \\ i_{\mathrm{com},y} = \dfrac{1}{3} \displaystyle\sum_{x=\mathrm{a,b,c}} i_{xy} = -\dfrac{i_y}{3} \end{cases} \tag{4-4}$$

可分别得到 M3C 输入及输出侧在 $\alpha\beta$ 静止坐标系下的控制方程为

$$\begin{cases} u_{\alpha} = \dfrac{R}{3} i_{\alpha} + \dfrac{L}{3} \dfrac{\mathrm{d}i_{\alpha}}{\mathrm{d}t} + u_{\mathrm{com},\alpha} \\ u_{\beta} = \dfrac{R}{3} i_{\beta} + \dfrac{L}{3} \dfrac{\mathrm{d}i_{\beta}}{\mathrm{d}t} + u_{\mathrm{com},\beta} \end{cases} \tag{4-5}$$

$$\begin{cases} u_{\mathrm{l}\alpha} = \dfrac{R}{3} i_{\mathrm{l}\alpha} + \dfrac{L}{3} \dfrac{\mathrm{d}i_{\mathrm{l}\alpha}}{\mathrm{d}t} + u_{\mathrm{com,l}\alpha} \\ u_{\mathrm{l}\beta} = \dfrac{R}{3} i_{\mathrm{l}\beta} + \dfrac{L}{3} \dfrac{\mathrm{d}i_{\mathrm{l}\beta}}{\mathrm{d}t} + u_{\mathrm{com,l}\beta} \end{cases} \tag{4-6}$$

式中：u_α，u_β 为 u_{ia}，u_{ib}，u_{ic} 在静止坐标系统中的表示方式；i_α，i_β 为 i_a，i_b，i_c 在静止坐标系统中的表示方式；$u_{com,\alpha}$，$u_{com,\beta}$ 为 $u_{com,a}$，$u_{com,b}$，$u_{com,c}$ 在静止坐标系统中的表示方式；$u_{l\alpha}$，$u_{l\beta}$ 为 u_{ou}，u_{ov}，u_{ow} 在静止坐标系统中的表示方式；$i_{l\alpha}$，$i_{l\beta}$ 为 i_u，i_v，i_w 在静止坐标系统中的表示方式；$u_{com,l\alpha}$，$u_{com,l\beta}$ 为 $u_{com,u}$，$u_{com,v}$，$u_{com,w}$ 在静止坐标系统中的表示方式。

综上所述，对 M3C 的工频侧输入进行控制时，其低频侧电压及输入电流对其控制并无影响。同样地，对 M3C 的低频侧输入进行控制时，其工频侧电压及输入电流对其控制也无影响。

为便于在 dq 坐标系统实现 M3C 的输入侧控制，同时实现工频侧输入负序电流的抑制，通过派克变换将式（4-5）给出的控制方程变换到以工频侧正序电压为相位的 dq 旋转坐标系统，分别得到以矢量形式描述的正、负序电压控制方程

$$\begin{cases} u_p = \left[\dfrac{R}{3} + \dfrac{L}{3}(s + j\omega_s) \right] i_p + u_{com,p} \\ u_n = \left[\dfrac{R}{3} + \dfrac{L}{3}(s - j\omega_s) \right] i_n + u_{com,n} \end{cases} \tag{4-7}$$

式中：$\boldsymbol{u}_p = u_{dp} + ju_{qp}$，$u_{dp}$，$u_{qp}$ 分别为 u_α，u_β 正序分量对应的 d、q 值；$\boldsymbol{i}_p = i_{dp} + ji_{qp}$，$i_{dp}$，$i_{qp}$ 分别为 i_α，i_β 正序分量对应的 d、q 值；$\boldsymbol{u}_{com,p} = u_{com,dp} + ju_{com,qp}$，$u_{com,dp}$，$u_{com,qp}$ 分别为 $u_{com,\alpha}$，$u_{com,\beta}$ 正序分量对应的 d、q 值；$\boldsymbol{u}_n = u_{dn} + ju_{qn}$，$u_{dn}$，$u_{qn}$ 分别为 u_α，u_β 负序分量对应的 d、q 值；$\boldsymbol{i}_n = i_{dn} + ji_{qn}$，$i_{dn}$，$i_{qn}$ 分别为 i_α，i_β 负序分量对应的 d、q 值；$\boldsymbol{u}_{com,n} = u_{com,dn} + ju_{com,qn}$，$u_{com,dn}$，$u_{com,qn}$ 分别为 $u_{com,\alpha}$，$u_{com,\beta}$ 负序分量对应的 d、q 值；ω_s 为工频系统角频率；s 为拉普拉斯算子，表示为 d/dt。

为便于在 dq 旋转坐标系统实现 M3C 低频侧输入控制，通过派克变换将式（4-6）给出的控制方程变换到以自产低频锁相环为相位的 dq 旋转坐标系统，得到以矢量形式描述的电压控制方程

$$u_l = \left[\frac{R}{3} + \frac{L}{3}(s + j\omega_{ls}) \right] i_l + u_{com,l} \tag{4-8}$$

式中：$\boldsymbol{u}_l = u_{ld} + ju_{lq}$，$u_{ld}$，$u_{lq}$ 分别为 $u_{l\alpha}$，$u_{l\beta}$ 的 d、q 分量；$\boldsymbol{i}_l = i_{ld} + ji_{lq}$，$i_{ld}$，$i_{lq}$ 分别为 $i_{l\alpha}$，$i_{l\beta}$ 的 d、q 分量；$\boldsymbol{u}_{com,l} = u_{com,ld} + ju_{com,lq}$，$u_{com,ld}$，$u_{com,lq}$ 分别为 $u_{com,l\alpha}$，$u_{com,l\beta}$ 的 d、q 分量；ω_{ls} 为低频系统角频率。

通过式（4-8）可实现 M3C 所有桥臂电容电压总和的稳定控制，但仍需实现

M3C 子换流器间及各子换流器内桥臂间功率子模块电容电压的均衡。这里采用微调 M3C 桥臂内部环流来实现。

由式（4-4）可得到桥臂 xy 的环流为

$$i_{\mathrm{cir},xy} = i_{xy} - i_{\mathrm{com},x} - i_{\mathrm{com},y} = i_{xy} - \frac{i_x}{3} + \frac{i_y}{3} \tag{4-9}$$

如前所述，通过工频环流可实现 u、v、w 子换流器桥臂电容电压总和的均衡，而通过低频环流可进一步实现 u、v、w 各子换流器桥臂间功率子模块电容电压的均衡。因此，式（4-9）可改写为

$$i_{\mathrm{cir},xy} = i_{\mathrm{cir},xy}^{\mathrm{x}} + i_{\mathrm{cir},xy}^{\mathrm{y}} \tag{4-10}$$

式中：$i_{\mathrm{cir},xy}^{\mathrm{x}}$，$i_{\mathrm{cir},xy}^{\mathrm{y}}$ 分别为桥臂 xy 环流 $i_{\mathrm{cir},xy}$ 中的工、低频分量；上标 x 表示该环流频率为工频；上标 y 表示该环流频率为低频。

以 u 子换流器 3 个桥臂的环流为例进行分析，au、bu 及 cu 桥臂的低频环流表示为

$$\begin{cases} i_{\mathrm{cir,au}} = i_{\mathrm{cir,au}}^{\mathrm{x}} + i_{\mathrm{cir,au}}^{\mathrm{y}} \\ i_{\mathrm{cir,bu}} = i_{\mathrm{cir,bu}}^{\mathrm{x}} + i_{\mathrm{cir,bu}}^{\mathrm{y}} \\ i_{\mathrm{cir,cu}} = i_{\mathrm{cir,cu}}^{\mathrm{x}} + i_{\mathrm{cir,cu}}^{\mathrm{y}} \end{cases} \tag{4-11}$$

式（4-11）通过 u 子换流器桥臂环流中的工频分量 $i_{\mathrm{cir,au}}^{\mathrm{x}}$、$i_{\mathrm{cir,bu}}^{\mathrm{x}}$、$i_{\mathrm{cir,cu}}^{\mathrm{x}}$ 来调节 u 子换流器 3 个桥臂电容电压总和的稳定；而通过 u 子换流器桥臂环流中的低频分量 $i_{\mathrm{cir,au}}^{\mathrm{y}}$、$i_{\mathrm{cir,bu}}^{\mathrm{y}}$、$i_{\mathrm{cir,cu}}^{\mathrm{y}}$ 来调节 u 子换流器 3 个桥臂间电容电压的均衡。对 v、w 子换流器的分析及定义方式类似。

在调节 M3C 工、低频环流的过程中，应确保环流不流入 M3C 工、低频侧，以确保两侧的解耦特性。

对 u 子换流器而言，其工、低频环流需要满足

$$\begin{cases} i_{\mathrm{cir,au}}^{\mathrm{x}} + i_{\mathrm{cir,bu}}^{\mathrm{x}} + i_{\mathrm{cir,cu}}^{\mathrm{x}} = 0 \\ i_{\mathrm{cir,au}}^{\mathrm{y}} + i_{\mathrm{cir,bu}}^{\mathrm{y}} + i_{\mathrm{cir,cu}}^{\mathrm{y}} = 0 \end{cases} \tag{4-12}$$

对 a 子换流器而言，其工、低频环流需要满足

$$\begin{cases} i_{\mathrm{cir,au}}^{\mathrm{x}} + i_{\mathrm{cir,av}}^{\mathrm{x}} + i_{\mathrm{cir,aw}}^{\mathrm{x}} = 0 \\ i_{\mathrm{cir,au}}^{\mathrm{y}} + i_{\mathrm{cir,av}}^{\mathrm{y}} + i_{\mathrm{cir,aw}}^{\mathrm{y}} = 0 \end{cases} \tag{4-13}$$

对 v、w 子换流器及 b、c 子换流器的环流约束条件类似。基于式（4-12）、式（4-13），并根据图 4-1 及式（4-9），可得到 M3C 桥臂环流控制方程为

$$Ri_{\mathrm{cir},xy} + L\frac{\mathrm{d}i_{\mathrm{cir},xy}}{\mathrm{d}t} - u_{\mathrm{cir},xy} = 0 \qquad (4\text{-}14)$$

式中：$u_{\mathrm{cir},xy}$ 为桥臂 xy 控制环流 $i_{\mathrm{cir},xy}$ 所产生的电压；且 $u_{\mathrm{cir},xy} = u_{\mathrm{cir},xy}^{\mathrm{x}} + u_{\mathrm{cir},xy}^{\mathrm{y}}$。

根据式（4-7）、式（4-8）及式（4-14），可得到 dq 旋转坐标系统下 M3C 输入、输出侧及静止坐标系统下桥臂环流控制的等效回路，如图 4-2 所示。

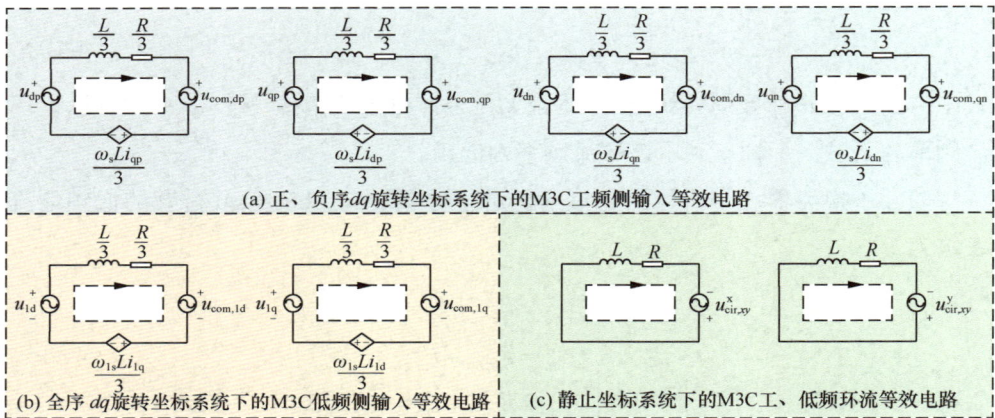

图 4-2   M3C 等效回路

4.2   M3C 控制策略结构

综合上述分析，M3C 解耦控制策略主要分为 3 个部分，分别是：

（1）工频侧 dq 旋转坐标系统下的电流双序控制，用于控制 M3C 的 9 个桥臂电容电压总和稳定及和工频交流系统的无功功率交互，同时抑制 M3C 工频侧输入电流的负序分量；

（2）低频侧 dq 旋转坐标系统下的全序控制，用于建立低频交流电压；

（3）静止坐标系统下的桥臂工、低频环流控制，用于 M3C 子换流器间及子换流器内桥臂间的电容电压均衡。

将上述 3 个环节生成的电压控制参考值进行综合，即可得到桥臂 xy 的电压参考值 u_{xy}^{ref}。M3C 控制策略如图 4-3 所示。

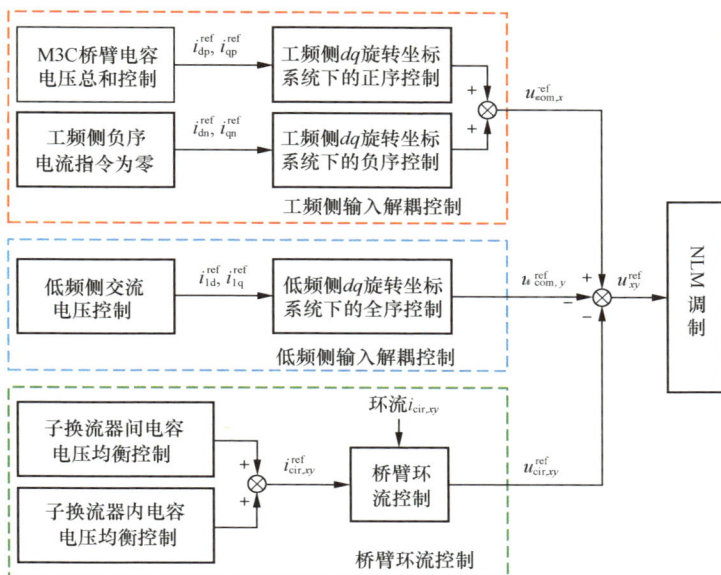

图 4-3　M3C 控制策略框图

4.3　M3C 分频分层解耦控制

如前所述，M3C 桥臂电容电压控制分为 3 层：① M3C 桥臂电容电压总和控制；② u、v、w 子换流器间电容电压总和的均衡控制；③ u、v、w 各子换流器内桥臂间电容电压的均衡控制。

4.3.1　M3C 工频侧控制

M3C 的工频侧控制分为有功类控制和无功类控制：

（1）有功类控制通过控制工频交流系统与 M3C 工频侧交互的 d 轴正序有功电流，实现 M3C 的 9 个桥臂所有功率子模块电容电压总和的稳定。

（2）无功类控制通过控制工频交流系统和 M3C 工频侧交互的 q 轴正序无功电流实现无功功率或工频侧交流电压控制。

根据图 4-1 可知，M3C 所有 9 个桥臂功率子模块直流侧电容电压总和可表示为

$$u_{\mathrm{dc,sum}} = \sum_{x=\mathrm{a,b,c}} \sum_{y=\mathrm{u,v,w}} \sum_{j=1}^{N} u_{xy,j}^{\mathrm{dc}} \qquad (4\text{-}15)$$

在 dq 旋转坐标系统下，通过控制工频交流系统和 M3C 工频输入侧交互的 d 轴正序有功电流即可实现 $u_{dc,sum}$ 的稳定，其控制方程为

$$i_{dp}^{ref} = k_{p,dc1}(u_{dc,sum}^{ref} - u_{dc,sum}) + k_{i,dc1}\int(u_{dc,sum}^{ref} - u_{dc,sum})dt \tag{4-16}$$

式中：$k_{p,dc1}$，$k_{i,dc1}$ 分别为 M3C 电容电压总和控制的比例、积分控制参数；$u_{dc,sum}^{ref}$ 为 M3C 所有桥臂功率子模块电容电压总和的参考值。

4.3.2　M3C 子换流器间电容电压平衡控制

本层控制实现 u、v、w 子换流器间电容电压总和的均衡。根据图 4-1 可知，u、v、w 子换流器功率子模块电容电压的总和分别为

$$\begin{cases} u_{dc,u} = \displaystyle\sum_{xy=au,bu,cu}\sum_{j=1}^{N} u_{xy,j}^{dc} \\ u_{dc,v} = \displaystyle\sum_{xy=av,bv,cv}\sum_{j=1}^{N} u_{xy,j}^{dc} \\ u_{dc,w} = \displaystyle\sum_{xy=aw,bw,cw}\sum_{j=1}^{N} u_{xy,j}^{dc} \end{cases} \tag{4-17}$$

通过控制 u、v、w 子换流器间的工频环流可实现 $u_{dc,u}$，$u_{dc,v}$，$u_{dc,w}$ 的均衡，工频环流控制方程为

$$\begin{cases} I_{cir,u}^{xref} = k_{p,dc2}(u_{dc}^{ref2} - u_{dc,u}) + k_{i,dc2}\int(u_{dc}^{ref2} - u_{dc,u})dt \\ I_{cir,v}^{xref} = k_{p,dc2}(u_{dc}^{ref2} - u_{dc,v}) + k_{i,dc2}\int(u_{dc}^{ref2} - u_{dc,v})dt \\ I_{cir,w}^{xref} = -(I_{cir,u}^{xref} + I_{cir,v}^{xref}) \end{cases} \tag{4-18}$$

式中：$k_{p,dc2}$，$k_{i,dc2}$ 分别为子换流器间电容电压均衡控制的比例、积分控制参数；u_{dc}^{ref2} 为 M3C 子换流器桥臂电容电压总和的参考值。

为得到各子换流器桥臂工频环流的瞬时值指令，将式（4-18）得到的控制输出分别乘以工频侧 a、b、c 子换流器的电压相位余弦值，如式（4-19）~式（4-21）所示

$$\begin{cases} i_{cir,au}^{xref} = I_{cir,u}^{xref}\cos\theta_a \\ i_{cir,bu}^{xref} = I_{cir,u}^{xref}\cos\theta_b \\ i_{cir,cu}^{xref} = I_{cir,u}^{xref}\cos\theta_c \end{cases} \tag{4-19}$$

$$\begin{cases} i_{\text{cir,av}}^{\text{xref}} = I_{\text{cir,v}}^{\text{xref}} \cos\theta_{\text{a}} \\ i_{\text{cir,bv}}^{\text{xref}} = I_{\text{cir,v}}^{\text{xref}} \cos\theta_{\text{b}} \\ i_{\text{cir,cv}}^{\text{xref}} = I_{\text{cir,v}}^{\text{xref}} \cos\theta_{\text{c}} \end{cases} \tag{4-20}$$

$$\begin{cases} i_{\text{cir,aw}}^{\text{xref}} = I_{\text{cir,w}}^{\text{xref}} \cos\theta_{\text{a}} \\ i_{\text{cir,bw}}^{\text{xref}} = I_{\text{cir,w}}^{\text{xref}} \cos\theta_{\text{b}} \\ i_{\text{cir,cw}}^{\text{xref}} = I_{\text{cir,w}}^{\text{xref}} \cos\theta_{\text{c}} \end{cases} \tag{4-21}$$

式中：θ_{a}，θ_{b}，θ_{c} 分别为工频侧 a，b，c 子换流器的电压相位。

由式（4-18）～式（4-21）可知，工频环流满足式（4-12）、式（4-13）给出的不流入工频侧的约束条件，为同时满足工频环流也不应流入低频侧的约束条件，首先提取 u、v、w 各子换流器工频环流的零序分量

$$\begin{cases} i_{\text{cir,u0}}^{\text{xref}} = \dfrac{i_{\text{cir,au}}^{\text{xref}} + i_{\text{cir,bu}}^{\text{xref}} + i_{\text{cir,cu}}^{\text{xref}}}{3} \\[3mm] i_{\text{cir,v0}}^{\text{xref}} = \dfrac{i_{\text{cir,av}}^{\text{xref}} + i_{\text{cir,bv}}^{\text{xref}} + i_{\text{cir,cv}}^{\text{xref}}}{3} \\[3mm] i_{\text{cir,w0}}^{\text{xref}} = \dfrac{i_{\text{cir,aw}}^{\text{xref}} + i_{\text{cir,bw}}^{\text{xref}} + i_{\text{cir,cw}}^{\text{xref}}}{3} \end{cases} \tag{4-22}$$

将式（4-19）～式（4-21）减去式（4-22）给出的工频环流零序分量，得到修正后的 9 个桥臂工频环流指令为

$$\begin{cases} i_{\text{cir,au}}^{\text{xref}\,'} = i_{\text{cir,au}}^{\text{xref}} - i_{\text{cir,u0}}^{\text{xref}} \\ i_{\text{cir,bu}}^{\text{xref}\,'} = i_{\text{cir,bu}}^{\text{xref}} - i_{\text{cir,u0}}^{\text{xref}} \\ i_{\text{cir,cu}}^{\text{xref}\,'} = i_{\text{cir,cu}}^{\text{xref}} - i_{\text{cir,u0}}^{\text{xref}} \end{cases} \tag{4-23}$$

$$\begin{cases} i_{\text{cir,av}}^{\text{xref}\,'} = i_{\text{cir,av}}^{\text{xref}} - i_{\text{cir,v0}}^{\text{xref}} \\ i_{\text{cir,bv}}^{\text{xref}\,'} = i_{\text{cir,bv}}^{\text{xref}} - i_{\text{cir,v0}}^{\text{xref}} \\ i_{\text{cir,cv}}^{\text{xref}\,'} = i_{\text{cir,cv}}^{\text{xref}} - i_{\text{cir,v0}}^{\text{xref}} \end{cases} \tag{4-24}$$

$$\begin{cases} i_{\text{cir,aw}}^{\text{xref}\,'} = i_{\text{cir,aw}}^{\text{xref}} - i_{\text{cir,w0}}^{\text{xref}} \\ i_{\text{cir,bw}}^{\text{xref}\,'} = i_{\text{cir,bw}}^{\text{xref}} - i_{\text{cir,w0}}^{\text{xref}} \\ i_{\text{cir,cw}}^{\text{xref}\,'} = i_{\text{cir,cw}}^{\text{xref}} - i_{\text{cir,w0}}^{\text{xref}} \end{cases} \tag{4-25}$$

容易验证，式（4-23）～式（4-25）给出的修正后工频环流指令可同时满足式（4-12）及式（4-13）的约束条件。

4.3.3   M3C 桥臂间电容电压平衡控制

本层控制实现 u、v、w 各子换流器桥臂间电容电压的均衡。以 u 子换流器为例，根据图 4-1 可知，u 子换流器 3 个桥臂功率子模块电容电压为

$$
\begin{cases}
u_{\mathrm{dc,au}} = \displaystyle\sum_{j=1}^{N} u_{\mathrm{au},j}^{\mathrm{dc}} \\[2mm]
u_{\mathrm{dc,bu}} = \displaystyle\sum_{j=1}^{N} u_{\mathrm{bu},j}^{\mathrm{dc}} \\[2mm]
u_{\mathrm{dc,cu}} = \displaystyle\sum_{j=1}^{N} u_{\mathrm{cu},j}^{\mathrm{dc}}
\end{cases}
\tag{4-26}
$$

通过控制 u 子换流器桥臂间的低频环流可实现 $u_{\mathrm{dc,au}}$，$u_{\mathrm{dc,bu}}$，$u_{\mathrm{dc,cu}}$ 的均衡，低频环流控制方程为

$$
\begin{cases}
I_{\mathrm{cir,au}}^{\mathrm{yref}} = k_{\mathrm{p,dc3}}(u_{\mathrm{dc}}^{\mathrm{ref3}} - u_{\mathrm{dc,au}}) + k_{\mathrm{i,dc3}}\displaystyle\int (u_{\mathrm{dc}}^{\mathrm{ref3}} - u_{\mathrm{dc,au}})\mathrm{d}t \\[2mm]
I_{\mathrm{cir,bu}}^{\mathrm{yref}} = k_{\mathrm{p,dc3}}(u_{\mathrm{dc}}^{\mathrm{ref3}} - u_{\mathrm{dc,au}}) + k_{\mathrm{i,dc3}}\displaystyle\int (u_{\mathrm{dc}}^{\mathrm{ref3}} - u_{\mathrm{dc,cu}})\mathrm{d}t \\[2mm]
I_{\mathrm{cir,cu}}^{\mathrm{yref}} = -(I_{\mathrm{cir,au}}^{\mathrm{yref}} + I_{\mathrm{cir,bu}}^{\mathrm{yref}})
\end{cases}
\tag{4-27}
$$

式中：$k_{\mathrm{p,dc3}}$，$k_{\mathrm{i,dc3}}$ 分别为子换流器桥臂间电容电压均衡控制的比例、积分控制参数；$u_{\mathrm{dc}}^{\mathrm{ref3}}$ 为 M3C 桥臂电容电压总和的参考值。对 v，w 子换流器低频环流的控制过程类似，不再赘述。

为得到各子换流器桥臂低频环流的瞬时值指令，将式（4-27）得到的控制输出分别乘以低频侧 u、v、w 子换流器的电压相位余弦值，如式（4-28）～式（4-30）所示

$$
\begin{cases}
i_{\mathrm{cir,au}}^{\mathrm{yref}} = -I_{\mathrm{cir,au}}^{\mathrm{yref}} \cos\theta_{\mathrm{u}} \\[2mm]
i_{\mathrm{cir,bu}}^{\mathrm{yref}} = -I_{\mathrm{cir,bu}}^{\mathrm{yref}} \cos\theta_{\mathrm{u}} \\[2mm]
i_{\mathrm{cir,cu}}^{\mathrm{yref}} = -I_{\mathrm{cir,cu}}^{\mathrm{yref}} \cos\theta_{\mathrm{u}}
\end{cases}
\tag{4-28}
$$

$$
\begin{cases}
i_{\mathrm{cir,av}}^{\mathrm{yref}} = -I_{\mathrm{cir,av}}^{\mathrm{yref}} \cos\theta_{\mathrm{v}} \\[2mm]
i_{\mathrm{cir,bv}}^{\mathrm{yref}} = -I_{\mathrm{cir,bv}}^{\mathrm{yref}} \cos\theta_{\mathrm{v}} \\[2mm]
i_{\mathrm{cir,cv}}^{\mathrm{yref}} = -I_{\mathrm{cir,cv}}^{\mathrm{yref}} \cos\theta_{\mathrm{v}}
\end{cases}
\tag{4-29}
$$

$$\begin{cases} i_{\text{cir,aw}}^{\text{yref}} = -I_{\text{cir,aw}}^{\text{yref}} \cos\theta_{\text{w}} \\ i_{\text{cir,bw}}^{\text{yref}} = -I_{\text{cir,bw}}^{\text{yref}} \cos\theta_{\text{w}} \\ i_{\text{cir,cw}}^{\text{yref}} = -I_{\text{cir,cw}}^{\text{yref}} \cos\theta_{\text{w}} \end{cases} \tag{4-30}$$

式中：θ_{u}，θ_{v}，θ_{w} 分别为低频侧 u，v，w 子换流器的电压相位。考虑到环流方向定义为从桥臂工频侧流向低频侧为正方向，式（4-28）～式（4-30）给出的低频环流指令还须再乘以 -1。

根据式（4-27）～式（4-30）可知，u、v、w 子换流器的低频环流指令满足式（4-12）、式（4-13）给出的低频环流不流入低频侧的约束条件，为同时满足低频环流也不应流入工频侧的约束条件，首先提取 a、b、c 各子换流器低频环流的零序分量

$$\begin{cases} i_{\text{cir,a0}}^{\text{yref}} = \dfrac{i_{\text{cir,au}}^{\text{yref}} + i_{\text{cir,av}}^{\text{yref}} + i_{\text{cir,aw}}^{\text{yref}}}{3} \\[2mm] i_{\text{cir,b0}}^{\text{yref}} = \dfrac{i_{\text{cir,bu}}^{\text{yref}} + i_{\text{cir,bv}}^{\text{yref}} + i_{\text{cir,bw}}^{\text{yref}}}{3} \\[2mm] i_{\text{cir,c0}}^{\text{yref}} = \dfrac{i_{\text{cir,cu}}^{\text{yref}} + i_{\text{cir,cv}}^{\text{yref}} + i_{\text{cir,cw}}^{\text{yref}}}{3} \end{cases} \tag{4-31}$$

将式（4-28）～式（4-30）减去式（4-31）给出的低频环流零序分量，得到修正后的 9 个桥臂低频环流指令为

$$\begin{cases} i_{\text{cir,au}}^{\text{yref}}{}' = i_{\text{cir,au}}^{\text{yref}} - i_{\text{cir,a0}}^{\text{yref}} \\ i_{\text{cir,av}}^{\text{yref}}{}' = i_{\text{cir,av}}^{\text{yref}} - i_{\text{cir,a0}}^{\text{yref}} \\ i_{\text{cir,aw}}^{\text{yref}}{}' = i_{\text{cir,aw}}^{\text{yref}} - i_{\text{cir,a0}}^{\text{yref}} \end{cases} \tag{4-32}$$

$$\begin{cases} i_{\text{cir,bu}}^{\text{yref}}{}' = i_{\text{cir,bu}}^{\text{yref}} - i_{\text{cir,b0}}^{\text{yref}} \\ i_{\text{cir,bv}}^{\text{yref}}{}' = i_{\text{cir,bv}}^{\text{yref}} - i_{\text{cir,b0}}^{\text{yref}} \\ i_{\text{cir,bw}}^{\text{yref}}{}' = i_{\text{cir,bw}}^{\text{yref}} - i_{\text{cir,b0}}^{\text{yref}} \end{cases} \tag{4-33}$$

$$\begin{cases} i_{\text{cir,cu}}^{\text{yref}}{}' = i_{\text{cir,cu}}^{\text{yref}} - i_{\text{cir,c0}}^{\text{yref}} \\ i_{\text{cir,cv}}^{\text{yref}}{}' = i_{\text{cir,cv}}^{\text{yref}} - i_{\text{cir,c0}}^{\text{yref}} \\ i_{\text{cir,cw}}^{\text{yref}}{}' = i_{\text{cir,cw}}^{\text{yref}} - i_{\text{cir,c0}}^{\text{yref}} \end{cases} \tag{4-34}$$

容易验证，式（4-32）～式（4-34）给出的修正后低频环流指令也可同时满足式（4-12）及式（4-13）的约束条件。

将 4.3.2 节及 4.3.3 节得到的工、低频环流指令综合，可得到桥臂 xy 的环流指令为

$$i_{\mathrm{cir},xy}^{\mathrm{ref}} = i_{\mathrm{cir},xy}^{\mathrm{yref}}{}' + i_{\mathrm{cir},xy}^{\mathrm{yref}}{}' \tag{4-35}$$

由于 $i_{\mathrm{cir},xy}^{\mathrm{ref}}$ 同时含有工、低频分量，环流控制仅可使用比例控制器，则桥臂 xy 的环流控制方程为

$$u_{\mathrm{cir},xy}^{\mathrm{ref}} = k_{\mathrm{p,cir}}(i_{\mathrm{cir},xy}^{\mathrm{ref}} - i_{\mathrm{cir},xy}) \tag{4-36}$$

式中：$k_{\mathrm{p,cir}}$ 为桥臂环流控制比例参数。

结合图 4-2（c）可得到桥臂环流闭环控制框图，如图 4-4 所示。

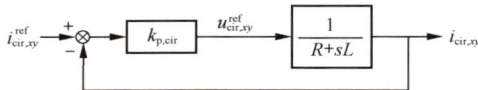

图 4-4　M3C 环流闭环控制框图

由于桥臂电容电压存在 4 种不同频率的交流波动，桥臂内部会产生复杂的环流。因此，在对桥臂工、低频环流进行调节时，还需考虑环流控制器的控制带宽，以实现对桥臂非工、低频分量环流的抑制。由图 4-4 可知，桥臂环流抑制的闭环传递函数为

$$G_{\mathrm{cl,cir}}(s) = \frac{k_{\mathrm{p,cir}}}{R + sL + k_{\mathrm{p,cir}}} \tag{4-37}$$

当设计环流控制带宽为 $f_{\mathrm{bd,cir}}$ 且忽略桥臂电阻 R 时，可得到环流控制器的比例系数为

$$k_{\mathrm{p,cir}} = \omega_{\mathrm{bd,cir}}L \tag{4-38}$$

式中，$\omega_{\mathrm{bd,cir}} = 2\pi f_{\mathrm{bd,cir}}$。

综上所述，可得到 M3C 桥臂电容电压层次化控制策略，如图 4-5 所示。

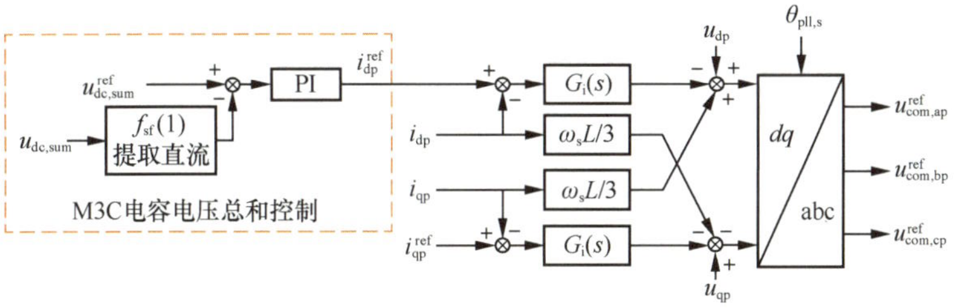

(a) M3C工频侧输入正序控制环

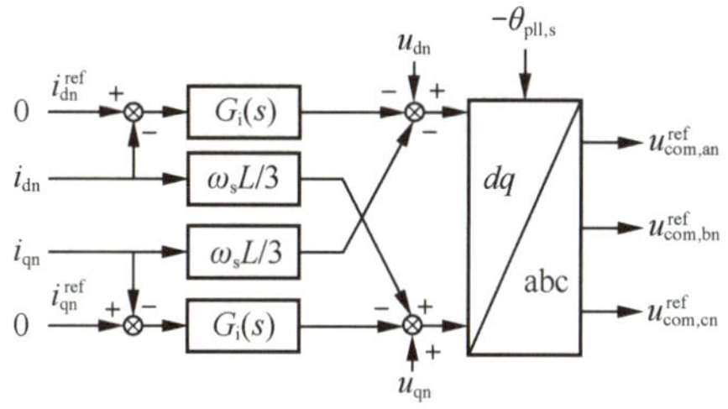

(b) M3C工频侧输入负序控制环

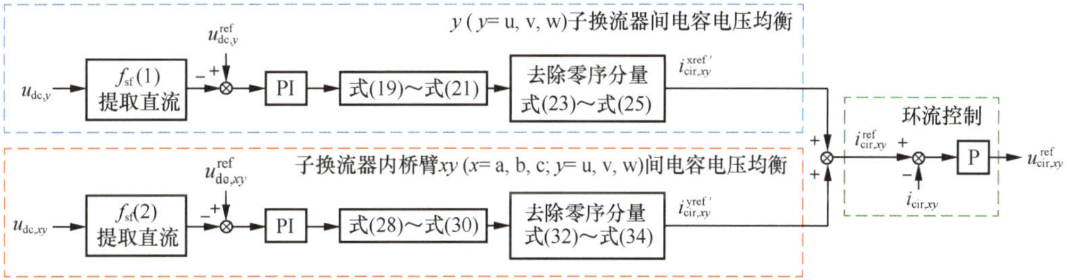

y（j= u, v, w）子换流器间电容电压均衡　式(19)~式(21)　去除零序分量　式(23)~式(25)

子换流器内桥臂xy（x= a, b, c；y= u, v, w）间电容电压均衡　式(28)~式(30)　去除零序分量　式(32)~式(34)

环流控制

(c) M3C环流控制策略

图 4-5　M3C 桥臂电容电压控制策略

4.3.4　M3C 低频侧控制

在实现 M3C 的 9 个桥臂电容电压完全稳定的基础上，就可以实现 M3C 低频侧控制。根据 M3C 的实际应用，其低频侧存在 V/f 控制和 PQ 控制两种控制。

V/f 控制时，M3C 低频侧输入控制的目的是在 9 个桥臂电容电压完全稳定的基础上，通过闭环控制建立稳定的低频交流电压。M3C 低频侧端口电路如图 4-6 所示。

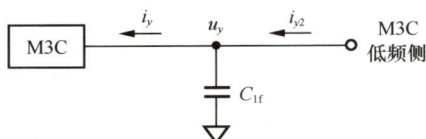

图 4-6　M3C 低频侧端口电路

易得到端口电流关系

$$C_{1f}\frac{\mathrm{d}u_y}{\mathrm{d}t} = i_{y2} - i_y \tag{4-39}$$

式（4-39）对应的拉普拉斯变换为

$$sC_{1f}u_y(s) = i_{y2}(s) - i_y(s) \tag{4-40}$$

为便于在低频侧 dq 旋转坐标系统下进行控制，通过卷积变换，将式（4-40）给出的静止坐标系统下的等式改写为 dq 旋转坐标系统下的表示方式

$$(s + j\omega_{ls})C_{1f}u_y(s) = i_{y2}(s) - i_y(s) \tag{4-41}$$

基于式（4-41），可得到在旋转坐标系统下 M3C 低频侧输入电流的 dq 参考值控制方程为

$$\begin{cases} i_{ld}^{\text{ref}} = i_{l2d} + \omega_{ls}C_{1f}u_{lq} - G_{lv}(s)(u_{ld}^{\text{ref}} - u_{ld}) \\ i_{lq}^{\text{ref}} = i_{l2q} - \omega_{ls}C_{1f}u_{ld} - G_{lv}(s)(u_{lq}^{\text{ref}} - u_{lq}) \end{cases} \tag{4-42}$$

式中：i_{l2d}，i_{l2q} 分别为负载电流 i_{u2}，i_{v2}，i_{w2} 在 dq 坐标系统下的表示方式；$G_{lv}(s)$ 为低频交流电压控制器的传递函数。

基于式（4-8）及式（4-42），可得到 M3C 低频侧 V/f 控制框图，如图 4-7 所示。

PQ 控制时，M3C 低频侧输入控制的目的是在 9 个桥臂电容电压完全稳定的基础上，通过开环、闭环或开闭环联合控制向低频交流系统输入受控的有功功率及无功功率。根据换流器控制基本原则，图 4-7 中的低频 d、q 轴电流分别和低频侧有功功率及无功功率成正比，基于此，图 4-8 给出了 M3C 的低频侧 PQ 控制框图。

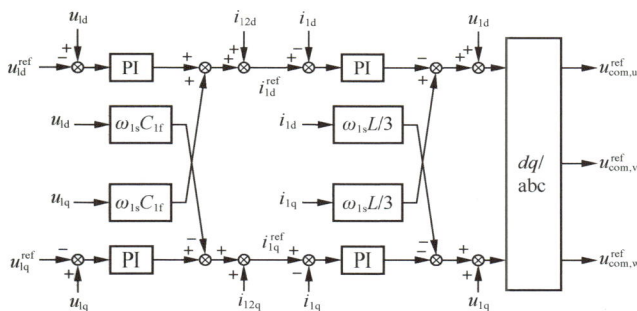

图 4-7　M3C 低频侧 V/f 控制框图

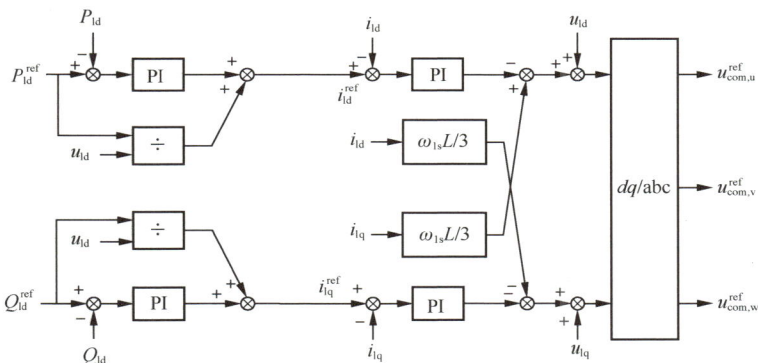

图 4-8　M3C 低频侧 PQ 控制框图

由上文可分别得到用于桥臂电容电压控制及低频侧 V/f 控制的电压参考值。将上述电压控制参考值进行综合，则可得到桥臂 xy 的电压控制参考值，表示为

$$u_{xy}^{\mathrm{ref}} = u_{\mathrm{com},x}^{\mathrm{ref}} - u_{\mathrm{com},y}^{\mathrm{ref}} - u_{\mathrm{cir},xy}^{\mathrm{ref}} \tag{4-43}$$

式中，$u_{\mathrm{com},x}^{\mathrm{ref}} = u_{\mathrm{com},xp}^{\mathrm{ref}} + u_{\mathrm{com},xn}^{\mathrm{ref}}$。由此得到 9 个桥臂的电压参考波，从而实现对换流器的控制。

4.4　M3C 充电控制策略

由于 M3C 各桥臂的子模块中包含大量的储能电容，换流器在进入稳态工作方式前，必须采用合适的启动控制来对这些子模块储能电容进行预充电。因此，在M3C柔性低频交流（flexible low-frequency alternative current，FLAC）系统的启动过程中，必须采取适当的启动控制和限流措施。

事实上，启动控制的目标是通过控制方式和辅助措施使 M3C-FLAC 系统的子模块储能电容电压快速上升到接近正常工作时的电压，但又不产生过大的充电电流。在实际的 M3C-FLAC 工程中，一般多采用自励启动方式。其中一种可行方案是启动时在充电回路中串接限流电阻，如图 4-9 所示。启动结束时退出限流电阻以减少损耗。

M3C 自励预充电过程分为不控充电阶段（此时换流器闭锁）和可控充电阶段（此时换流器已解锁）两个阶段。

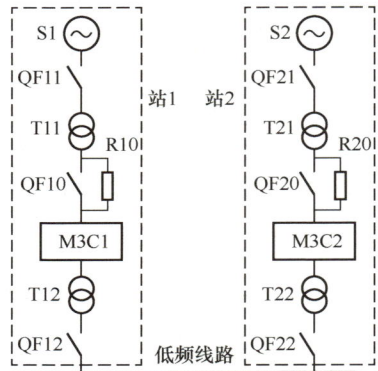

图 4-9　典型 M3C-FLAC 系统

4.4.1　不可控充电阶段

在不可控充电阶段，换流器启动之前各子模块电压为零，由于子模块触发电路通常是通过电容分压取能的，故此阶段 IGBT 因缺乏足够的触发能量而闭锁，此时交流系统只能通过子模块内与 IGBT 反并联的二极管对电容进行充电。在可控充电阶段，子模块电容电压已达到一定的值，子模块 IGBT 已具有可控性，换流器基于特定的控制策略继续充电，直到电容电压达到预设水平。

闭锁不可控充电时，M3C 控制器不发送调制波给换频阀，只是依靠工频侧交流电网或者低频侧交流电网给 9 个桥臂轮流充电，当然也可以是低频侧电网给 M3C 充电，或者是工、低频两侧电网同时给 M3C 充电。图 4-10 给出了 M3C 工、低频两侧给换频阀不可控充电的回路图。

以图 4-9 的换流站 1 为对象分析，合闸 QF11、断开 QF10、断开 QF12 时，工频侧交流电网经过限流电阻 R10 给换流站 1 的 M3C1 充电，延时一定时间后合闸限流电阻旁路开关 QF10。这里以工频侧 a、b 两相连接的桥臂 au、av、aw、bu、bv、bw 为例，其充电回路如图 4-10（a）所示，这 6 个桥臂连接在工频侧 a、b 两相之间，不可控充电完成时，6 个桥臂中的单个子模块电压平均值为 $U_L/(2N)$，剩余桥臂 cu、cv、cw 不可控充电过程一致。

断开 QF11、合闸 QF12 时，低频侧交流电网给换流站 1 的 M3C1 充电，这里以低频侧 u、v 两相连接的桥臂 au、bu、cu、av、bv、cv 为例，其充电回路如图 4-10（b）所示，这 6 个桥臂连接在低频侧 u、v 两相之间，不可控充电完成时，

6 个桥臂中的单个子模块电压平均值为 $U_L/(2N)$，剩余桥臂 aw、bw、cw 不可控充电过程一致。此时换流站 2 的 QF12 和 QF22 合闸，M3C2 解锁运行且建立额定的低频交流电压。

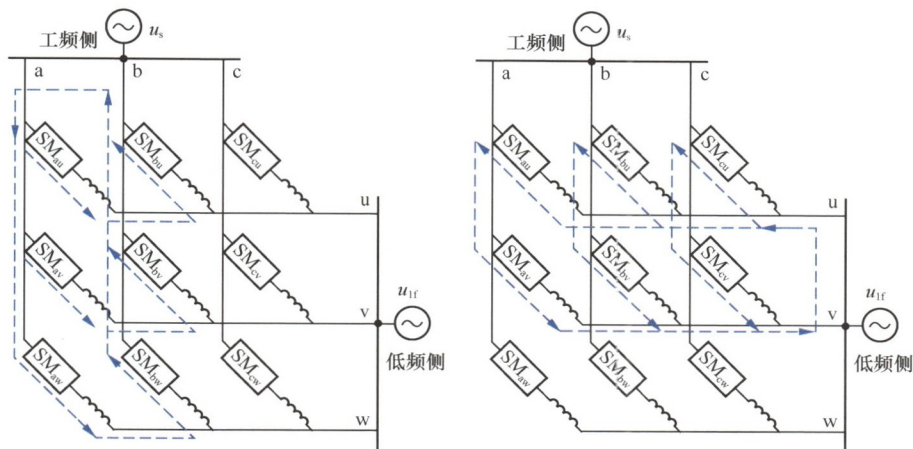

(a) 工频侧a、b两相连接桥臂的不可控充电回路　　(b) 低频侧u、v两相连接桥臂的不可控充电回路

图 4-10　M3C 不可控充电回路

上述工频侧 a、b 相和低频侧 u、v 相电网可以同时给 M3C1 充电，不可控充电完成时，共同桥臂 au、av、bu、bv 中的子模块电压平均值是单侧充电时的 2 倍，即 U_L/N。剩余桥臂 aw、bw、cu、cv、cw 不可控充电过程一致。

4.4.2　可控充电阶段

子模块电容设计的额定电压为

$$U_{CN} = \frac{U_L}{\frac{\sqrt{3}}{2}MN} > \frac{U_L}{2N} \tag{4-44}$$

由式（4-44）可知，子模块电容设计的额定电压 U_{CN} 大于单侧不可控充电时的电压。

闭锁不可控充电完成时，并不能使子模块电容电压达到额定值。为使各个桥臂电容电压达到额定值，需进一步提升子模块电容电压。采用可控充电，通过切除桥臂子模块，降低充电回路子模块个数，从而提升子模块电容电压，可控充电完成时，使得 M3C 换流器中 9 个桥臂子模块电容电压接近额定值 U_{CN}，从而减小解锁时的冲击电流。

4.4.3 M3C 充电逻辑仿真

采用国内某工程 35kV、11MW 系统仿真验证 M3C 工频侧电网不可控充电与可控充电过程。仿真的时间节点设置如下：初始时刻，断路器 QF11、QF10、QF12 处于断开状态；0.15s 时闭合断路器 QF11，系统进入不可控充电阶段；6s 时闭合断路器 QF10，切除限流电阻，进入可控充电第一阶段；8.2s 进入可控充电第二阶段；9s 时仿真结束。

图 4-11、图 4-12 给出了 M3C 主回路可控充电和不可控充电阶段的主要电气量变化波形。

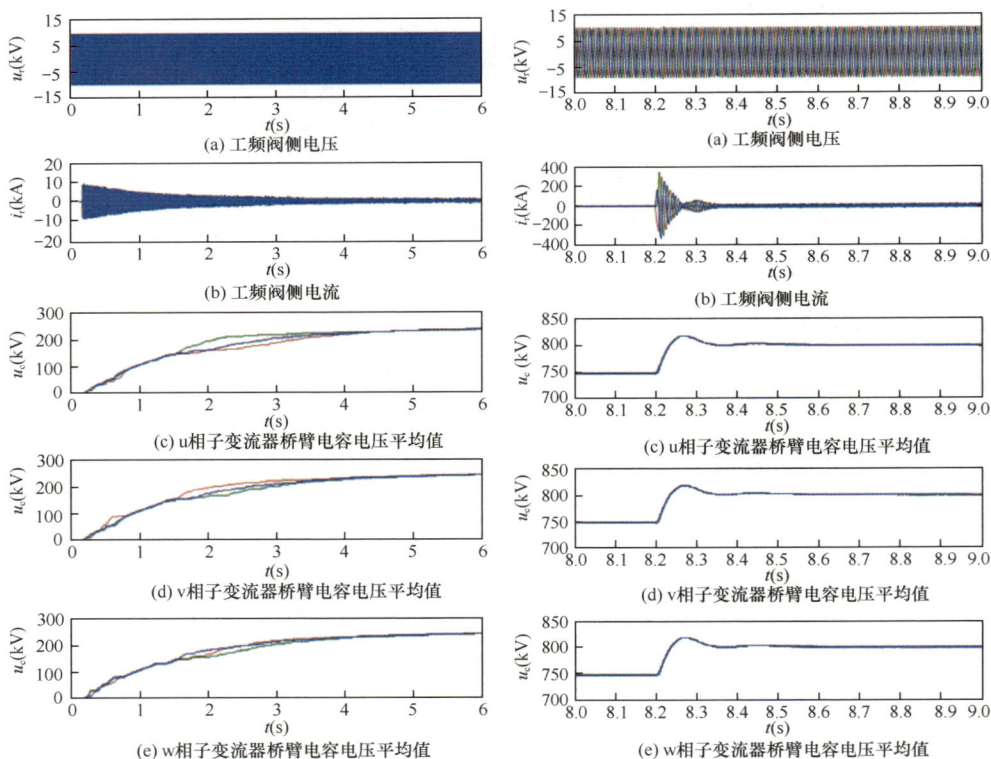

图 4-11　M3C 不可控充电过程电气量变化波形　图 4-12　M3C 可控充电过程电气量变化波形

从图 4-11、图 4-12 可以看出，由于限流电阻的作用，不可控充电阶段交流侧电流小于 10A，限流电阻切除前，子模块电容电压平稳上升，到 6s 时电容电压已超过 250V；限流电阻切除后，进入可控充电阶段，子模块电容电压进一步上升至 750V，8.2s 时控制器投入后，控制子模块电压升至额定值 800V，子模块电容电压平稳上升，系统冲击电流小。

4.5 保 护 策 略

M3C 系统的正常运行高度依赖控制保护系统。控制保护系统的主要功能是保护输电系统中所有设备的安全正常运行，在故障或者异常情况下迅速切除系统中故障或者不正常的运行设备，防止对系统造成损害或者干扰系统其他部分的正常工作，保证 M3C 系统的安全运行。

4.5.1 保护区域的划分

M3C 系统的保护根据保护设备和故障位置的不同，可以分为工频交流保护、换频器保护、换频阀保护和低频交流保护，如图 4-13 所示。

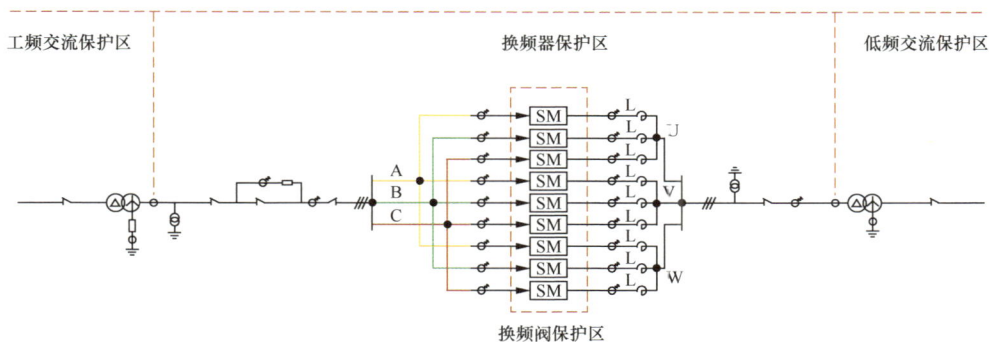

图 4-13 M3C 系统保护区域划分图

工频交流保护和低频交流保护将在第 6 章介绍，换频阀保护将在第 5 章介绍，本节介绍换频器保护。换频器保护比交流保护复杂很多，推荐配置的保护策略有以下几种：

（1）工频阀侧连接线差动保护；

（2）工频阀侧连接线过电流保护；

（3）工频换频器引线差动保护；

（4）工频零序电压保护；

（5）启动电阻过电流保护；

（6）启动电阻过负荷保护；

（7）站接地过电流保护；

（8）桥臂差动保护；

（9）桥臂过电流保护；

（10）桥臂电抗器差动保护；

（11）低频阀侧连接线差动保护；

（12）低频阀侧连接线过电流保护；

（13）低频零序电压保护；

（14）低频过电压保护；

（15）低频低电压保护。

4.5.2　保护整定原则和动作策略

整定原则包括：

（1）快速、有效切除和隔离故障；

（2）闭锁过程不扩大故障范围和故障破坏程度；

（3）减小对系统的冲击；

（4）尽可能保证功率输送；

（5）保证换流设备安全；

（6）便于故障后检修。

换频器保护采用三重化配置，出口采用功能"三取二"逻辑判别。该"三取二"逻辑同时实现于独立的"三取二"主机和控制主机中，即在换频器层冗余配置"三取二"主机，采用单独的装置实现。"三取二"主机接收各套保护分类动作信息，其功能"三取二"逻辑出口实现跳交流断路器功能。与此同时，控制主机采用"三取二"逻辑，在各层控制主机中配置相同的"三取二"逻辑。各控制主机同样接收各套保护分类动作信息，通过相同的"三取二"保护逻辑出口，实现闭锁、跳交流开关等功能。

换频器层的三套保护，均以光纤方式分别与"三取二"装置和本层的控制主机进行通信，传输经过校验的数字量信号。三重保护与"三取二"逻辑构成一个整体，三套保护主机中有两套相同类型保护动作被判定为正确的动作行为，才允许出口闭锁或跳闸，以保证可靠性和安全性。此外，还存在以下 3 种情况：

（1）当三套保护中有一套保护因故退出运行后，采取"二取一"保护逻辑；

（2）当三套保护中有两套保护因故退出运行后，采取"一取一"保护逻辑；

（3）当三套保护全部因故退出运行后，换频器闭锁停运。

上述保护"三取二"功能如图 4-14 所示。

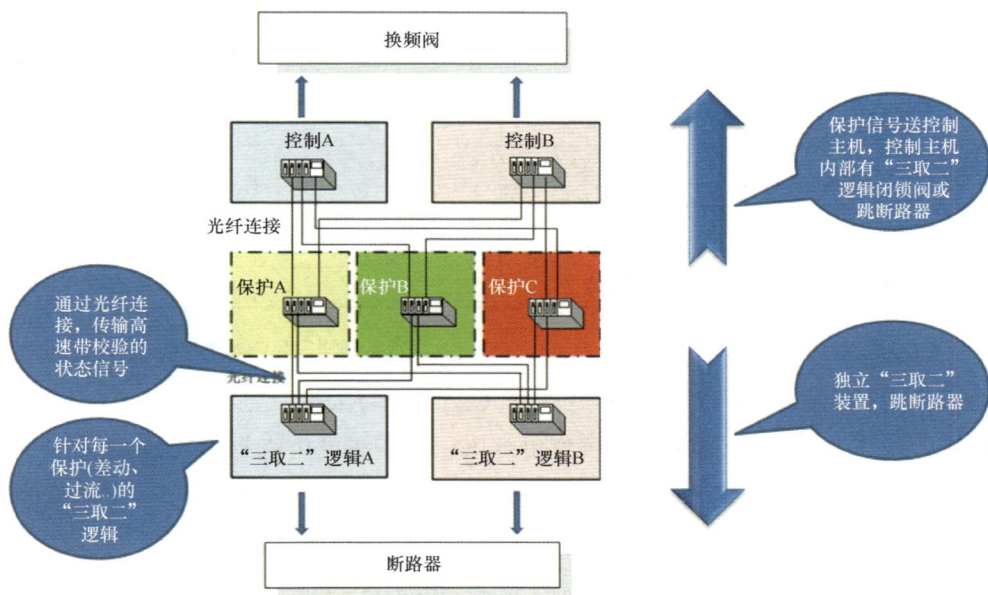

图 4-14　"三取二"功能示意图

保护的主要动作包括：①换流器闭锁 BLOCK；②交流断路器跳闸 ACB_TRIP；③系统切换 SYS_SWITCH；④报警 ALARM。

4.6　仿　真　研　究

通过 PSCAD/EMTDC 电磁暂态仿真软件验证所提策略的有效性，搭建面向低频海上风电送出的 FLAC 系统。仿真所用 FLAC 系统参数见表 4-1。M3C 低频侧控制模式为定交流电压控制，海上低频风机由 10 台额定功率为 1.1MW 的直驱风机通过 690V/35kV 升压变压器升压后并联接入低频交流系统。

表 4-1　　　　　　　　　　　M3C 参数

参数	描述	单位	值
S_N	额定容量	MVA	11
f_s	工频侧额定频率	Hz	50
U_{fN}	工频侧额定电压	kV	35
f_{ls}	低频侧额定频率	Hz	20
U_{lN}	低频侧额定电压	kV	35
U_N	M3C 阀额定电压	kV	12
L	桥臂电感	mH	14
R_j	子模块均压电阻	kΩ	33
C_j	子模块电容容值	mF	10
N	桥臂子模块数目	个	29
u_{dc}	子模块工作电压	V	800
l	海缆长度	km	28.65

FLAC 系统启动及控制时序为：①合 M3C 工频侧断路器，M3C 首先进入不可控充电模式；②不可控充电稳定后 M3C 进入循环充电，进一步提高功率子模块电容电压；③ M3C 解锁，待桥臂电容电压稳定在设定值 800V 后，通过低频侧全序控制稳定低频交流电压；④直驱风机换流器并网后解锁运行，并模拟海风最大功率点跟踪（maximum power point tracking，MPPT）功率送出。

控制各台风机运行在额定 1.1MW 送出，图 4-15 给出了稳态条件下 FLAC 系统运行波形。

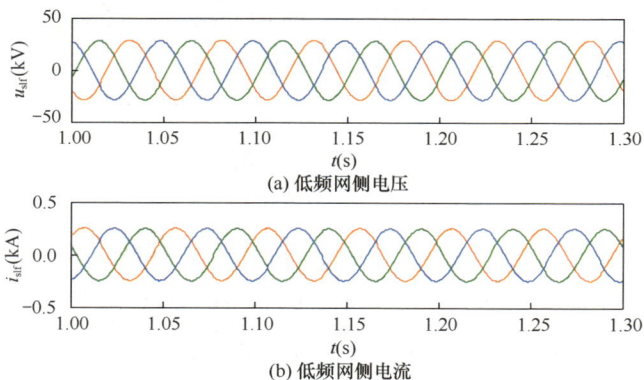

(a) 低频网侧电压

(b) 低频网侧电流

图 4-15　M3C 稳态仿真波形（一）

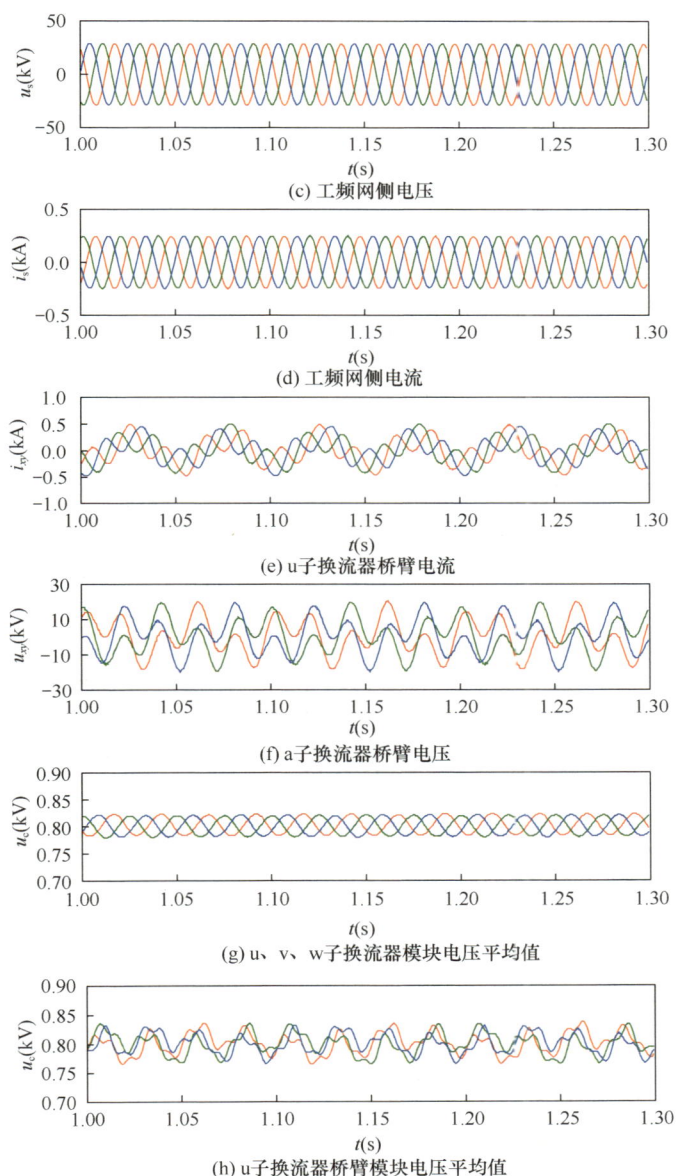

(c) 工频网侧电压

(d) 工频网侧电流

(e) u 子换流器桥臂电流

(f) a 子换流器桥臂电压

(g) u、v、w 子换流器模块电压平均值

(h) u 子换流器桥臂模块电压平均值

图 4-15　M3C 稳态仿真波形（二）

由图 4-15（a）～图 4-15（d）可见，M3C 建立的低频电压稳定，工、低频侧电流正弦度良好，稳态条件下功率送出稳定。由图 4-15（e）～图 4-15（h）可见，子换流器桥臂电容电压总和在 800V 的基础上含有 2 倍工频的波动，而桥臂电容电压在直流 800V 的基础上同时含有 4 种不同频率的波动。综合图 4-15

（a）～图 4-15（d），表明 M3C 可有效实现输入、输出侧的解耦且控制精度优异。

为验证控制系统的动态特性，首先控制各台风机送出功率为 0.55MW，并控制 M3C 工频网侧无功功率为零。在 3.5s 控制风机功率阶跃至 1.1MW，图 4-16 给出了动态响应特性波形。

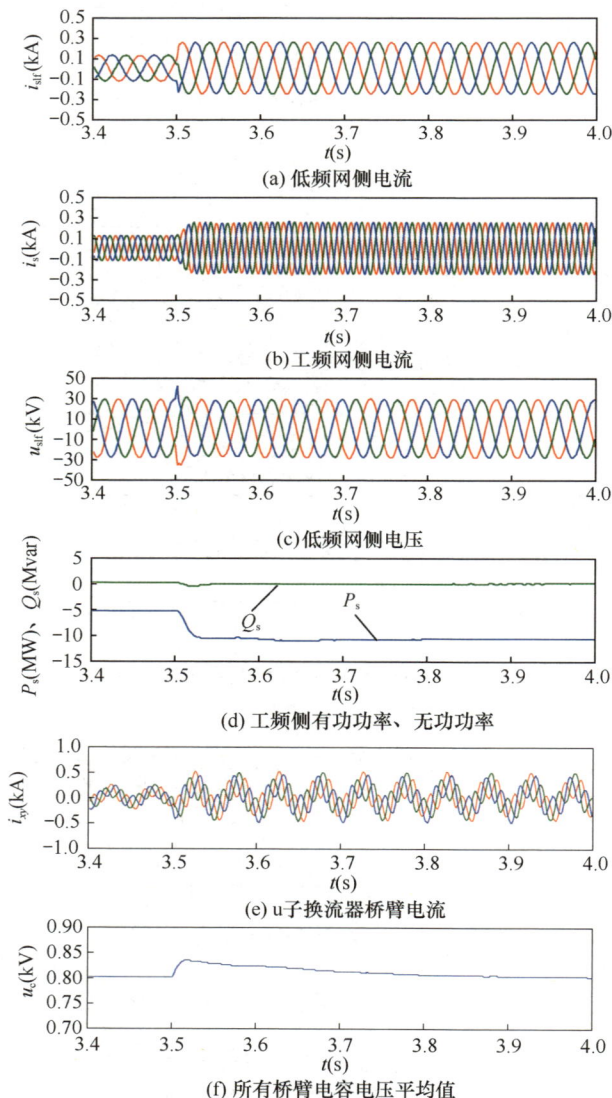

(a) 低频网侧电流

(b) 工频网侧电流

(c) 低频网侧电压

(d) 工频侧有功功率、无功功率

(e) u 子换流器桥臂电流

(f) 所有桥臂电容电压平均值

图 4-16　M3C 动态仿真波形（一）

(g) u、v、w 子换流器电容电压平均值

(h) u 子换流器桥臂电容电压平均值

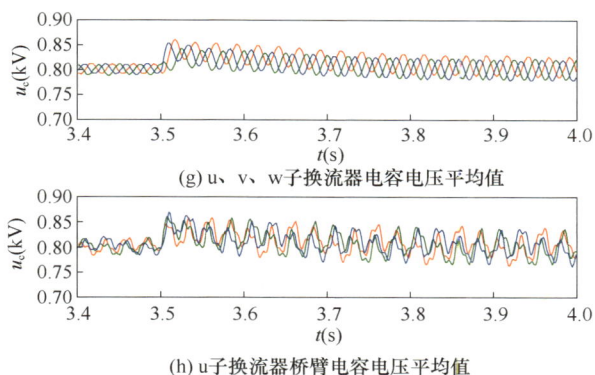

图 4-16　M3C 动态仿真波形（二）

由图 4-16（a）～图 4-16（c）可见，在动态阶跃过程中低频网侧电压控制稳定，低频侧电流响应速度为 0.5 个低频周期，阶跃特性良好。由图 4-16（d）可见，工频侧无功功率在阶跃响应过程中维持为零，表明 M3C 输入、输出侧无功解耦特性良好。由图 4-16（e）～图 4-16（h）可见，所提控制策略可实现 M3C 优异的电容电压层次化控制，M3C 总电容电压、子换流器电容电压及桥臂电容电压被逐级控制在设定的定值上，确保 M3C 动态响应过程中的良好特性。结合图 4-16（a）～图 4-16（d）可知，在动态过程中，M3C 输入、输出侧解耦特性依然良好。

为验证所提控制策略的暂态控制特性，控制各台风机运行在 0.55MW 送出，在 4s 时做 35kV 工频侧单相接地故障，故障持续时间 0.6s，图 4-17 给出了控制波形。

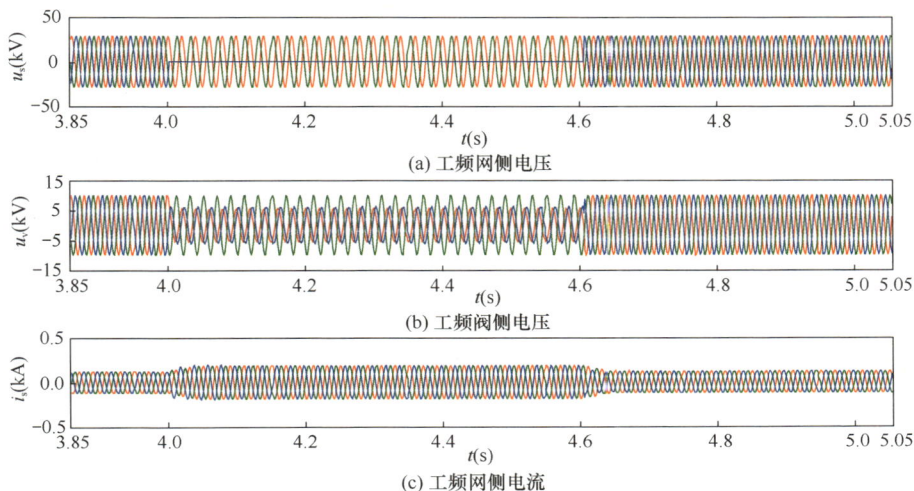

(a) 工频网侧电压

(b) 工频阀侧电压

(c) 工频网侧电流

图 4-17　工频网侧单相接地故障下仿真波形（一）

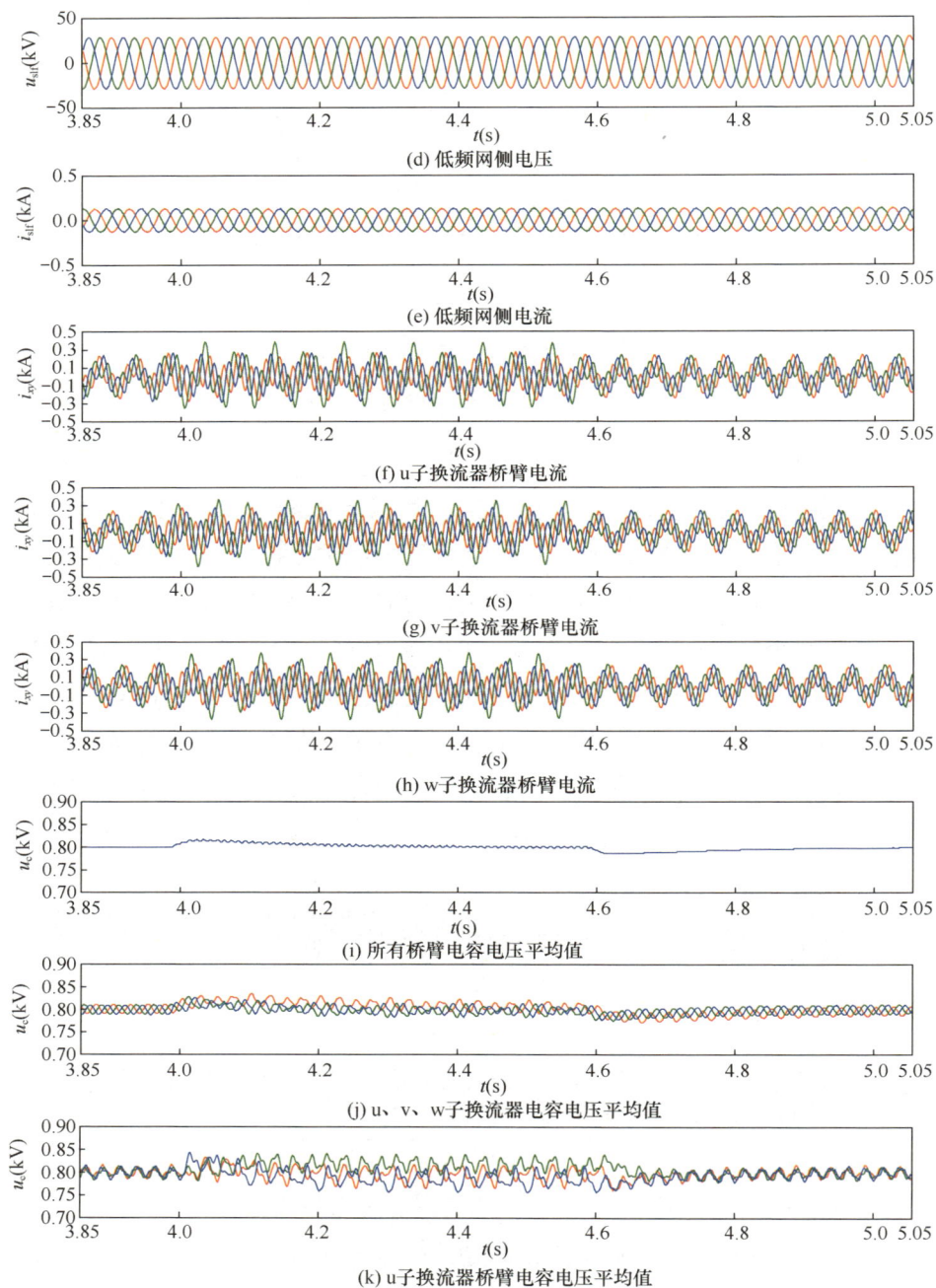

(d) 低频网侧电压

(e) 低频网侧电流

(f) u子换流器桥臂电流

(g) v子换流器桥臂电流

(h) w子换流器桥臂电流

(i) 所有桥臂电容电压平均值

(j) u、v、w子换流器电容电压平均值

(k) u子换流器桥臂电容电压平均值

图 4-17   工频网侧单相接地故障下仿真波形（二）

由图 4-17 可见，在工频侧故障期间，低频侧电压稳定且低频侧电流保持为

恒定状态，表明所提控制策略可实现 M3C 输入、输出侧故障的有效隔离。此外，在工频侧故障期间，M3C 总电容电压、子换流器电容电压及桥臂电容电压控制稳定，表明所提的层次化电容电压控制策略在工频侧暂态期间控制特性良好，可确保 M3C 功率子模块的功率器件始终处于安全工作区。

为进一步验证所提控制策略的暂态控制特性，控制各台风机运行在 0.55MW 送出，并控制 M3C 工频侧无功功率为感性 5.9Mvar。在 4s 时做 35kV 低频侧单相接地故障，故障持续时间 0.4s，图 4-18 给出了控制波形。

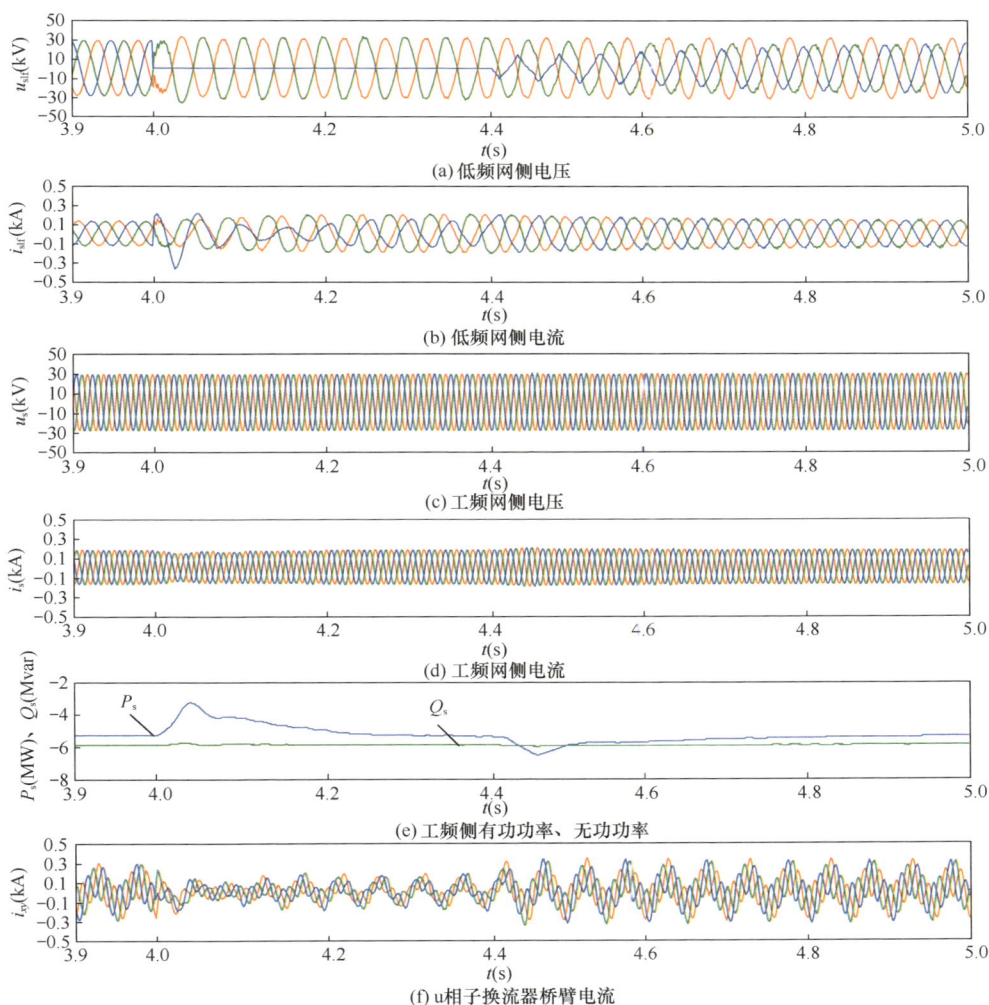

(a) 低频网侧电压

(b) 低频网侧电流

(c) 工频网侧电压

(d) 工频网侧电流

(e) 工频侧有功功率、无功功率

(f) u相子换流器桥臂电流

图 4-18　低频网侧单相接地故障下仿真波形（一）

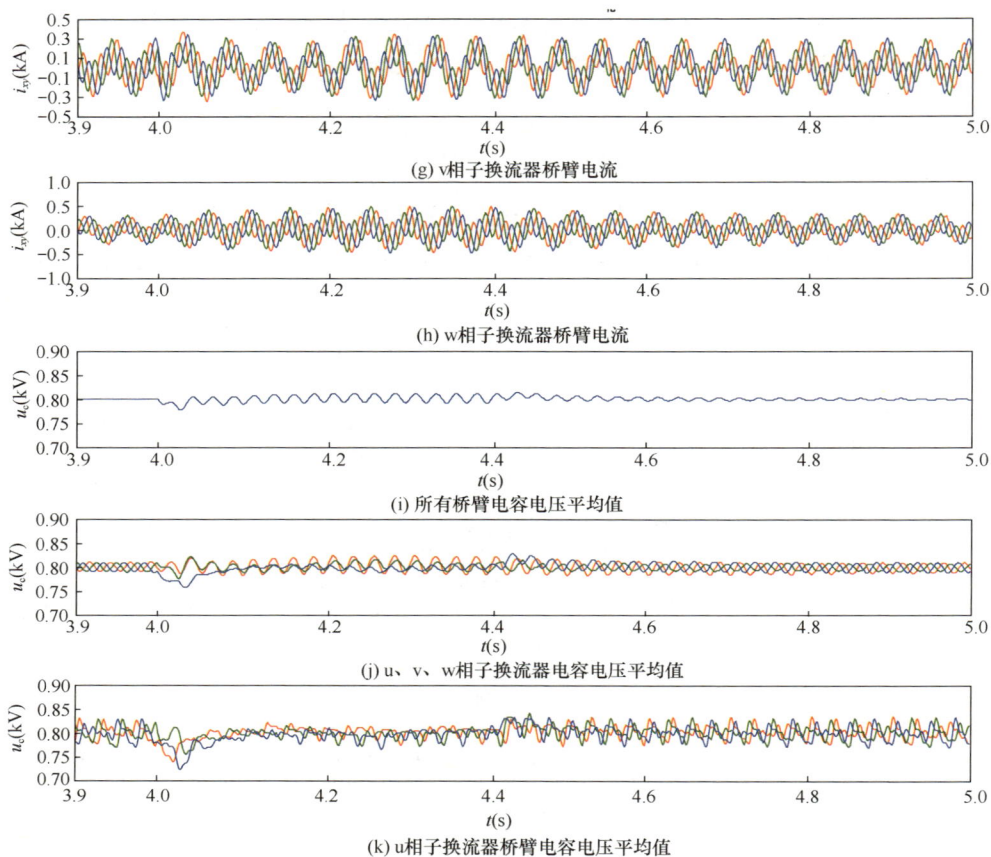

(g) v相子换流器桥臂电流

(h) w相子换流器桥臂电流

(i) 所有桥臂电容电压平均值

(j) u、v、w相子换流器电容电压平均值

(k) u相子换流器桥臂电容电压平均值

图 4-18　低频网侧单相接地故障下仿真波形（二）

由图 4-18 可见，低频侧三相电压转为非故障相互反 180°运行方式，这是由低频变压器隔离 M3C 低频阀侧零序电压引起。故障期间 M3C 工频侧无功功率维持恒定且扰动较小，工频侧输入电流仍维持为正序状态。此外，在故障期间低频非故障相电压幅值保持与故障前一致，故障后低频侧三相电压在全序控制下逐步恢复正常。在整个低频侧故障期间，M3C 总电容电压、子换流器电容电压及桥臂电容电压同样控制稳定，表明所提的层次化电容电压控制策略在低频侧暂态期间特性良好，桥臂电流未出现明显过电流现象，M3C 和低频系统始终处于安全运行状态。

第5章

M3C 阀级控制保护

5.1 M3C 调制方式

基于全控器件的 M3C 输电调节速度快，没有换相失败的问题，输出波形好，不仅能控制有功功率，还可以控制发出和吸收的无功功率，不需无功补偿，滤波要求也小。电压源换流器基于高频全控器件，这样可以在一个工频周期内多次对开关器件施加开通和关断信号，从而在交流侧产生恰当的交流电压波形。电压源换流器的开通和关断的控制方法就是调制方式，它远比传统直流输电的触发控制复杂。调制方式对电压源换流器的性能有着关键性的影响，因此针对特定的电压源换流器，需要选择一种简单、高效、合适的调制方式。

首先，控制器根据设定的有功功率、无功功率或直流电压等指令计算出需要电压源换流器输出的交流电压波，也称为调制波。然后，调制方式确定怎样向开关器件施加开通和关断的控制信号，以利用直流电压在交流侧产生恰当的电压波形来逼近调制波。

一个好的调制方式应满足以下要求：

（1）较好的调制波逼近能力，其输出的电压波中的基波分量尽可能地逼近调制波。

（2）较少的谐波含量，其输出的电压波中的谐波含量尽可能地少。

（3）较少的开关次数，由于开关损耗在换流器损耗中是主导性的，因此好的调制方式在实现波形输出的同时，只使用最少的开关次数。该问题在大功率的直流输电应用中更加突出。

（4）较快的响应能力，调制方式应能满足快速跟踪调制波的变化要求，这对系统的响应速度有着重要影响。

（5）较少的计算量，好的调制方式计算负担不能太大，实现起来尽可能简单。

任何一种调制方式要完全满足上面的要求是非常困难的，其中有些要求之间有一定的冲突，为此必须根据具体的换流器及其应用领域，选择一种能够兼顾以上几个方面的调制方式。

目前常用的多电平换流器调制方式可以分为脉宽调制（pulse width modulation，PWM）方式和阶梯波调制方式两大类。PWM 方式跟踪调制波性能好，实现简单，能够明显改善低电平换流器的输出特性，因此在低电平换流器中得到了广泛的应用。随着电平数的增多，PWM 方式变得越来越复杂。当电平数足够多时，可以不再使用 PWM 方式，而使用阶梯波直接逼近的方法。图 5-1 所示为阶梯波调制的输出波形，通过多个直流电平的投入和切除，使输出波形跟踪调制波。

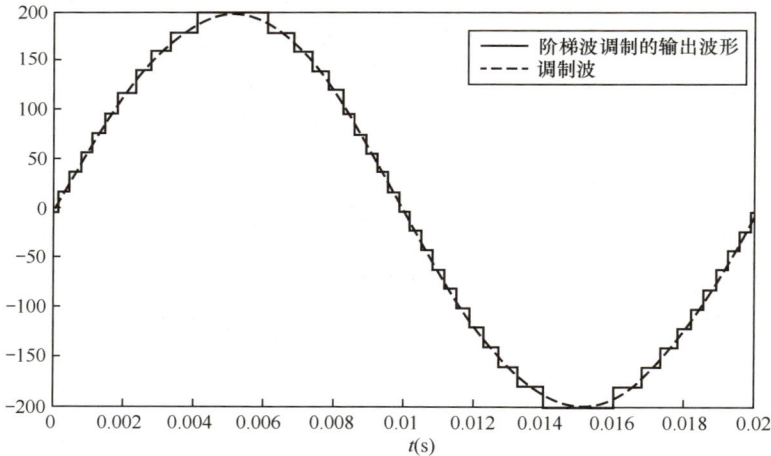

图 5-1 阶梯波调试

显然，阶梯波调制与脉宽调制相比，器件开关频率低，因而开关损耗小；由于不需控制脉冲宽度，实现起来更简单。对电平数很多的换流器，波形质量很高，谐波已经不是主要问题，阶梯波调制具有明显的优势。

阶梯波调制的具体实现方式有特定谐波消去阶梯波调制（specific harmonic elimination stairwave modulation，SHESM）和电压逼近调制。

SHESM 的原理是事先对应各种调制波幅值，利用基波和谐波解析表达式设定相应的一组开关角，这组开关角能够使得基波跟随调制波并且使指定的低次谐波幅值为零，工作时根据系统运行条件查表确定输出哪组开关角。SHESM 的优点是能够很好地控制谐波。由于调制波幅值是时刻变化的，该方法只能用于稳态情况下，动态性能较差；实现起来计算量较大，随着电平数的增加，复杂程度急剧增大。所以，SHESM 适用于电平数不太多的场合。

电压逼近调制策略又可以分为空间矢量控制（space vector control，SVC）和最近电平逼近调制（nearest level modulation，NLM），其基本原理就是使用最接近的电压矢量或最接近的电平瞬时逼近正弦调制波，它适合用于电平数很多的场合。该方法的特点是动态性能好，实现简便。当电平数很多时，电压矢量数会很多，SVC 实现起来就较复杂。因此对于 M3C 的电平数多，应用 NLM 具有优势。

用 $u_s(t)$ 表示桥臂调制波的瞬时值，U_c 表示子模块的直流电压平均值。N 为桥臂含有的子模块数。参照图 5-2，随着调制波瞬时值从 0 开始升高，该桥臂处于正向投入状态的子模块需要逐渐增加，使该桥臂输出的电压跟随调制波升高；当调制波瞬时值从 0 开始降低，该桥臂处于负向投入状态的子模块需要逐渐增加，使该桥臂输出的电压跟随调制波降低。理论上，NLM 将 M3C 输出的电压与调制波电压之差控制在 $\pm U_c$ 以内。

这样在每个时刻，桥臂需要投入的子模块数的实时表达式可以表示为

$$n = \mathrm{round}\left(\frac{u_s(t)}{U_c}\right) \tag{5-1}$$

式中，round（x）表示取与 x 最接近的整数。

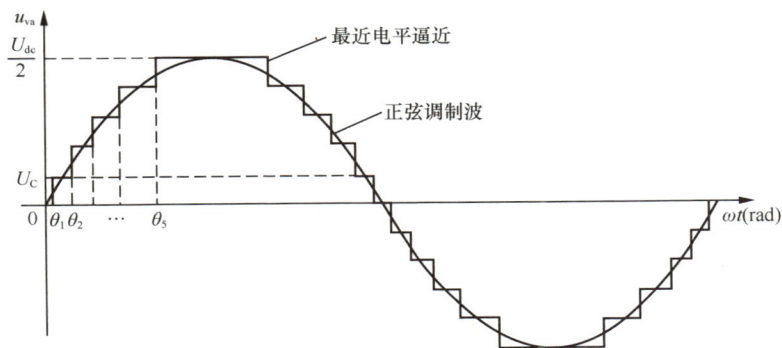

图 5-2　M3C 的 NLM

受子模块数的限制，必须满足 $0 \leqslant n \leqslant N$。如果根据式（5-1）算得的 n 总

在边界值以内，则称 NLM 工作在正常工作区。一旦 n 超出了边界值，则此时只能取相应的边界值。这意味着当调制波升高到一定程度后，由于电平数有限，NLM 已经无法将 M3C 桥臂输出的电压与调制波电压之差控制在 $\pm U_c$ 以内。只要出现这种情况，就称 NLM 工作在过调制区。

5.2　子模块排序

M3C 的电容是独立分布在各子模块当中的，且主电路元器件为非理想元件。桥臂电流流经子模块电容时，时正时负，使得子模块电容时刻存在充放电过程，导致电容电压波动，为了维持子模块之间电压的均衡和稳定，需要对子模块电容电压进行排序。对子模块电容电压排序既是为了均衡子模块电压，也是为了防止子模块开关频率过高。

目前 MMC 子模块电容电压均压排序算法主要有冒泡法、质因子分解法、希尔排序法等方法，上述均压排序算法计算复杂度大都为 $O(N^2)$。此外，很多学者根据换流器的运行特点，提出了很多优化的排序方法。例如，先对一个桥臂内全部子模块电容电压进行排序，之后结合桥臂电流的方向选择合适的子模块投入的传统均压策略；在传统均压排序方法的基础上，通过设置保持因子或者电容电压偏差值来降低传统排序方法带来的高触发脉冲频率，但这是非定量方法，对于允许偏差大小的选择较为敏感；采用质因子分解法分组，组内排序，需要引入复杂的组间均衡算法，均压效果与冒泡法严格等效，其平均时间复杂度为 $O(Mlog_2N)$，排序计算复杂度有所降低；基于修正优化归并排序，虽然时间复杂度能降为线性，但均压效果无法做到与冒泡法严格等效，一致性要差于冒泡法。

实际 M3C 工程对子模块电压排序有很高的要求，主要包括以下几个方面：

（1）稳定排序：在待排序的电压序列中，存在两个或两个以上的记录具有相同的值，在进行排序后，这些相同元素的相对次序仍然不变。

（2）实时性：排序算法占用时间过多，会导致子模块间电压不均衡度增加，严重时甚至导致子模块出现过电压故障或欠电压故障。

（3）占用资源少：随着子模块个数的增加，整个阀控所占用的资源随之增加，可能导致控制系统负载过重，甚至无法正常运行，因此排序算法也应占用尽可能少的资源。

（4）考虑模块差异：工程中，每个子模块的电容大小有差异，子模块的取能电压板卡功耗和均压电阻也不尽相同，子模块电容电压采样存在一定误差，不能理想地认为状态相同的子模块其排序不变。

综合以上考虑，选择基于现场可编程门阵列（field programmable gate array，FPGA）的并行全比较排序算法。传统的排序方法主要靠软件串行方式实现，包括冒泡法、选择法、计数法等，这些算法大多采用循环比较，运算费时，实时性差，不能满足工程上越来越高的实时性要求。实时性排序在工程计算中的要求越来越迫切。

基于 FPGA 的并行全比较排序算法，由于并行全比较排序算法需要全并行处理，因此占用了大量的处理空间，又被称为"以空间换时间"并行排序算法，可大幅提高数据处理的实时性。具体原理如下：一组数据先进行两两之间的比较，每两个数比较都会得到一个比较结果。可以根据两个数的大小定义输出排序结果 0 或 1。对这些比较结果进行累加计算，即可得到该数在序列中的排序值。由于所有数的两两之间的比较都在硬件内同时进行，只需一个时钟周期的时间即可得到比较结果，再加上比较结果和计算时间，只需几个时钟周期就可实现数字序列的排序。

经计算统计，如果需要排序的总数字个数为 n，则并行排序算法所需要的比较器为 $(n-1)^2$ 个，每个比较器在 FPGA 中设计占用逻辑单元为 5 个左右，那么排序需要的逻辑单元为 $5(n-1)^2$ 个。

在 FPGA 内实现并行全比较算法，只需 4 个时钟周期就可实现排序计算。时间复杂度为定值。如果 FPGA 的时钟周期为 10ns，那么整个排序算法时间只有 40ns。而传统的排序算法，如冒泡法，时间复杂度为 $n(n-1)/2$，按照时钟周期 10ns 计算，100 个数的冒泡排序时间达 49.5μs，远远大于并行排序算法时间，这其中还不包括相关循环计算时间。

从上述论述可知，全比较排序算法基于 FPGA 技术，实现数据排序并行处理，排序运算只需要几个时钟周期的运算时间，并且运算时间不随排序数据量变化，达到了实时性排序的效果。

5.3　子 模 块 保 护

子模块是换频阀的基本组成单元。IGBT、储能电容、取能电源及控制电路等是子模块的关键构成元器件。这些关键元器件对电气过应力相当敏感，常见失效模式为过电压、过电流、欠电压和其他监视类故障等。

5.3.1   过电压保护

由于 MMC 的拓扑特点，一个桥臂所有子模块为串联结构，流经子模块的电流相同、电压不同。换频阀在不同运行工况下的过电压、子模块的电压平衡控制、子模块内的寄生参数引起的开关过电压等都对子模块内元器件的电压应力有影响，威胁着子模块的可靠运行，因此针对子模块的过电压保护设计尤为重要。

采用阀控软件过电压保护、子模块控制器过电压保护、子模块无源过电压旁路保护等多级配合的过电压保护策略，可以系统性地解决换频阀故障时子模块遇到的过电压问题。另外，针对换频阀启动过程中子模块的黑模块过电压问题，也可以从硬件角度出发提供安全可靠的保护方案。

（1）阀控软件过电压保护。阀控装置接收各个子模块上送的子模块直流电压值并进行判断，若子模块电压大于过电压保护定值，阀控系统下发旁路命令。

（2）子模块控制器过电压保护。子模块控制器对自身的电容电压进行采样并判断，若子模块电压大于过电压保护定值，子模块控制器自主下发旁路命令。根据保护判断实现方式，一般可以分为软件过电压和硬件过电压两种。

（3）子模块无源过电压旁路保护。当单个子模块直流电容电压继续升高时，说明二次板卡出现严重故障或者旁路开关出现机构故障，无法通过旁路开关动作旁路子模块。此时通过无源过电压旁路模块，如过电压击穿二极管（break over diode，BOD）、转折晶闸管等半导体器件设计的旁路模块，在达到过电压动作定值后立即击穿短路，保证系统正常运行。

5.3.2   过电流保护

IGBT 换频阀在各种故障工况下承受的最严重短路电流包含三种类型：

（1）由于桥臂直通引起的电容直接放电，放电电流在数十至数百个微秒内就可能达到几十千安，这种电流一般通过 IGBT 自身驱动保护进行闭锁清除。

（2）由于部分短路故障造成的阀过电流，该过电流的发展特性持续至换频阀闭锁。一般来说，闭锁时间在故障发生后几毫秒左右，这种故障可以由阀控系统通过暂时性闭锁等方式进行保护。

（3）由于直流双极短路或者极线对金属回线短路造成的持续过电流，该故障下即使换频阀闭锁，换频阀仍承受由交流系统馈入的短路电流，直到交流断路器和直流断路器跳闸，该过电流持续时间达几百毫秒甚至几秒。这种故障一般需要投入晶闸管进行保护（对于全桥类拓扑，可不考虑这种情况）。

5.3.3　欠电压保护

子模块一般运行在额定电压附近，当子模块电压跌落至取能电源工作点以下时，取能电源无法正常输出电压为子模块控制器供电，无法完成子模块的相关控制保护功能。同时，子模块与阀控之间的通信也无法建立，阀控系统无法掌握该子模块的信息。因此，需要设置子模块欠电压保护，在子模块真正失电之前将其旁路。

5.3.4　子模块监视类故障保护

子模块包含取能电源、驱动板、IGBT、旁路开关等子单元，其内部发生故障时也会引起子模块工作异常，甚至影响系统运行，因此子模块内部监视类故障也需要设置相关的保护，主要包括如下几种：

（1）通信故障。通信故障类型主要包括子模块与阀控之间的上下行通信故障、子模块之间的互联通信故障等。

（2）电源故障。电源故障类型主要包括 SMC 控制器供电电源故障、旁路开关供电电源异常等。

（3）IGBT 故障。IGBT 故障保护主要包括 IGBT 驱动电源故障、IGBT 短路故障等。

（4）采样异常。子模块电压采样直接影响子模块均压控制效果，对于子模块电容电压，采用两路独立的采样回路进行采样，如果两路采样与理论值（基准值）相差较大，判定为子模块电容电压采样异常。

（5）旁路开关状态监视异常。在子模块发生故障时，一般通过投入旁路开关将其切除，使其不再影响系统的正常运行，因此旁路开关的状态监视需要及时、准确。当旁路开关的状态监视出现异常时，需要进行相应的处理。

子模块旁路开关状态监视通常包括旁路开关误合和旁路开关拒合。误合是指在无旁路开关触发命令的情况下检测到旁路开关处于合位，此时需要下发旁路命令，确保旁路开关投入。拒合是指在有旁路开关触发命令的情况下未检测到旁路开关合位，可能旁路开关触发回路或位置检测回路出现故障，此时需要阀控系统根据系统的配置情况进行处理，如子模块未配置无源过电压保护（如转折晶闸管等），则需要阀控系统闭锁换频阀、请求跳闸。

5.4 子模块电容电压平衡控制

桥臂电流流经模块电容时，时正时负，使得子模块电容时刻存在充放电过程，导致电容电压波动。由理论分析可知，子模块电容电压确实是一个波动量，包含直流量及基波、2 次谐波、3 次谐波。根据排序结果，对电容电压进行控制。

衡量电容电压均衡控制算法性能优劣的 3 个重要指标为电容电压波动率、电容电压不平衡度、开关频率。电容电压波动率即电压偏离额定的最大值与额定值之比，目前实际工程中电容电压波动率一般控制在 10% 左右；电容电压不平衡度即各子模块电容电压间的最大差值与额定值之比；至于开关频率，对于工频 50Hz 的系统而言，定义单个 IGBT 的开关频率为在一个工频周期内开通的次数乘以 50。

要进行全桥 MMC 的排序均压，首先要进行的就是子模块充放电状态的判断。子模块电容充放电状态具体总结如表 5-1 所示。

表 5-1   子模块工作状态表

SM 的 4 个工作状态和 8 个工作模式

状态	模式	S1	S2	S3	S4	D1	D2	D3	D4	电流方向	u_{sm}	说明
正投入	1	0	0	0	0	1	0	0	1	A 到 B	$+U_c$	电容充电
正投入	2	1	0	0	1	0	0	0	0	B 到 A	$+U_c$	电容放电
负投入	3	0	1	1	0	0	0	0	0	A 到 B	$-U_c$	电容放电
负投入	4	0	0	0	0	0	1	1	0	B 到 A	$-U_c$	电容充电
旁路	5	0	0	1	0	1	0	0	0	A 到 B	0	旁路
旁路	6	0	0	0	1	0	1	0	0	B 到 A	0	旁路
闭锁	7	0	0	0	0	0	1	0	1	A 到 B	$+U_c$	电容充电
闭锁	8	0	0	0	0	0	1	1	0	B 到 A	$-U_c$	电容充电

阀控系统根据下发的调制波决定当前周期投入模块的个数，具体投入哪些子模块由阀控均压策略决定。阀控系统根据桥臂电流方向、参考波和子模块电容电压值对子模块进行充放电控制，维持桥臂内子模块的电容电压在一定范围内平衡。阀控均压控制的原则是在充电方向投入电容电压低的子模块，在放电方向投入电容电压高的子模块，通过动态的充放电维持电容电压均衡。电容电压平衡控制算法示意图如图 5-3 所示。

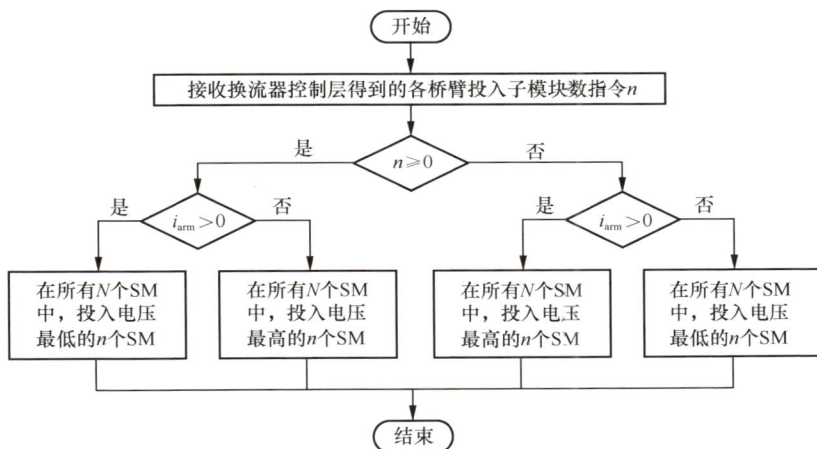

图 5-3　电容电压平衡控制算法示意图

具体控制方法为：

（1）采集所有子模块电容电压值并以每个桥臂为单位进行排序。

（2）采集每个桥臂的电流方向以便后续判断子模块充放电状态。

（3）再结合对子模块投入个数指令 n 的判断得到投入状态，然后就可以知道是对子模块电容进行充电还是放电。当 $n>0$，即正投入，此时再进一步判断桥臂电流方向。当 $i_{arm}>0$ 时，对子模块电容充电，则投入所有 N 个子模块中电压最低的 n 个子模块；当 $i_{arm}<0$ 时，对子模块电容放电，则投入所有 N 个子模块中电压最高的 n 个子模块。当 $n=0$ 时，子模块电容被旁路，切除所有子模块。当 $n<0$，即负投入，此时再进一步判断桥臂电流方向。当 $i_{arm}>0$ 时，对子模块电容放电，则投入所有 N 个子模块中电压最高的 n 个子模块；当 $i_{arm}<0$ 时，对子模块电容充电，则投入所有 N 个子模块中电压最低的 n 个子模块。

第6章

柔性低频输电交流保护技术

6.1 低频输电系统故障特征

低频输电系统电路接线及故障点设置示意图如图 6-1 所示，图中标出了测点与故障点。故障起始时刻为 0.25s，故障均为金属性故障。

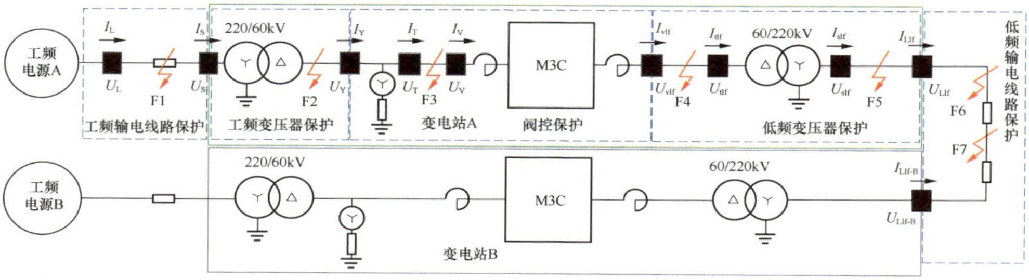

图 6-1 低频输电系统电路接线及故障点设置示意图

仿真结果图中的通道依次为：

（1）电源 A 工频高压侧：

U_L、I_L：工频线路远端相电压、相电流；

U_S、I_S：工频变压器高压侧相电压、相电流。

（2）电源 A 工频低压侧：

U_Y、I_Y：工频低压侧对地电压、相电流；

U_T、I_T：工频低压侧接地变压器后对地电压、相电流；

U_V、I_V：工频低压换频器侧相间电压、相电流。

（3）电源 A 低频低压侧：

U_{vlf}、I_{vlf}：低频低压换频器侧相间电压、相电流；

U_{tlf}、I_{tlf}：低频变压器低压侧相电压、相电流。

（4）电源 A 低频高压侧：

U_{slf}、I_{slf}：低频变压器高压侧相电压、相电流；

U_{Llf}、I_{Llf}：低频变压器低压侧相电压、相电流。

（5）电源 B 低频高压侧：

$U_{\text{Llf-B}}$、$I_{\text{Llf-B}}$：低频输电线路相电压、相电流。

6.1.1　稳态仿真结果分析

图 6-2 为稳态情况下 M3C 换频器仿真结果。

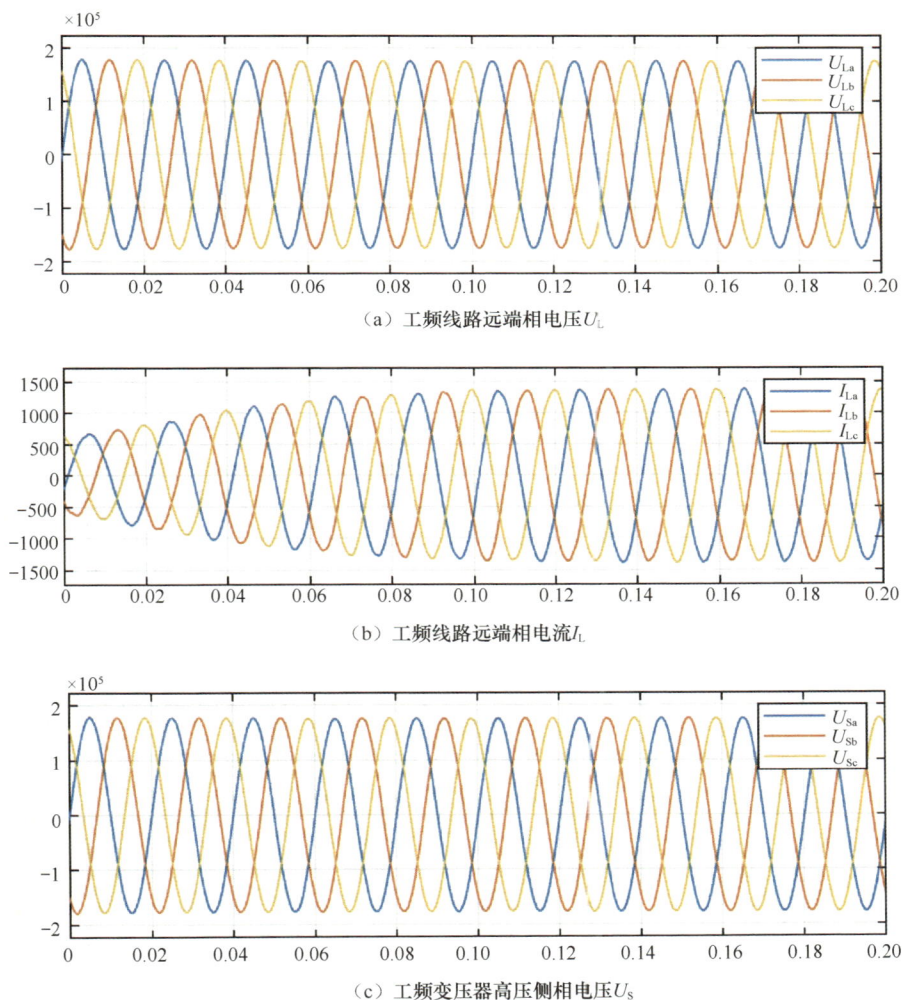

（a）工频线路远端相电压U_{L}

（b）工频线路远端相电流I_{L}

（c）工频变压器高压侧相电压U_{s}

图 6-2　稳态时工频和低频电压、电流波形（一）

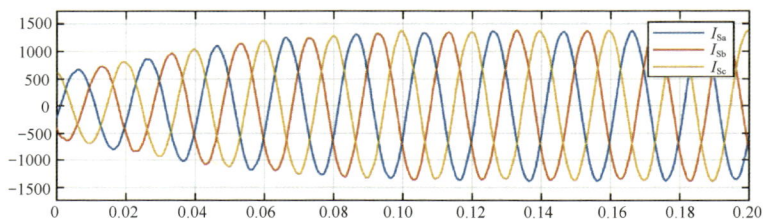

（d）工频变压器高压侧相电流 I_S

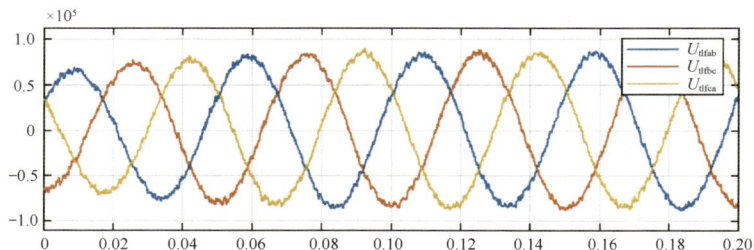

（e）低频变压器低压侧相电压 U_tlf

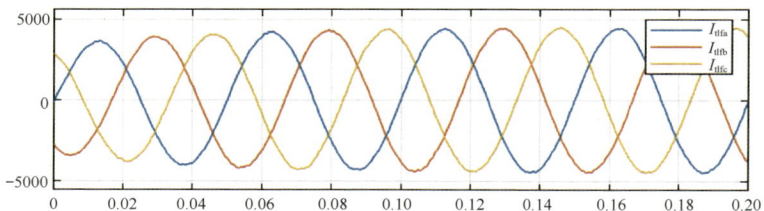

（f）低频变压器低压侧相电流 I_tlf

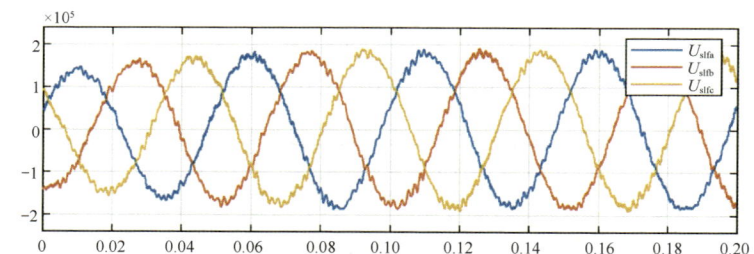

（g）低频变压器高压侧相电压 U_slf

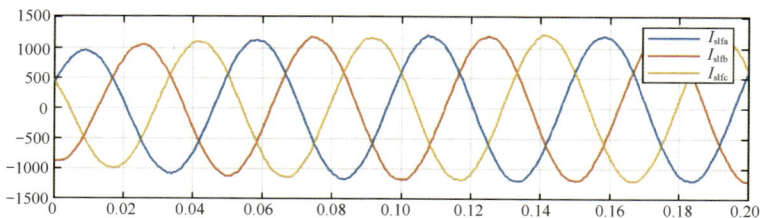

（h）低频变压器高压侧相电流 I_slf

图 6-2　稳态时工频和低频电压、电流波形（二）

由图 6-2 可见，换频器工频侧电流电压均为 50Hz，低频侧电流电压均为 20Hz，除低频高压侧电压外，各电压、电流纹波含量较少，系统稳态情况满足指标。

6.1.2　工频侧故障时的系统故障特征

设置 F1 点发生 A 相接地和 AB 相接地短路，故障特征结果如图 6-3、图 6-4 所示。

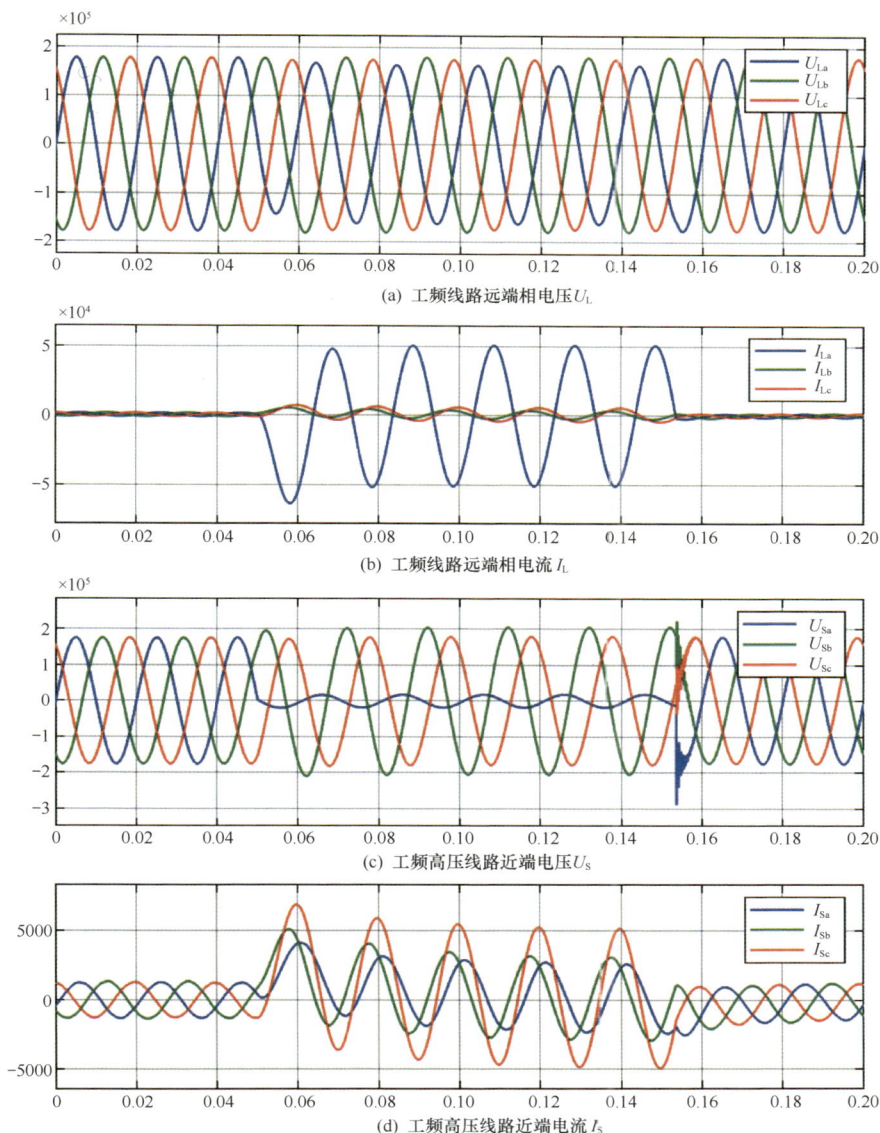

(a) 工频线路远端相电压 U_L

(b) 工频线路远端相电流 I_L

(c) 工频高压线路近端电压 U_S

(d) 工频高压线路近端电流 I_S

图 6-3　F1 点 A 相接地短路故障特征（一）

(e) 低频低压换频器侧相间电压U_{vlf}

(f) 低频低压换频器侧相间电流I_{vlf}

(g) 低频变压器低压侧相电压U_{tlf}

(h) 低频变压器低压侧相电流I_{tlf}

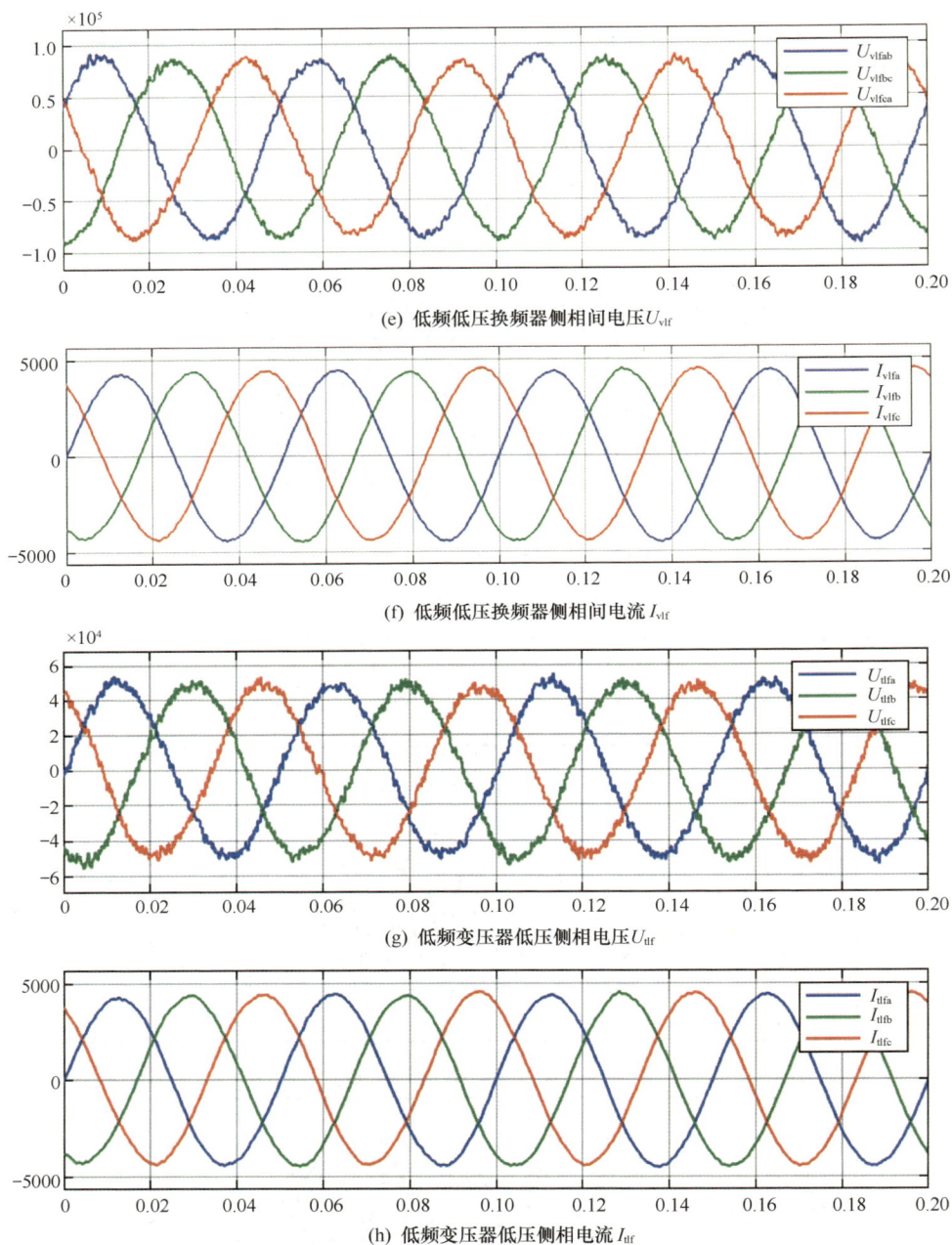

图 6-3   F1 点 A 相接地短路故障特征（二）

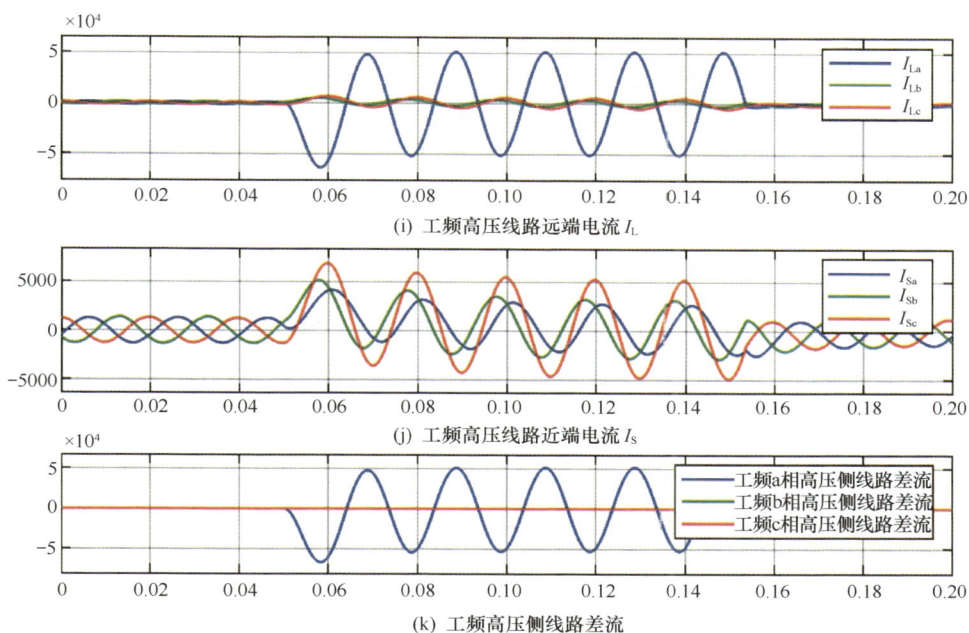

(i) 工频高压线路远端电流 I_L

(j) 工频高压线路近端电流 I_S

(k) 工频高压侧线路差流

图 6-3　F1 点 A 相接地短路故障特征（三）

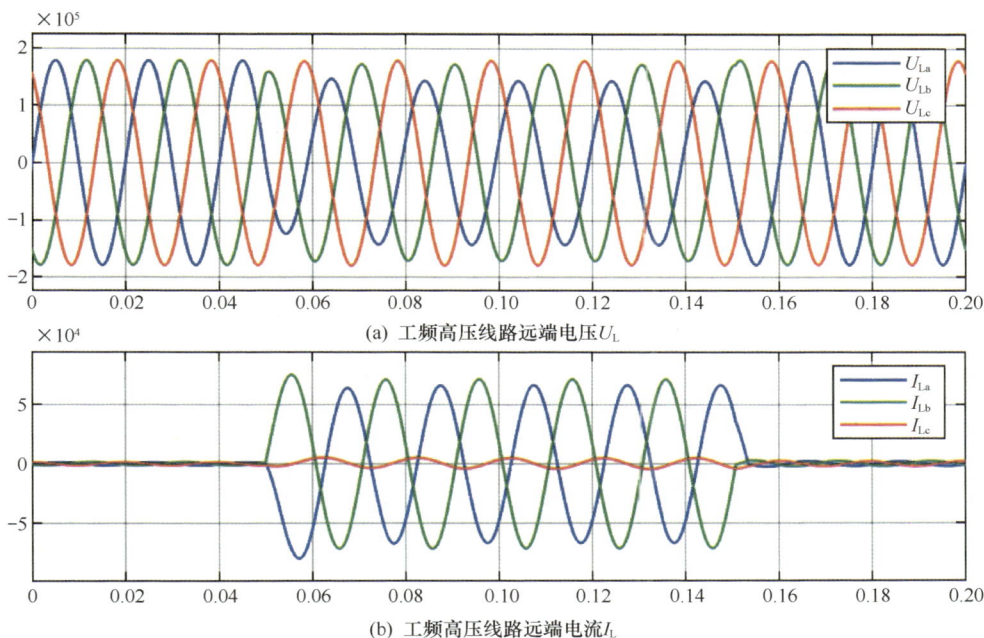

(a) 工频高压线路远端电压 U_L

(b) 工频高压线路远端电流 I_L

图 6-4　F1 点 AB 相间接地短路故障特征（一）

(c) 工频高压线路近端电压U_s

(d) 工频高压线路近端电流I_s

(e) 低频低压M3C侧线电压U_{vlf}

(f) 低频低压M3C侧线电流I_{vlf}

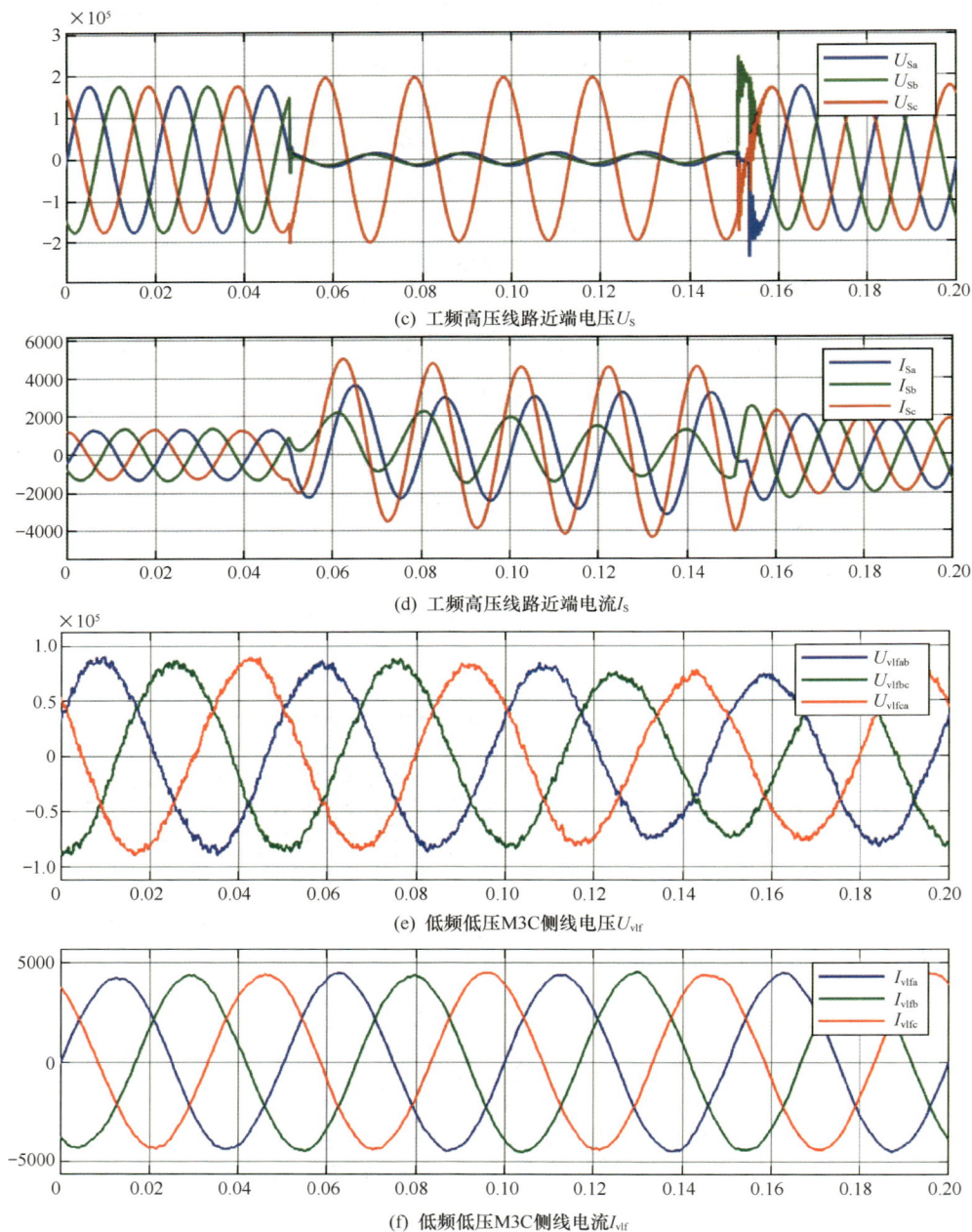

图 6-4　F1 点 AB 相间接地短路故障特征（二）

(g) 低频变低压侧对地电压 U_{tlf}

(h) 低频变低压侧电流 I_{tlf}

(i) 工频高压线路远端电流 I_L

(j) 工频高压线路近端电流 I_S

(k) 工频高压线路差流

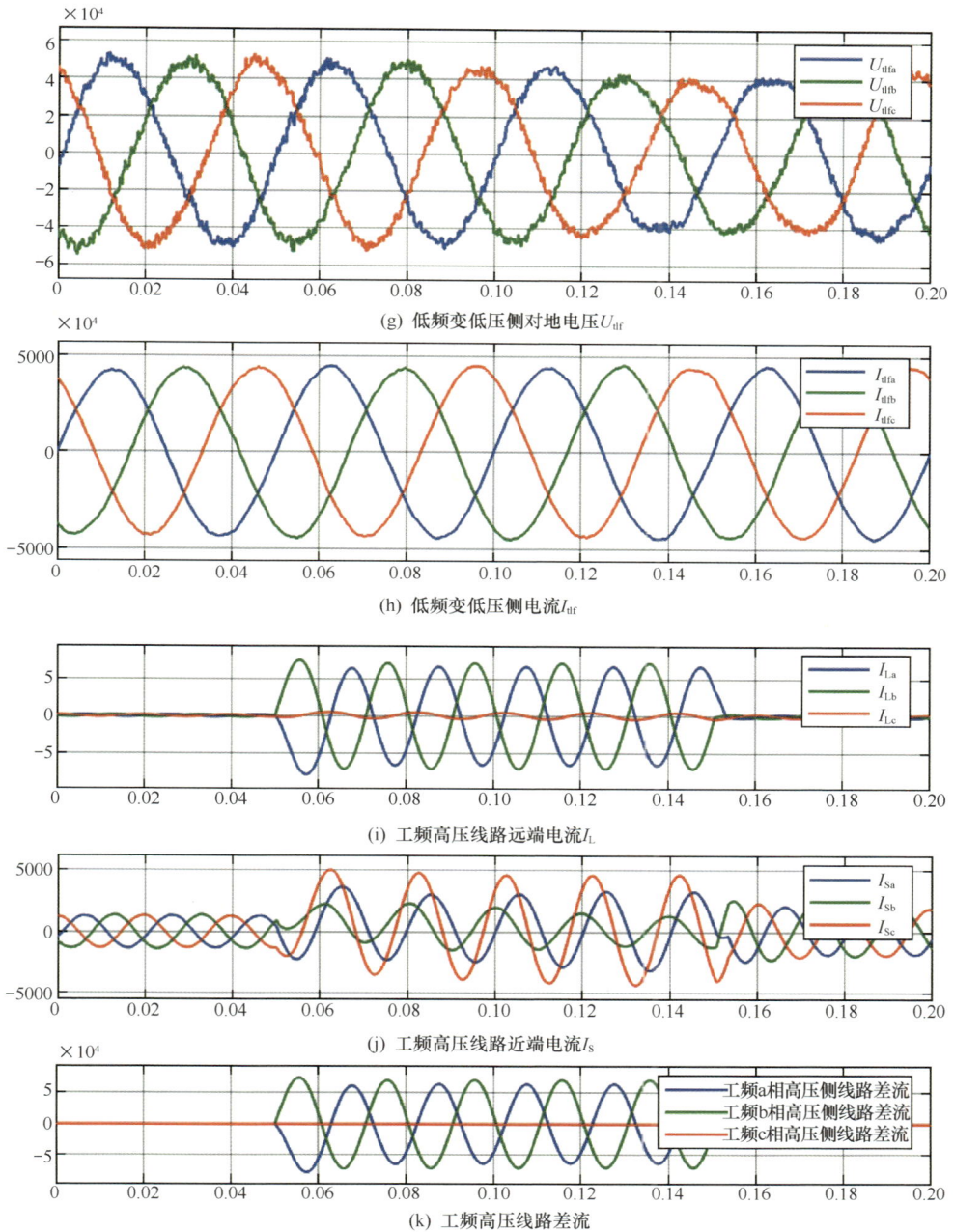

图 6-4　F1 点 AB 相间接地短路故障特征（三）

通过分析可知,当工频变压器高压侧发生不同类型故障时:

(1)工频变压器高压侧电压和电流特性符合传统电网故障特征,故障相电压跌落和电流上升比较明显,电压、电流都含有负序和零序分量。

(2)工频变压器低压侧,即 M3C 工频侧在故障期间电压有跌落,电流有上升,但较工频变压器高压侧变化不明显,电压、电流含有负序分量,不含零序分量,因为没有零序通路。

(3)工频线路差流明显。

(4)低频侧的电压、电流基本和故障前一致,电压没有跌落,电流没有上升,电压、电流仍然有较好的对称性,不含负序和零序分量。

6.1.3 低频低压侧故障时的系统故障特征

设置 F4 点发生 A 相接地和 AB 相接地短路,故障特征结果如图 6-5、图 6-6 所示。

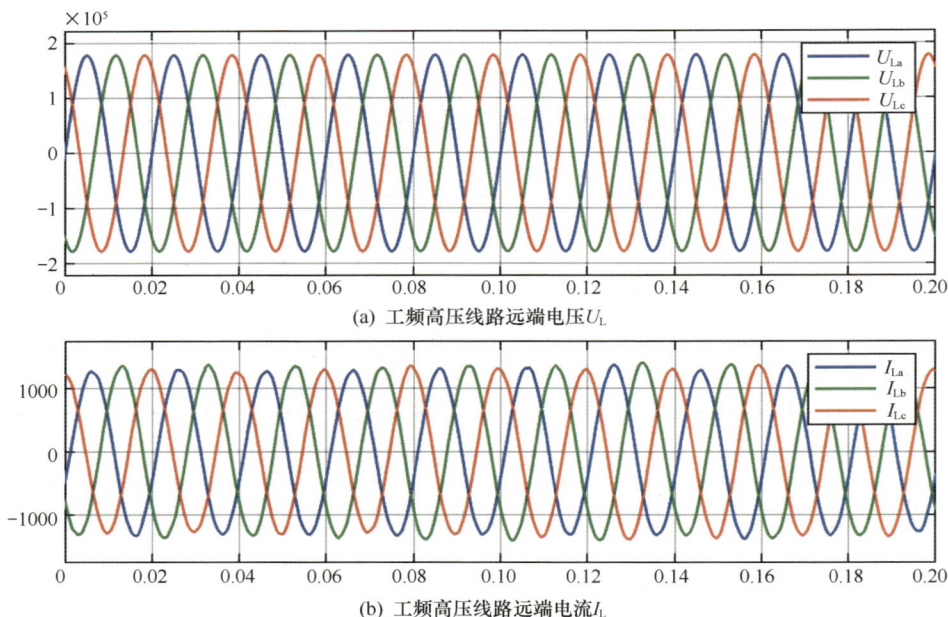

(a) 工频高压线路远端电压U_L

(b) 工频高压线路远端电流I_L

图 6-5 F4 点 A 相接地短路故障特征(一)

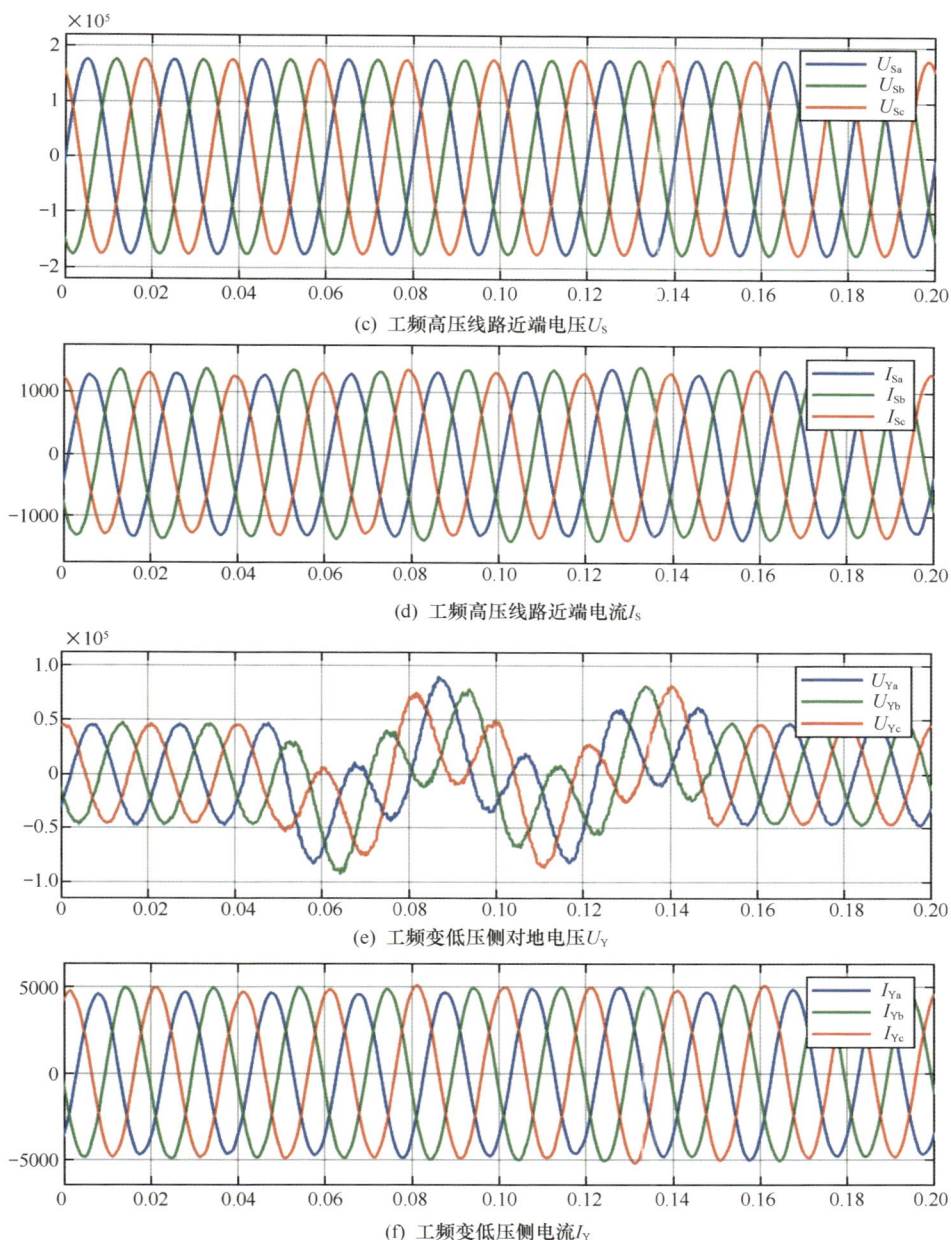

(c) 工频高压线路近端电压U_S

(d) 工频高压线路近端电流I_S

(e) 工频变低压侧对地电压U_Y

(f) 工频变低压侧电流I_Y

图 6-5　F4 点 A 相接地短路故障特征（二）

(g) 工频低压接地变后对地电压U_{T}

(h) 工频低压接地变后电流I_{T}

(i) 低频低压M3C侧线电压U_{vlf}

(j) 低频低压M3C侧电流I_{vlf}

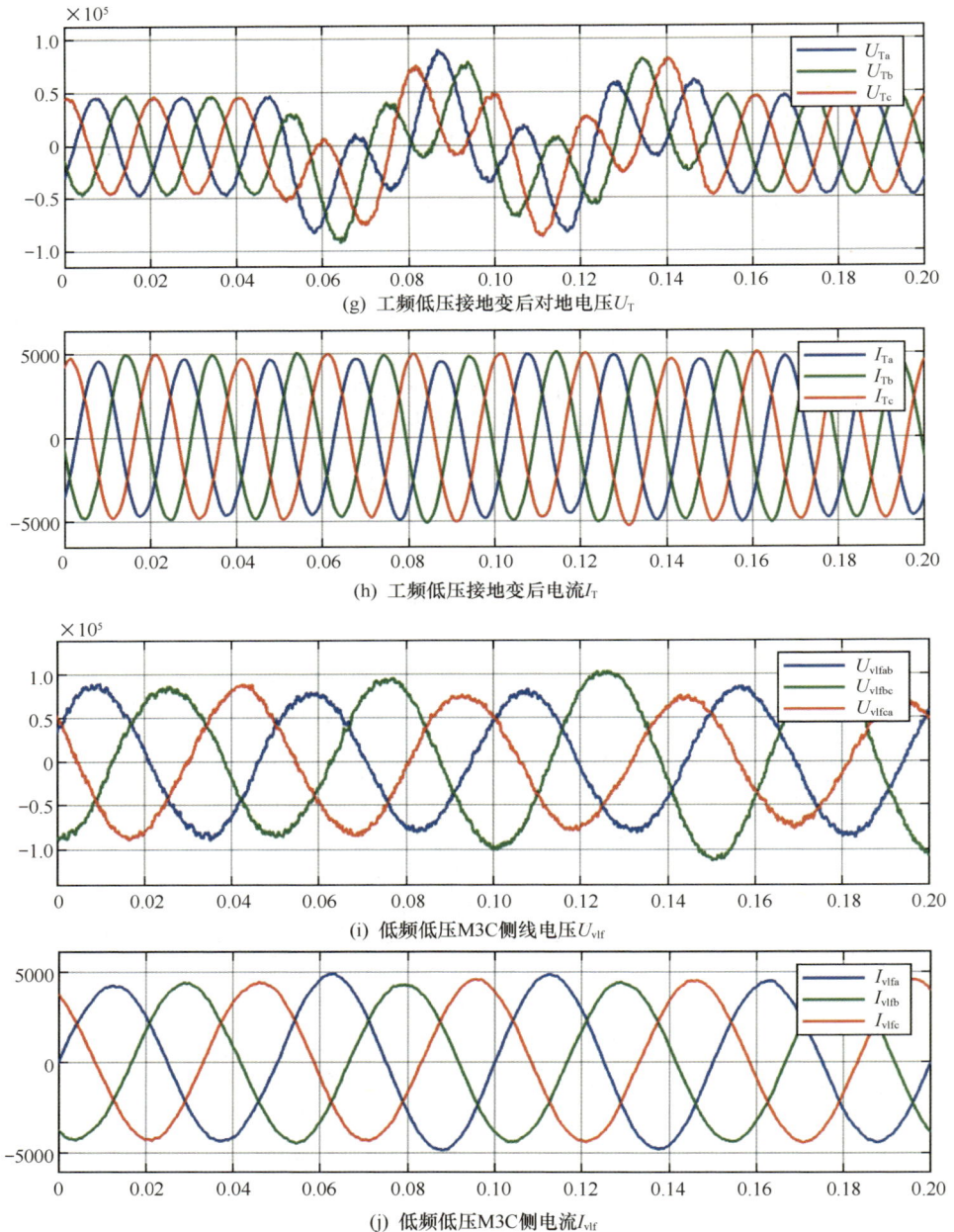

图 6-5   F4 点 A 相接地短路故障特征（三）

(k) 低频变低压侧对地电压 U_{tlf}

(l) 低频变低压侧电流 I_{tlf}

(m) 低频变高压侧电压 U_{slf}

(n) 低频变高压侧电流 I_{slf}

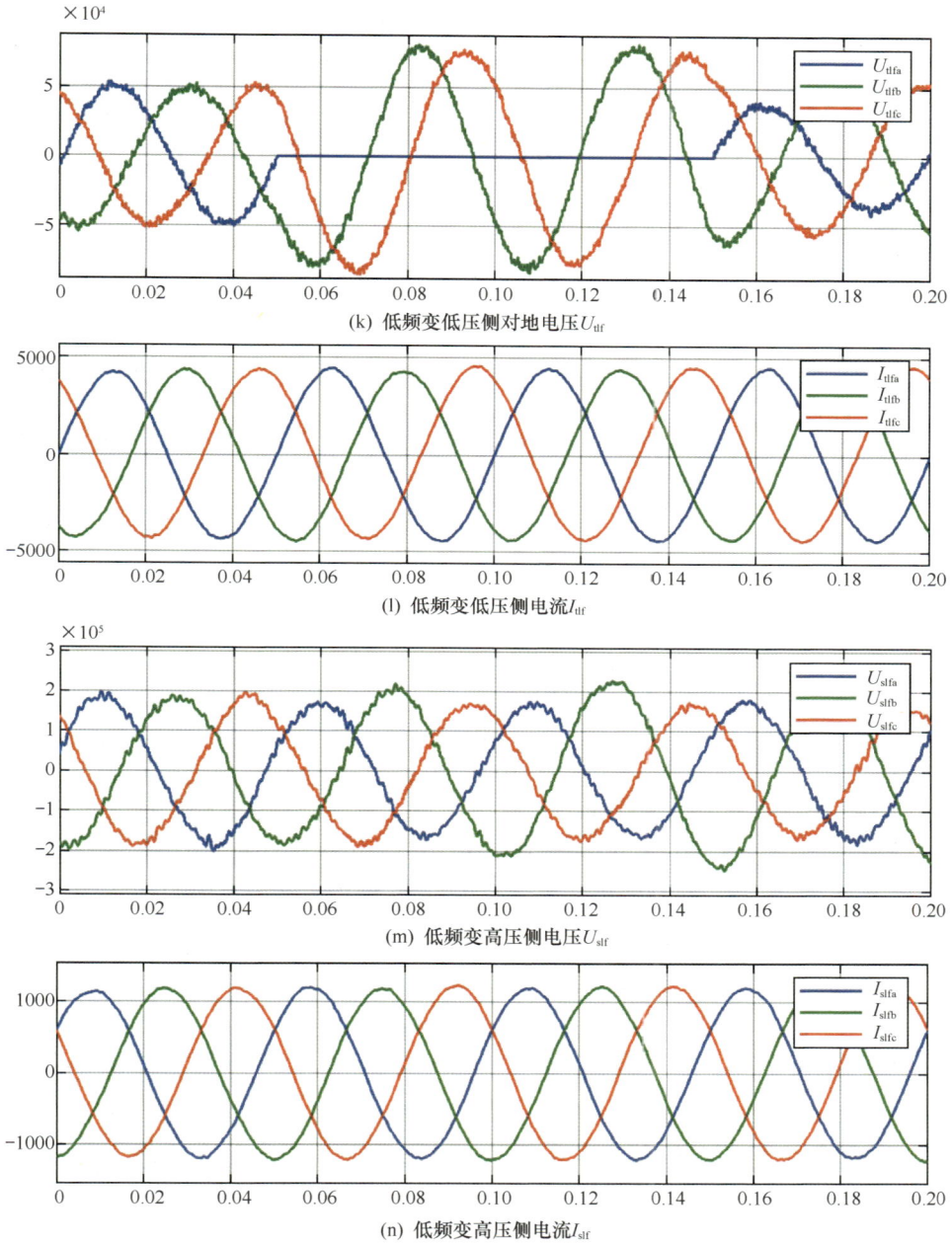

图 6-5　F4 点 A 相接地短路故障特征（四）

(o) 低频输电线路近端电压U_{Llf}

(p) 低频输电线路近端电流I_{Llf}

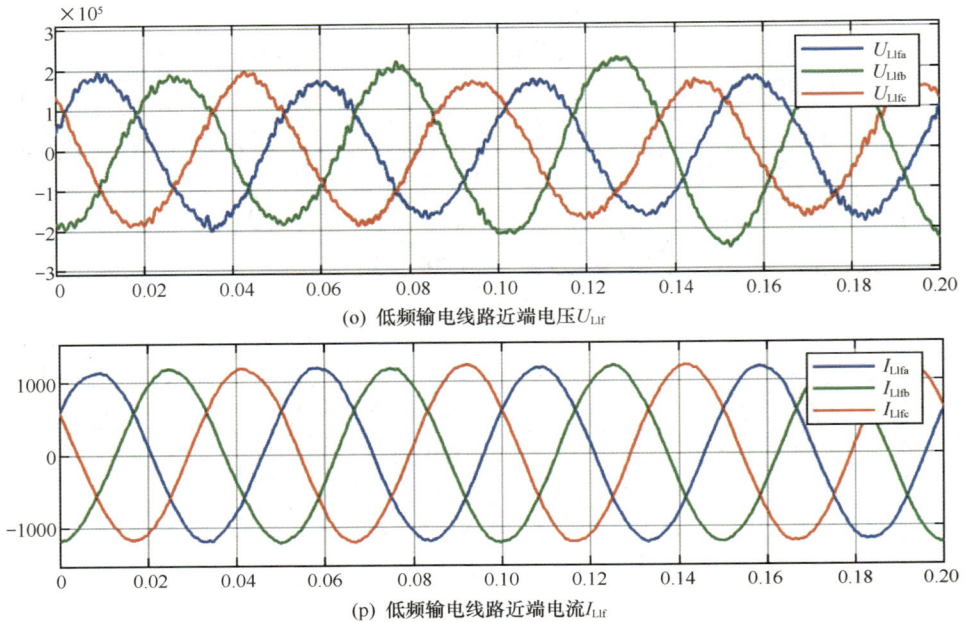

图 6-5　F4 点 A 相接地短路故障特征（五）

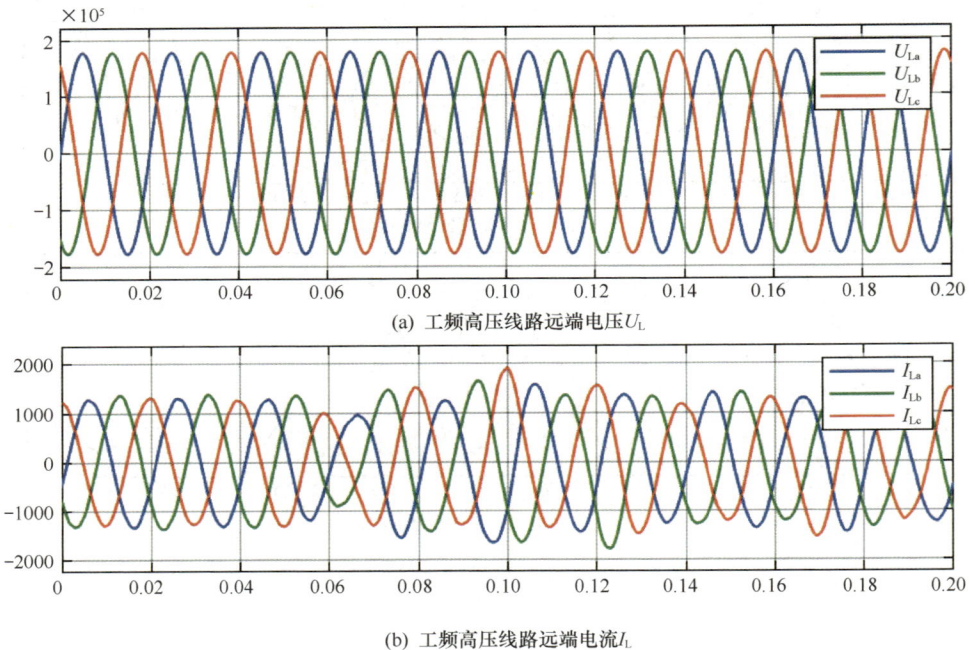

(a) 工频高压线路远端电压U_L

(b) 工频高压线路远端电流I_L

图 6-6　F4 点 AB 相间接地短路故障特征（一）

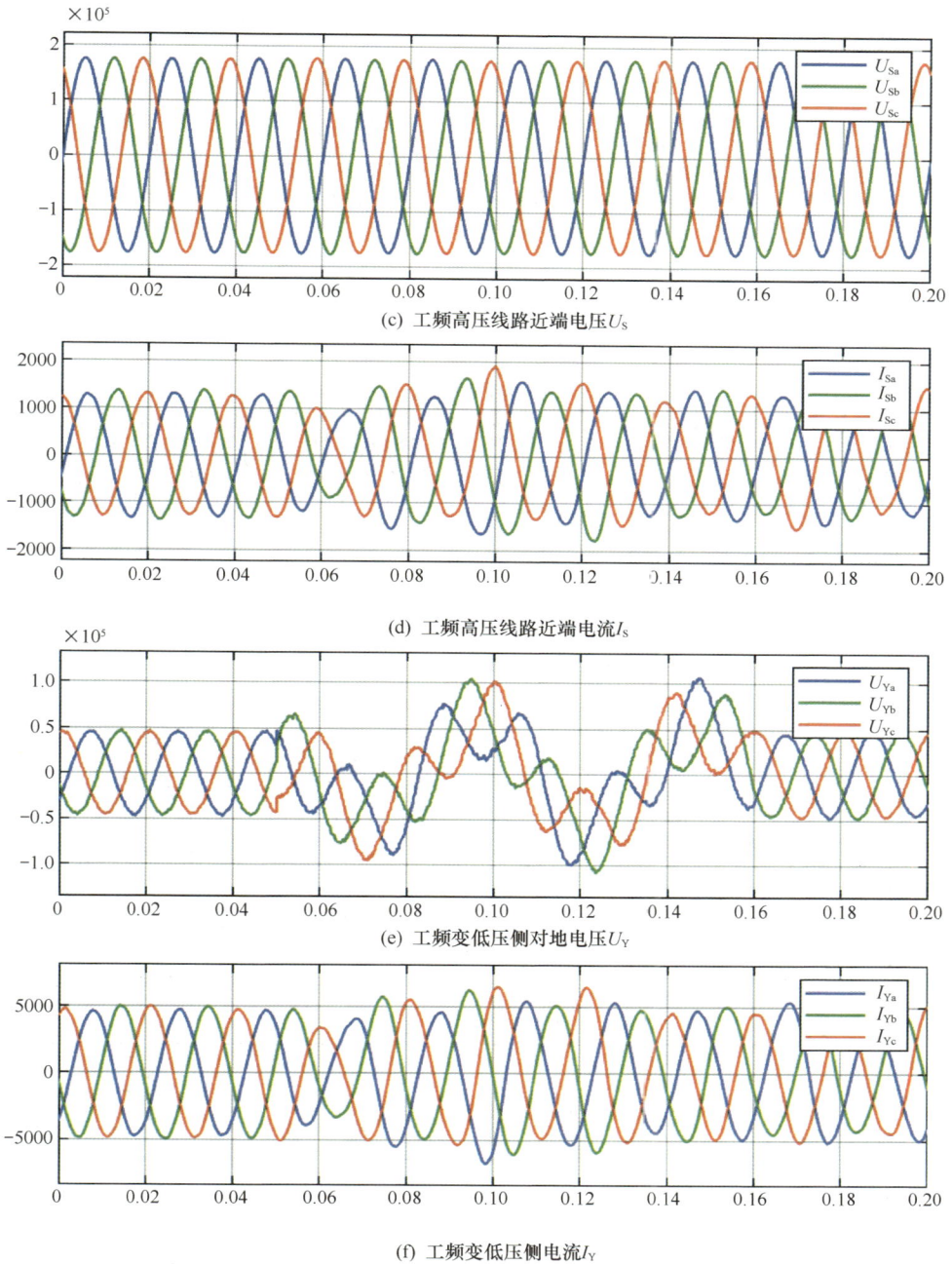

(c) 工频高压线路近端电压 U_S

(d) 工频高压线路近端电流 I_S

(e) 工频变低压侧对地电压 U_Y

(f) 工频变低压侧电流 I_Y

图 6-6　F4 点 AB 相间接地短路故障特征（二）

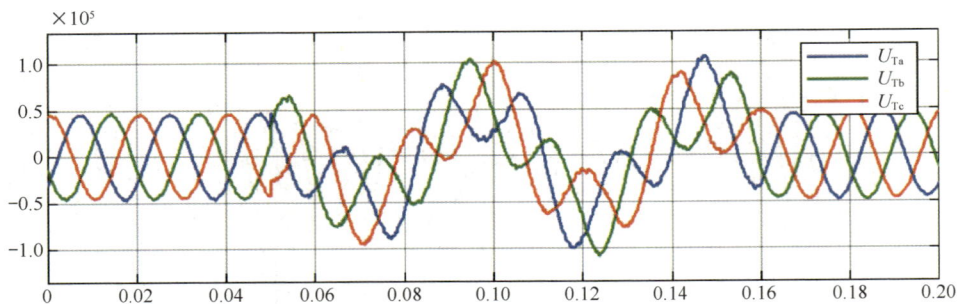

(g) 工频低压接地变后对地电压 U_{T}

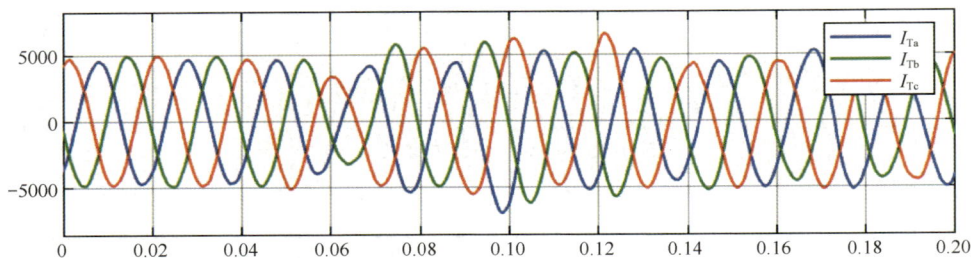

(h) 工频低压接地变后电流 I_{T}

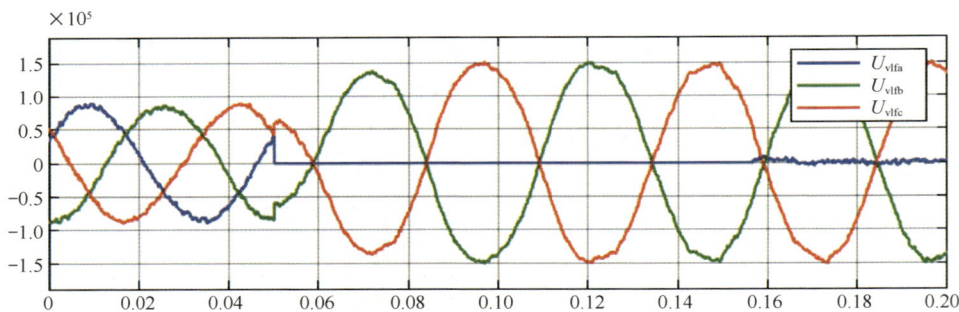

(i) 低频低压M3C侧线电压 U_{vlf}

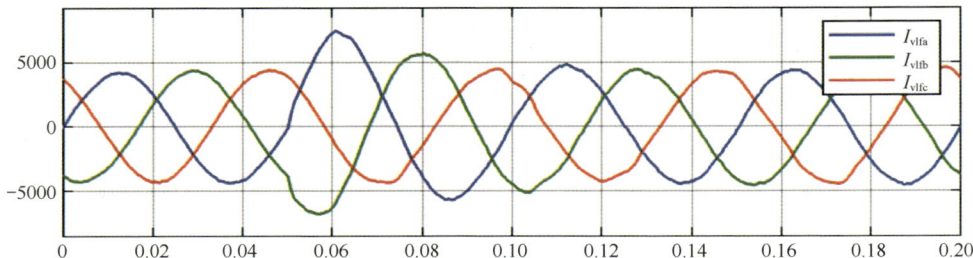

(j) 低频低压M3C侧电流 I_{vlf}

图 6-6　F4 点 AB 相间接地短路故障特征（三）

(k) 低频变低压侧对地电压U_{tlf}

(l) 低频变低压侧电流I_{tlf}

(m) 低频变高压侧电压U_{slf}

(n) 低频变高压侧电流I_{slf}

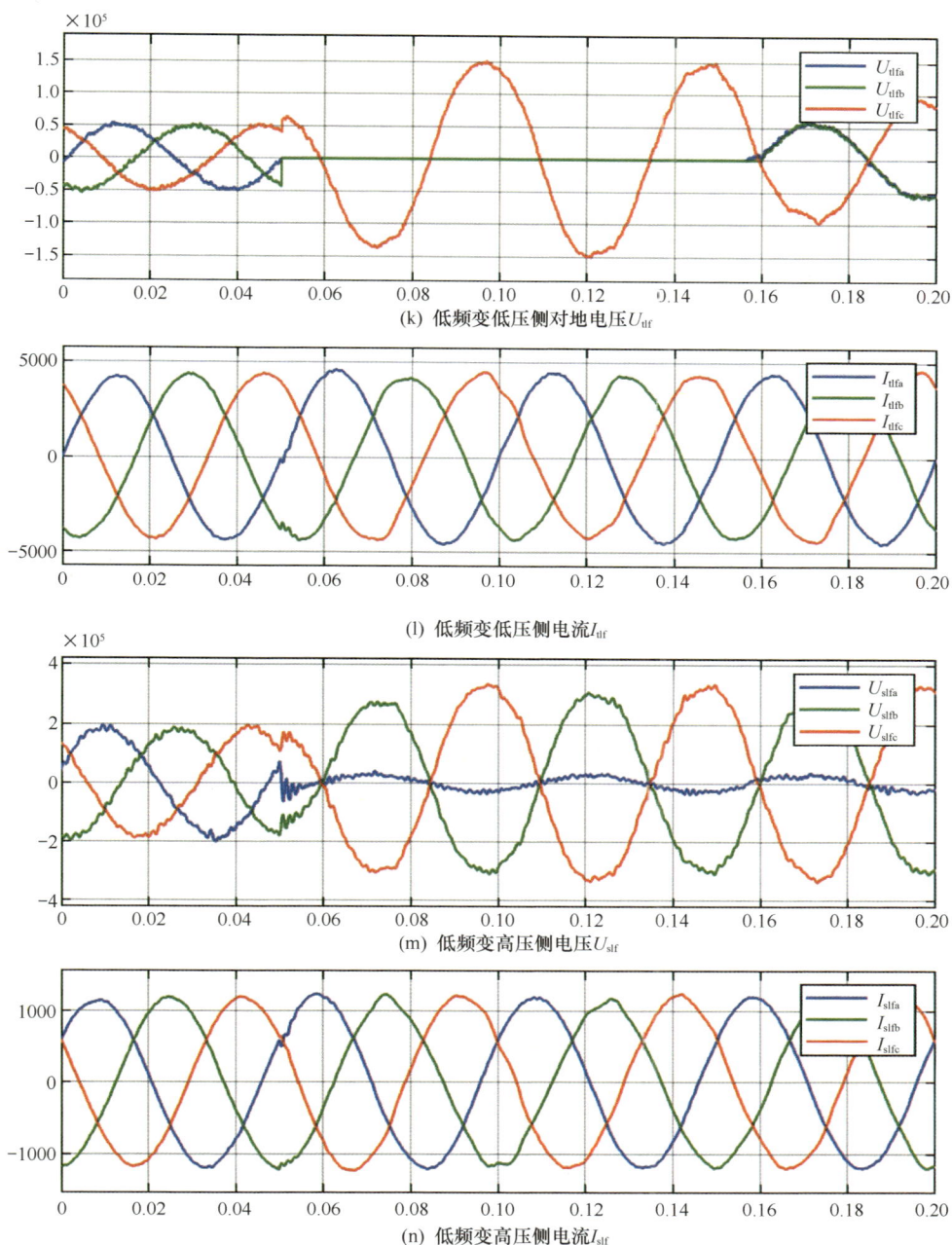

图 6-6　**F4 点 AB 相间接地短路故障特征（四）**

(o) 低频输电线路近端电压U_{Llf}

(p) 低频输电线路近端电流I_{Llf}

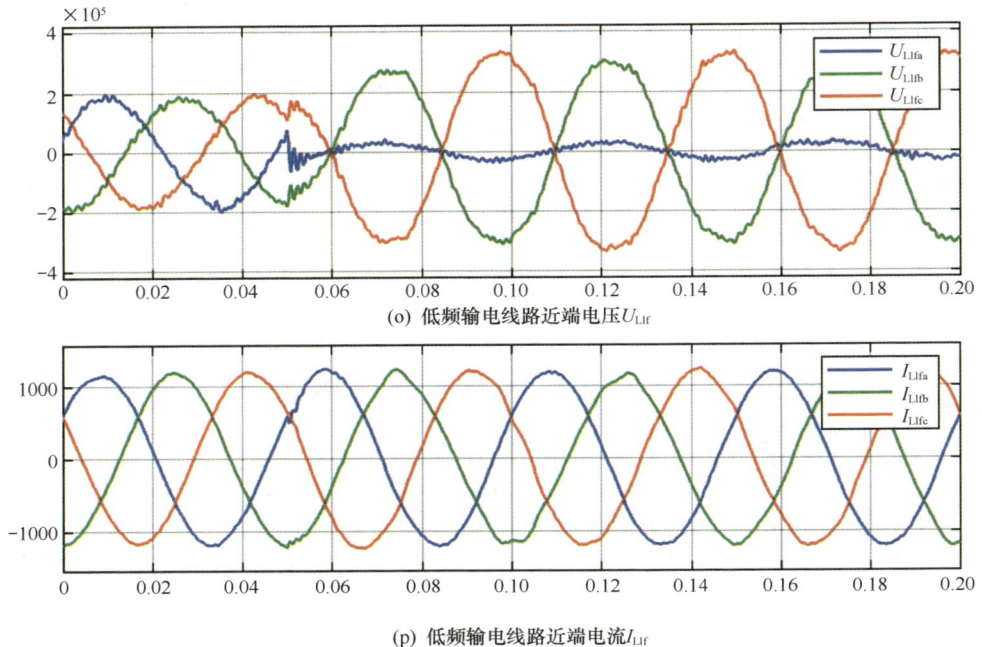

图 6-6   F4 点 AB 相间接地短路故障特征（五）

通过分析可知，当低频变压器低压侧发生不同类型故障时：

（1）工频变压器高压侧电压、电流变化不明显，当发生两相接地故障时，电流出现很小的负序分量。

（2）在工频变压器低压侧，即 M3C 工频侧，在故障期间相电压出现 50Hz 和 20Hz 混叠现象，而线电压不出现频率混叠。仿真结果表明，当接地变压器接地电阻较小时，电流也会出现频率混叠现象；当发生两相接地故障时，电流出现较小的不对称性。

（3）在低频变压器低压侧，故障相电压跌落明显，出现负序和零序分量，有较大不对称性；但电流上升不明显，保留了较好的对称性。

（4）在低频变压器高压侧，单相故障时电压、电流变化不大，但是发生两相接地故障时电压跌落很明显，出现负序和零序分量，有较大不对称性。

6.2　低频线路保护技术

6.2.1　故障分析方法适应性

1.　对称分量法

电力系统中的短路故障大多数是不对称的，为了保证电力系统和电气设备的安全运行，必须进行各种不对称故障的分析和计算。一组不对称的三个电气量可以分解为正序、负序和零序三组电气分量。假定 $\dot{F}_A$、$\dot{F}_B$、$\dot{F}_C$ 代表三个不对称的电气量，用脚标 1、2、0 表示电气量的正序、负序、零序分量。以 A 相为基准时，有关系式如下：

$$\begin{cases} \dot{F}_A = \dot{F}_{A1} + \dot{F}_{A2} + \dot{F}_{A0} \\ \dot{F}_B = a^2\dot{F}_{A1} + a\dot{F}_{A2} + \dot{F}_{A0} \\ \dot{F}_C = a\dot{F}_{A1} + a^2\dot{F}_{A2} + \dot{F}_{A0} \end{cases} \quad （6\text{-}1）$$

$$\begin{cases} \dot{F}_{A0} = \dfrac{1}{3}(\dot{F}_A + \dot{F}_B + \dot{F}_C) \\ \dot{F}_{A1} = \dfrac{1}{3}(\dot{F}_A + a\dot{F}_B + a^2\dot{F}_C) \\ \dot{F}_{A2} = \dfrac{1}{3}(\dot{F}_A + a^2\dot{F}_B + a\dot{F}_C) \end{cases} \quad （6\text{-}2）$$

在柔性低频输电系统中，由于被 M3C 隔离的电气元件可以近似等效为压控电流源和阻抗的形式，各元件参数可认为是线性的，故可应用叠加原理，形成正序、负序和零序网络。当系统发生不对称故障时，各类型故障的电气量边界条件与工频系统并无二致，因此对称分量法完全适用。

2.　序网络分析

当 M3C 具备不对称故障时的负序电流抑制控制策略时，柔性低频输电系统的正序、负序和零序网络图如图 6-7 所示。其中，脚标 1、2、0 分别代表正序、负序、零序；$\dot{I}_{MG}$、$\dot{U}_{MT}$ 和 $\dot{I}_{NG}$、$\dot{U}_{NT}$ 分别为 M、N 侧等效压控电流源和端口电压；Z_{MG1}、Z_{NG1} 为系统电源等值阻抗，Z_{MT1}、Z_{NT1} 为 M 和 N 侧低频变压器阻抗，Z_{ML1}、Z_{NL1} 为低频线路阻抗，$\dot{U}_f$ 和 $\dot{I}_f$ 为低频线路故障点电压和电流。

(a) 正序网络图

(b) 负序网络图

(c) 零序网络图

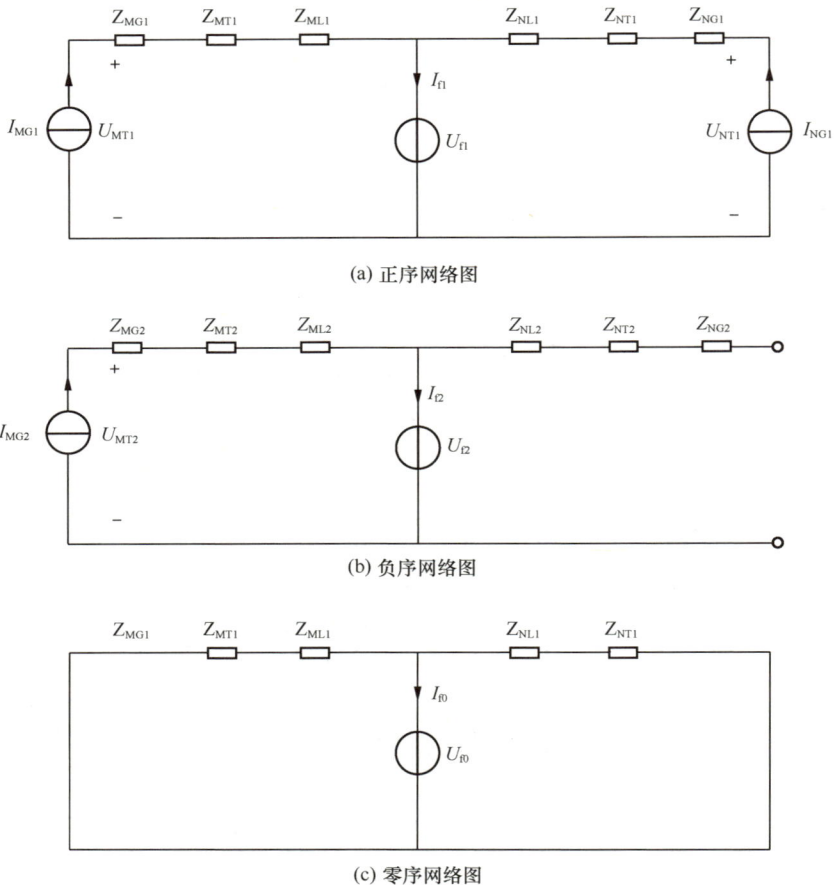

图 6-7　低频线路故障时系统正序、负序、零序网络图

由图 6-7（a）可知，由于低频线路发生故障后的故障电流幅值、相位受控，两侧经 M3C 隔离的电气元件可近似等效为压控电流源和等效电阻。

由图 6-7（b）和前文故障仿真可知，N 侧受端 M3C 采用负序电流抑制的控制策略，因此负序电流在受端并不能形成通路，即受端负序电流为 0，可做开路处理。

由图 6-7（c）可知，由于低频变压器接线方式对系统电源形成的电气隔离作用，零序网络图与工频系统一致。

6.2.2　纵联电流差动保护

1. 纵联电流差动继电器原理

传统相量差动保护原理基于基尔霍夫定律，通过对线路动作电流、制动电流有效值的计算和比较来判别区内外故障。图 6-8 为典型双端输电线路，M、N 为差动保护边界，$\dot{I}_{\text{m}}$、$\dot{I}_{\text{n}}$ 分别为线路两端测量电流，Z_{L} 为被保护线路阻抗，f 为故障点。

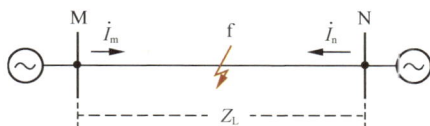

图 6-8　典型双端输电线路

动作电流一般可表示为

$$I_{\text{d}} = \left| \dot{I}_{\text{m}} + \dot{I}_{\text{n}} \right| \qquad (6\text{-}3)$$

制动电流一般可表示为

$$I_{\text{r1}} = \left| \dot{I}_{\text{m}} - \dot{I}_{\text{n}} \right| \qquad (6\text{-}4)$$

电流差动继电器的比率制动特性一般为

$$\begin{cases} I_{\text{d}} \geqslant I_{\text{qd}} \\ I_{\text{d}} > K_{\text{r}} I_{\text{r}} \end{cases} \qquad (6\text{-}5)$$

式中：I_{qd} 为差动继电器启动电流；K_{r} 为比率制动系数，常规线路差动保护一般取 $0.6 \sim 0.75$。

2.　适应性分析

低频输电线路在区内发生典型单相接地故障后的电流采样如图 6-9 所示。M 侧为 V/f 节点，故障发生后，A 相故障电流从峰值 1000A 变化到 2000A 并持续 1 个周波左右；而 N 侧为 P/Q 节点，故障发生后接收功率基本没有变化，N 侧故障电流基本与负荷电流类似，两侧电流方向也没有发生突变。因此，故障后差动电流仅由 M 侧提供，峰值为 1000A 左右，并在大约一个周波后消失，且两侧电流仍呈现一定的穿越特性，造成区内差动特性不明显，由全波傅氏计算差动比率 K，其峰值为 0.3 左右，如图 6-10 所示。对于不同故障点、不同故障类型，依然能够得出类似结论，差动比率 K 的峰值均在 $0.3 \sim 0.5$ 区间内。而对于区外各点，不同类型的故障，两侧电流呈现明显的穿越特性，差动电流为 0，具有较好的制动特性。

变化量消除了负荷的影响，仅体现故障叠加状态的特征。如图 6-11、图 6-12 所示，故障期间，差动电流变化量比较明显，由 0 变化到 1000A 左右，且差动

比率 K 在 1 附近，具有较明显的差动特性；对于区外故障，差动变化量幅值较小，制动电流较大，差动比率在 0 ~ 0.2 的范围内，具有较为明显的制动特性，并且对于不同故障位置及故障类型均有类似结论。

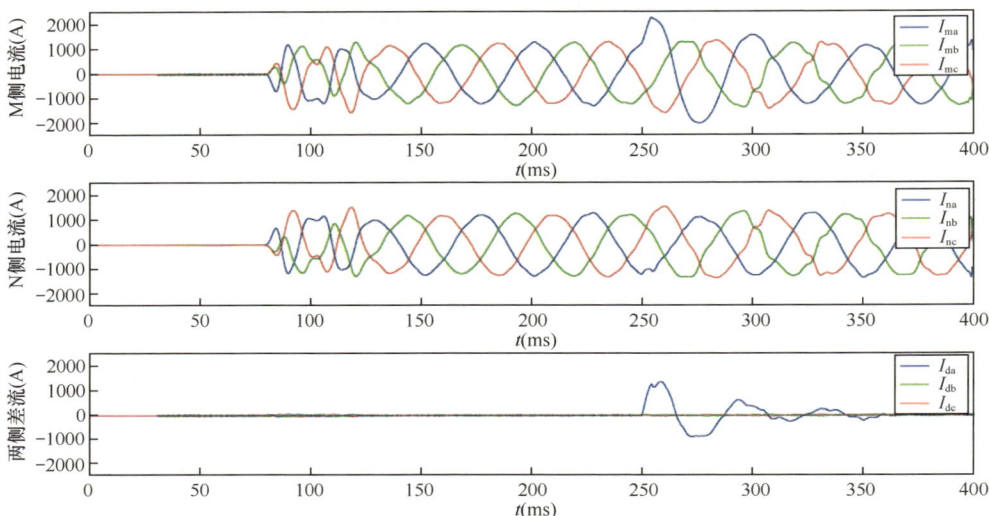

图 6-9   柔性低频输电线路 A 相接地故障前后电流采样波形

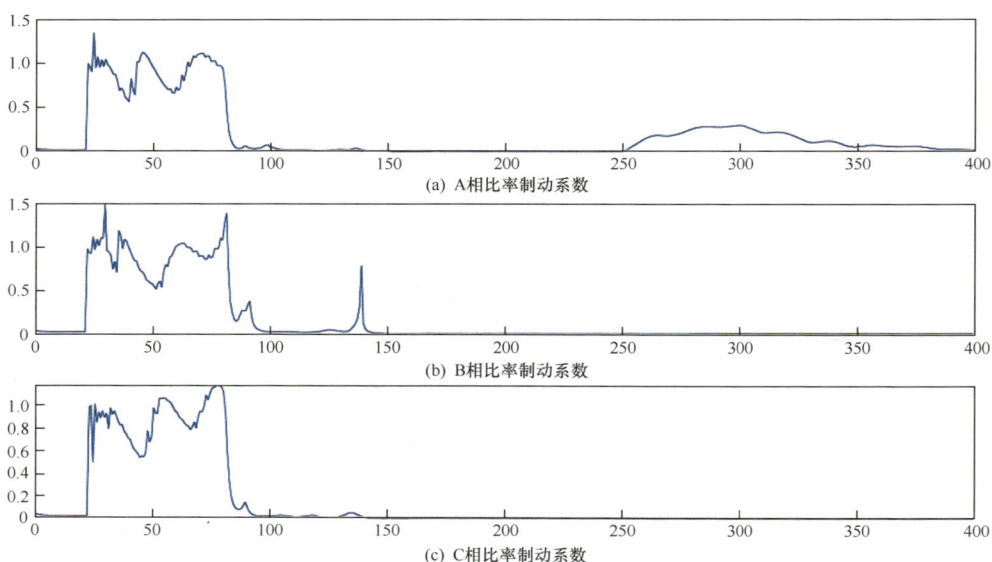

图 6-10   柔性低频输电线路 A 相接地故障前后各相比率制动系数

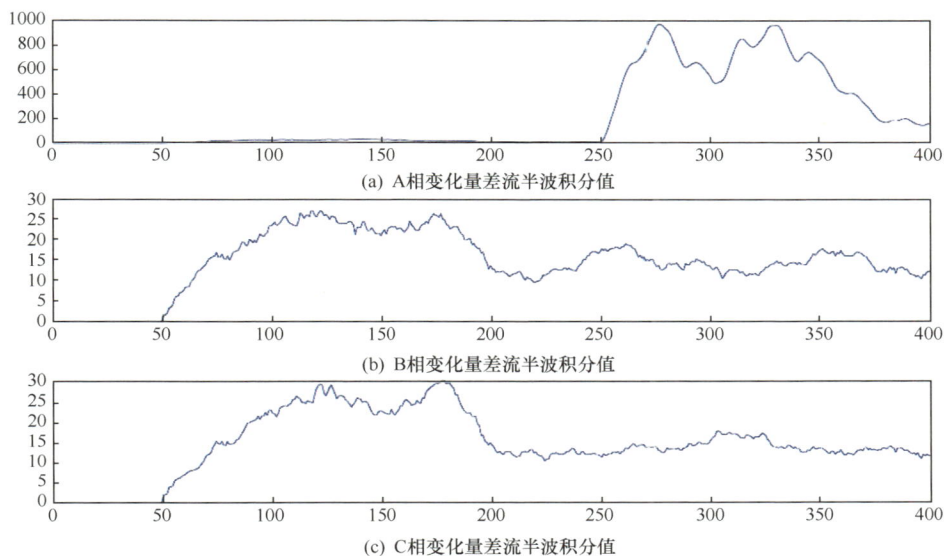

(a) A相变化量差流半波积分值

(b) B相变化量差流半波积分值

(c) C相变化量差流半波积分值

图 6-11　柔性低频输电线路 A 相接地故障前后各相电流变化量幅值

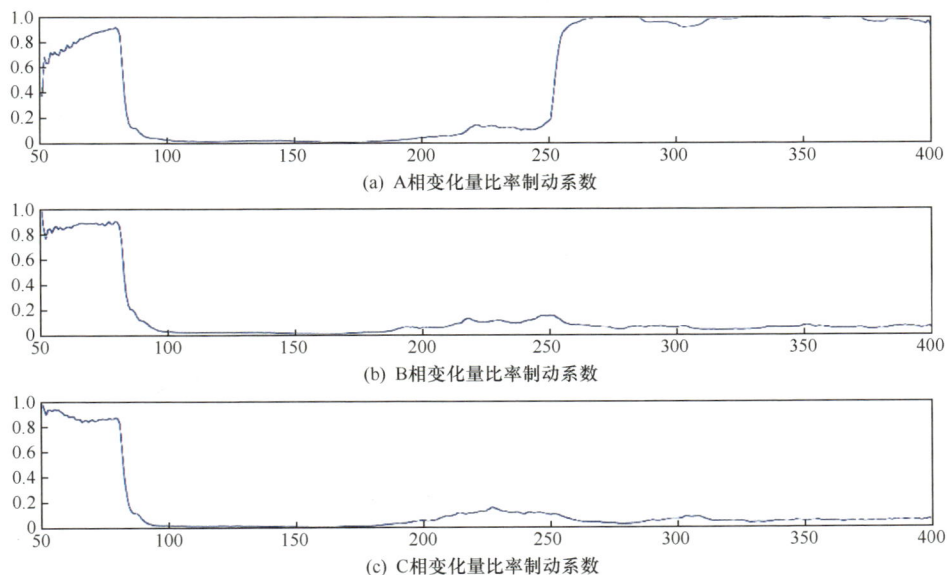

(a) A相变化量比率制动系数

(b) B相变化量比率制动系数

(c) C相变化量比率制动系数

图 6-12　柔性低频输电线路 A 相接地故障前后各相电流变化量比率制动系数

6.2.3　距离保护

1. 距离保护一般公式

在图 6-8 所示的系统中，线路上 f 点发生短路。保护安装处的相电压应该是短路点的相电压与输电线路上该相的压降之和。而输电线路上该相的压降是该相上的正序、负序和零序压降之和。如果考虑到输电线路的正序阻抗等于负序阻抗，则保护安装处相电压的计算公式为

$$\dot{U}_{\varphi} = \dot{U}_{\mathrm{k}\varphi} + \dot{I}_{1\varphi}Z_1 + \dot{I}_{2\varphi}Z_2 + \dot{I}_{0\varphi}Z_0 \tag{6-6}$$

化简后可得

$$\dot{U}_{\varphi} = \dot{U}_{\mathrm{k}\varphi} + (\dot{I}_{\varphi} + K3\dot{I}_0)Z_1 \tag{6-7}$$

式中：φ 表示相，可代表 A、B、C 相；K 为零序补充系数，$K = (Z_0 - Z_1)/3Z_1$。

保护安装处的相间电压可以认为是保护安装处的两个相电压之差。考虑到如式（6-7）所示的相电压的计算公式后，保护安装处相间电压的计算公式为

$$\dot{U}_{\varphi\varphi} = \dot{U}_{\mathrm{k}\varphi\varphi} + \dot{I}_{\varphi}Z_1 \tag{6-8}$$

2. 阻抗继电器的动作方程及动作特性

以正序电压作为极化电压的阻抗继电器的动作方程可表示为

$$90° < Arg\,\frac{\dot{U}_{\mathrm{p}}}{\dot{U}_{\mathrm{op}}} < 270° \tag{6-9}$$

式中：Arg 为复数求相角函数；U_{op} 为补偿电压，对于相间阻抗继电器，$U_{\mathrm{op}\Phi\Phi} = U_{\Phi\Phi} - I_{\Phi\Phi}Z_{\mathrm{set}}$，其中 $U_{\Phi\Phi}$、$I_{\Phi\Phi}$ 分别为 M 侧保护安装处的测量线电压、线电流；Z_{set} 为整定阻抗；U_{p} 为极化电压。

以正向 BC 两相短路故障为例，不妨假设短路故障前系统空载，则 BC 相间阻抗继电器的补偿电压为

$$\dot{U}_{\mathrm{op}} = \dot{I}_{\mathrm{BC}}(Z_{\mathrm{m}} - Z_{\mathrm{set}}) = 2\dot{I}_{\mathrm{B}}(Z_{\mathrm{m}} - Z_{\mathrm{set}}) \tag{6-10}$$

式中：Z_{m} 为测量阻抗分量；Z_{set} 一般取 0.8 ～ 0.85 倍线路阻抗。保护安装处的极化正序电压由正序电流分量在保护背侧正序阻抗上的压降造成，因此

$$\begin{aligned}
\dot{U}_{\mathrm{p}} &= \dot{U}_{1\mathrm{BC}} \\
&= \dot{U}_{1\mathrm{B}} - \dot{U}_{1\mathrm{C}} \\
&= \dot{E}_{\mathrm{B}} - \dot{I}_{1\mathrm{B}}Z_{\mathrm{S}} - \dot{E}_{\mathrm{C}} + \dot{I}_{1\mathrm{C}}Z_{\mathrm{S}} \\
&= (\dot{I}_{\mathrm{B}} - \dot{I}_{\mathrm{C}})(Z_{\mathrm{S}} + Z_{\mathrm{m}}) - (\dot{I}_{1\mathrm{B}} - \dot{I}_{1\mathrm{C}})Z_{\mathrm{S}} \\
&= 2\dot{I}_{\mathrm{B}}(Z_{\mathrm{S}} + Z_{\mathrm{m}}) - \dot{I}_{\mathrm{B}}Z_{\mathrm{S}} \\
&= 2\dot{I}_{\mathrm{B}}\left(Z_{\mathrm{m}} + \frac{1}{2}Z_{\mathrm{S}}\right)
\end{aligned} \tag{6-11}$$

式中：Z_S 为保护背侧等值正序阻抗。

该故障情况下继电器动作方程可表示为

$$90° \leqslant Arg \frac{Z_m + \frac{1}{2} Z_S}{Z_m - Z_{set}} \leqslant 270° \tag{6-12}$$

正方向故障下，其动作特性是以 Z_{set} 与 $-(1/2) Z_S$ 两点连线为直径的圆，其阻抗继电器的动作特性如图 6-13 所示。

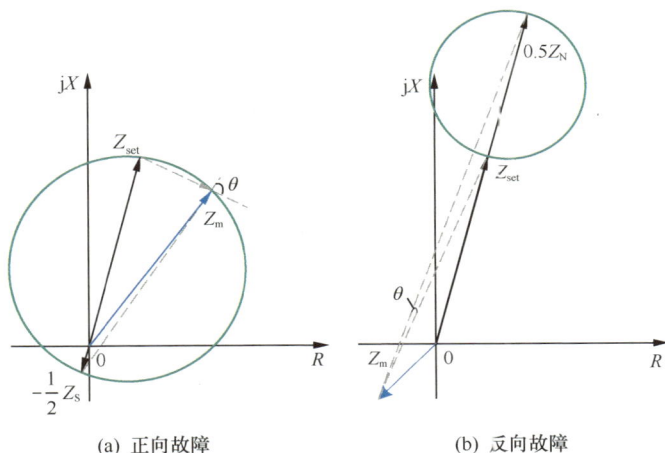

(a) 正向故障　　　　　　　　(b) 反向故障

图 6-13　相间阻抗继电器的动作特性

由于正向出口相间金属性短路时，故障相间电压虽然为 0，但正序极化电压并不为零，基于正序极化电压的阻抗继电器的阻抗动作圆包含坐标原点，因此在正向出口故障时无死区。

当反向发生相间短路时，继电器的测量阻抗落在第Ⅲ象限，即使在反方向出口或母线发生短路，过渡电阻的附加阻抗是阻容性的，测量阻抗进入第Ⅱ象限也无法进入到动作圆内，这使得以正序电压为极化电压的阻抗继电器具有良好的方向性。

3. 适应性分析

受负序电流抑制与穿越控制策略的影响，正序电流的相位出现受控偏移。常规电源故障暂态期间正序电压、电流相位同样会出现相位偏移，但是由于电流相位不受控，常规电源暂态电压、电流相量的相角差近似等于阻抗角。显然柔性低频输电系统与常规电源的暂态电压、电流相位偏差存在较大的差异，可能会干扰以正序电压作为极化电压的阻抗继电器的正确动作。线路区内发生两相接地故障时，单相极化电压和相间极化电压角度发生突变，可能造成距离保护的不正确动作，比相式距离继电器不适用。图 6-14 为线路中点 AB 相接地故障时的极化电压角度。

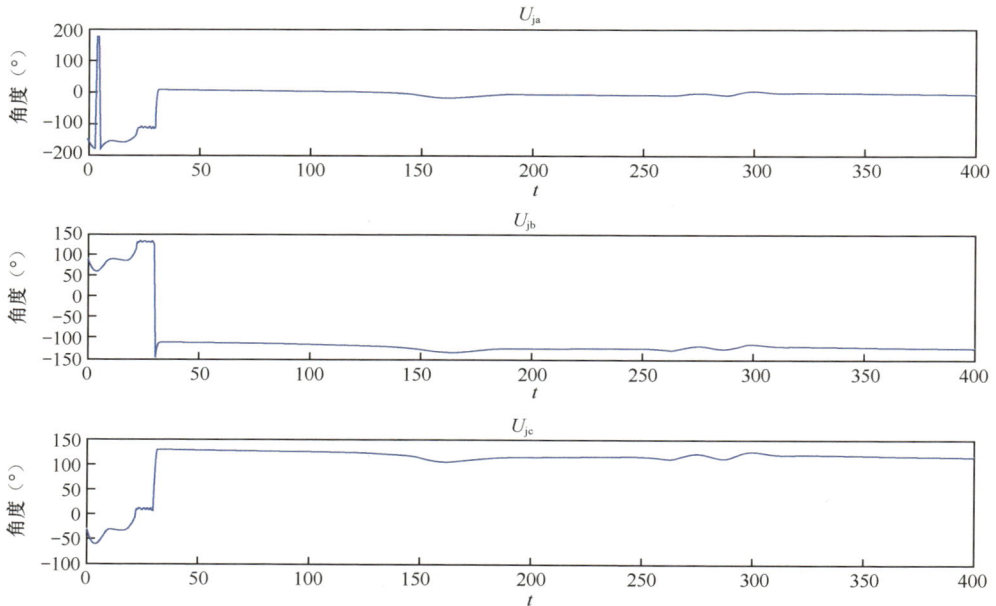

图 6-14　柔性低频输电线路 AB 相接地故障前后各相极化电压角度

6.2.4　零序电流方向保护

1. 零序电流方向保护的基本原理

输电线路零序电流保护是反应输电线路一端零序电流的保护。反应输电线路一端电气量变化的保护由于无法区分本线路末端短路和相邻线路始端的短路，为了在相邻线路始端短路不越级跳闸，其瞬时动作的 I 段只能保护本线路的一部分，本线路末端短路只能靠其他段带延时切除故障。所以反应输电线路一端电气量变化的保护都要做成多段式的保护。这种多段式的保护又称作具有相对选择性的保护，即它既能反应本线路的故障又能反应相邻线路的故障。

要构成多段式的保护必须要具备下述两个条件：①它要能区分正常运行和短路故障两种运行状态，在正常运行时保护不能动作，在短路时保护能够动作；②它要能区分短路点的远近，可以在近处短路时以较短的延时切除故障而在远处短路时以较长的延时切除故障，以满足选择性的要求。

正常运行时没有零序电流，只有在接地短路时才有零序电流，因此零序电流保护能满足上述第一个要求。

此外，在图 6-15 所示的零序序网图中，流过安装在 MN 线路对端保护的零序电流为

$$\dot{I}_0 = C_0 \dot{I}_{F0} \qquad\qquad (6\text{-}13)$$

式中：C_0 为零序电流分配系数。

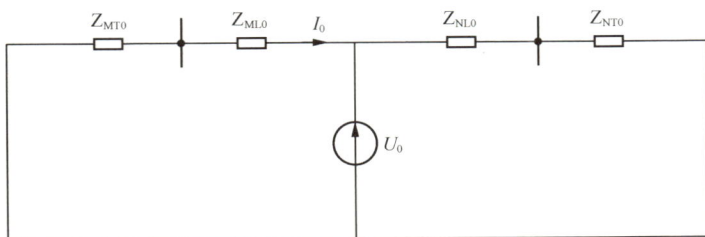

图 6-15　零序网络图

显然，短路点越靠近保护安装处，流过保护的零序电流越大；反之短路点越远，流过保护的零序电流越小。所以流过保护的零序电流大小反映了短路点的远近，这就满足了上述第二个要求。由于保护可以根据零序电流的大小判断短路点的远近，所以就可以使它具备这样的功能：短路点越近保护动作得越快，短路点越远保护动作得越慢。

2.　适应性分析

由于变压器接线方式造成的电气隔离，柔性低频输电系统线路发生接地故障后的零序网络图与传统工频交流系统保持一致。但系统频率的改变，使得零序电流保护所使用的零序灵敏角也发生了改变。按照之前工频零序过电流保护灵敏角为 78°，推得零序阻抗角约为 56°。经计算，零序方向灵敏角为 56+180=236°，故动作区为 [236°−90°，236°+90°]，即 [146°，326°]。

通过分析可知，在低频线路发生区内接地故障时，保护安装处零序电流均比较大，且零序电压与零序电流的相角差均在 30ms 内落入动作区内，初步满足零序过电流保护的动作条件。

6.2.5　故障选相元件

一般情况下，距离保护、零序电流保护的选相元件均采用比较零序电流与 A 相负序电流的相位结合阻抗元件动作行为的选相元件。其主要原理是通过比较负

序电流与零序电流的相位差，判断其属于哪个区，根据选区结果和阻抗元件动作行为来综合判别故障相别。

　　柔性低频输电系统中，由于受端 M3C 采用负序电流抑制的控制策略，负序电流为 0，无法进行与零序电流间的相位判别；且线路发生相间故障时，阻抗元件由于故障后极化电压与测量电压的相位差异，无法正确动作，此选相元件不再适用。因此，在柔性低频输电线路保护中主要利用差动元件进行故障相判别。

6.2.6　基于采样值的低频线路差动保护方法

1.　保护原理

　　采样值差动保护判据与相量差动保护类似，其动作曲线通常也为折线制动特性曲线。为了降低采样值差动模糊区的影响，制动曲线一般过零点，其动作判据一般表示为

$$\begin{cases} i_{\mathrm{d}} \geqslant i_{\mathrm{qd}} \\ i_{\mathrm{d}} > k i_{\mathrm{r}} \end{cases} \tag{6-14}$$

式中：k 表示斜率；i_{qd} 表示启动值；i_{d} 为动作电流，i_{r} 为制动电流。i_{d}、i_{r} 通常表示为

$$i_{\mathrm{d}} = \left| i_{\mathrm{m}} + i_{\mathrm{n}} \right| \tag{6-15}$$

$$i_{\mathrm{r}} = \left| i_{\mathrm{m}} - i_{\mathrm{n}} \right| \tag{6-16}$$

式中：i_{m}、i_{n} 表示两侧的电流。相较于相量差动保护原理，采样值差动有一明显特征：相量差动判据所需的经傅氏算法获取的两端电流有效值在稳态工况下是不随时间变化的常数，而在采样值差动保护中，其判据所需的电流为瞬时采样值，其值呈周期性。尤其在电流过零点前后，由于其瞬时值很小，计算误差很大，动作电流和制动电流的关系不稳定，各个采样点的制动效果时好时坏。因此，应采取必要措施来减小采样点制动效果不稳定的影响。

　　为提高采样值差动保护的可靠性，一般采用多次重复判别法，即在连续的 R 次判别中，如果有 S 次及以上的采样点满足动作判据，则允许保护动作。因此，R 和 S 的选取对采样值差动保护的动作特性影响很大。关于 S 的取值，由于数据窗的选取要大于 1/4 个周期，若每个周期 12 个采样点，则 $S \geqslant 4$，即需要 4 个及以上的连续采样点满足采样值差动保护判据，保护才能动作。

对于 R 值的选取，要着重考虑以下两点：①内部故障时，要避免采样值差动数据窗遇上过零点导致判据不满足的情况，特别是极端情况下，过零点位于两采样值中间时，可能会导致连续两个采样点不满足保护判据，故一般取 $R \geqslant S+2$；②为保证采样值差动的动作速度和可靠性，R 与 S 的差值不宜过大。在实际应用中，R 和 S 的取值可根据不同用途进行调整。

充分考虑上文中提及的采样值差动保护整定原则及低频系统故障特性，给出以下三个采样值差动判据：

（1）正、负半周连续多点差流满足门槛值：结合典型低频输电线路区内故障特征，故障发生时的首个周波频率较高，会导致半周采样点数较少，且门槛值 i_{set} 较高时，S 的取值可不受 $S \geqslant N/4$ 的约束，同时也减小了采样点制动效果不稳定的影响。其中，N 为额定低频频率下一个周波对应的采样点数。此判据考虑了故障初期系统频率变化带来的影响，在极端频率下仍能满足动作要求。i_{set} 依据额定频率下的正弦波换算，保证门槛的可靠性。该判据动作门槛高，动作速度快，但由于故障后电流幅值受控，故障电流较小的情况下不易满足。

（2）R 个采样点中，累积有 S 个采样点差流满足门槛值：此判据门槛值 i_{set} 较低，容易满足，但 R 的取值较大，动作时间较长。

（3）自适应正负半周连续多点差流满足门槛值：针对上述判据优缺点，并考虑到故障初期频率变化的问题，设置自适应判据，识别波形两次过零点，两个过零点之间的采样点数为 R，在正、负半周内分别判断是否连续 S 点满足门槛值，且 $S/R \geqslant 50\%$，若满足则认为符合动作条件，门槛值 i_{set} 同判据（2）。为了防止故障初始角造成电流快速拉起后再过零的问题，设置 $S \geqslant N/10$ 的最小门槛，任一半周满足条件即可动作。该判据能够适应额定低频频率下电流正弦波及故障初期畸变的波形，动作速度介于判据（1）和判据（2）之间。

除上述三个判据，为提高差动保护可靠性，再结合稳态量差流门槛及低比率制动方程条件，整个构成采样值差动保护，具体保护逻辑如图 6-16 所示。

2.　仿真分析

基于搭建的柔性低频输电仿真系统，对上述基于采样值的低频线路差动保护原理进行仿真分析。

为研究在低频线路区内发生对称性故障时差动保护新判据的适用情况，在仿真模型低频线路首端、中点、末端各设置一个故障点，分别计算在各个故障点发生三相短路时保护判据的满足情况。由于其三相对称，此处仅选用 A 相作为参考相进行分析，仿真结果见图 6-17、图 6-18。

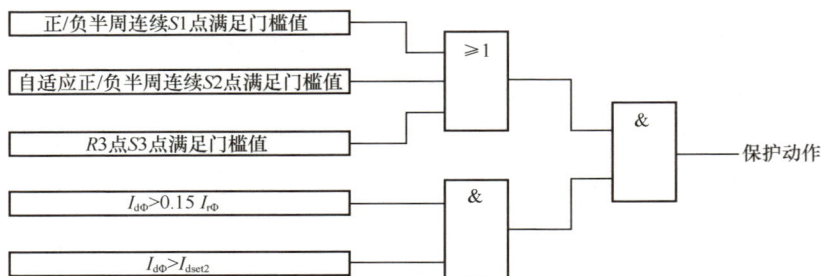

图 6-16　差动保护判据逻辑框图

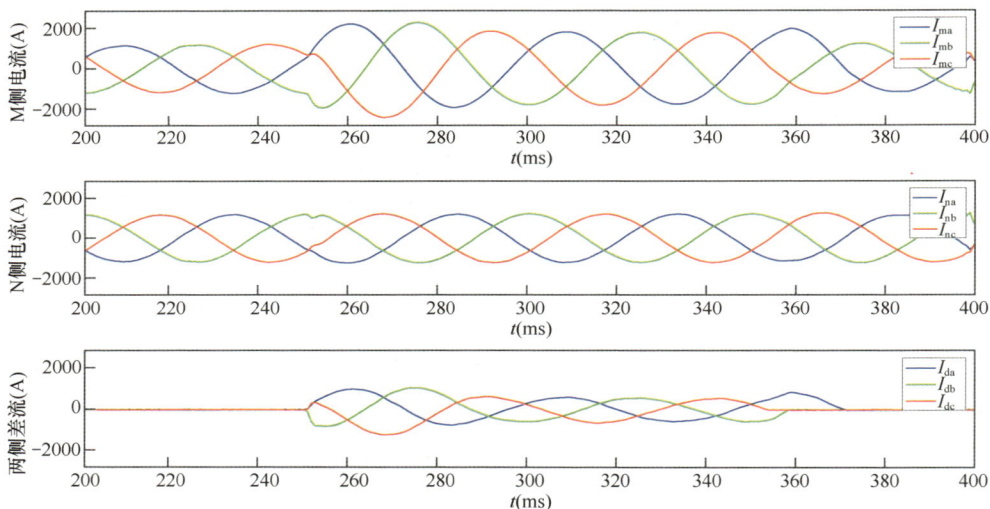

图 6-17　线路中点三相短路两端电流采样波形及差流

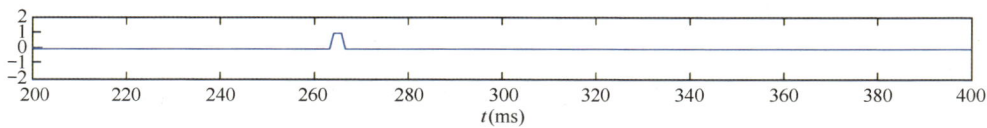

(a) 判据(1)满足标志

(b) 判据(2)满足标志

图 6-18　线路中点三相短路差动判据动作情况（一）

(c) 判据(3)满足标志

(d) 稳态量差动门槛值满足标志

(e) 低比率差动满足标志

(f) 总标志

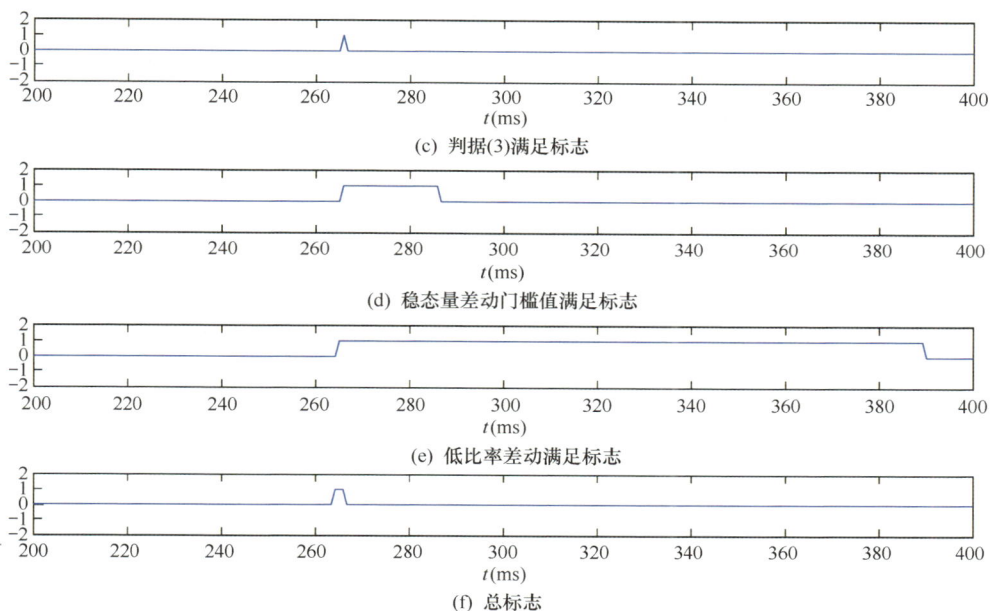

图 6-18　线路中点三相短路差动判据动作情况（二）

由图 6-17 可得，在 250ms 故障发生后，故障电流存在三个特征：①故障开始的第一个周波频率较高；②故障电流呈现减小的趋势；③故障电流呈现穿越性特征。以上三点对于传统差动保护都是不利的。由图 6-18 可得，前面给出的结合采样值的差动保护原理均可正确动作。其中，判据（1）由于故障电流在前半个周波的幅值相对较大，动作特性较好；判据（2）由于故障电流呈现减小趋势，后半个周波大于门槛值的采样点较少，不能较好地满足；判据（3）由于其自适应特性，在不同工况下均可识别出故障，动作特性较好。以稳态量差动门槛值及低比率制动方程作为把关条件，也可正确识别出故障工况。

表 6-1 为区内各点发生对称性故障时的动作情况。

表 6-1　　　　　　　　　　　　区内对称性故障动作情况

故障点	动作时间
F1	5.00ms
F2	5.83ms
F3	5.83ms

为研究在低频线路区外发生故障时差动保护新判据的适用情况，在仿真模型

低频线路 F4 处各设置一个故障点，分别计算在各个故障点发生单相接地故障时保护判据的满足情况。这里选用故障相进行分析，仿真结果见图 6-19、图 6-20。

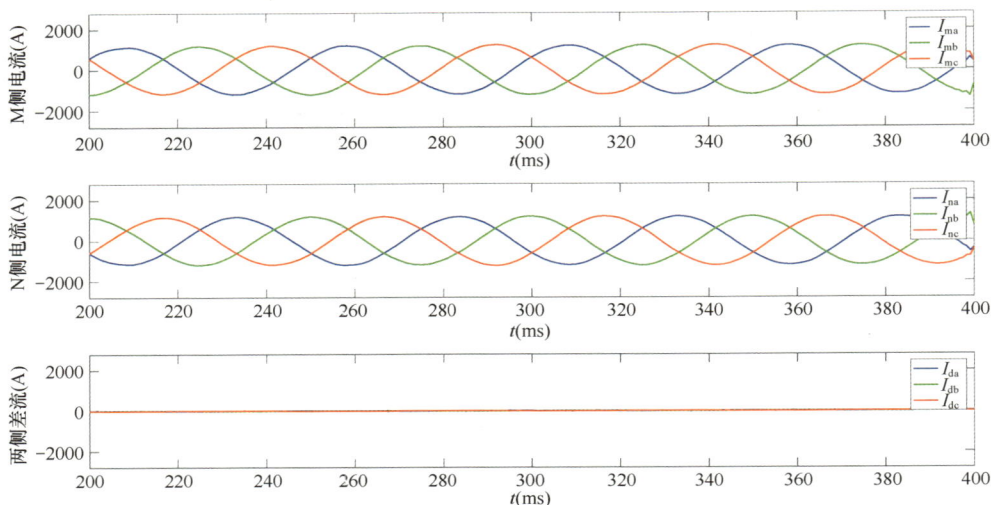

图 6-19　线路区外 A 相接地两端电流采样波形及差流

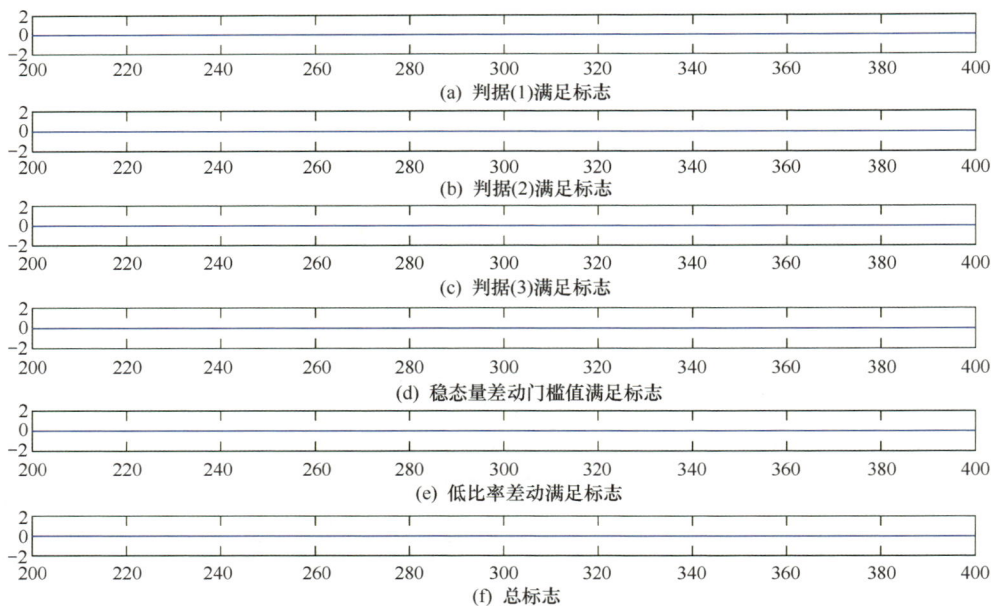

图 6-20　线路区外 A 相接地差动判据动作情况

由图 6-19、图 6-20 可知，低频线路区外发生故障时，由于各相不存在差流，所以差动保护可靠不动作。

6.2.7　适用于低频线路的自适应差动保护方法

1. 保护原理

本节给出了一种低频输电线路的自适应电流差动保护方法，具体如下：

（1）采集低频输电线路两侧的瞬时电流和电压，包括两侧 TV、TA 二次侧的相电流和电压瞬时值，并接入保护装置。

（2）两侧保护装置利用通道进行信息交互共享两侧电气量，电气量包括两侧 TA 二次侧的相电流瞬时值，并计算得到低频线路两侧的相电流幅值及差动电流、制动电流幅值

$$I_{d\varphi} = \left| \dot{I}_{m\varphi} + \dot{I}_{n\varphi} \right| \tag{6-17}$$

$$I_{r\varphi} = \left| \dot{I}_{m\varphi} - \dot{I}_{n\varphi} \right| \tag{6-18}$$

式中：$\dot{I}_{m\varphi}$、$\dot{I}_{n\varphi}$ 为线路两侧电流，φ 为相序，m、n 代表线路两侧；$I_{d\varphi}$ 为线路相差动电流幅值；$I_{r\varphi}$ 为相制动电流幅值。

（3）结合故障前低频输电线路两侧的负荷电流信息，自适应调整比率制动差动保护中的比率制动系数，构成自适应线路电流差动保护。自适应线路电流差动保护的判据如下

$$I_{d\varphi} > k I_{r\varphi} \tag{6-19}$$

式中：k 为电流差动保护制动系数，其根据故障前线路两侧的负荷电流信息自动调节。

$$k = \begin{cases} k_1, & I_{load} > I_N \\ k_1 + \dfrac{I_{load} - I_{set}}{I_N - I_{set}} \cdot (k_2 - k_1), & I_{set} < I_{load} < I_N \\ k_2, & I_{load} \leqslant I_{set} \end{cases} \tag{6-20}$$

式中：I_{load} 为故障前线路负荷电流幅值，即 $I_{load} = \left| \dot{I}_{m\varphi} \right| = \left| \dot{I}_{n\varphi} \right|$；$I_{set}$ 为保护装置设置的电流差动保护定值；I_N 为 TA 额定电流值；k_1、k_2 为常数，取值范围为

$0.1 \sim 0.6$，k_1 的典型取值为 0.2，k_2 的典型取值为 0.4。I_{load}、I_{N}、I_{set} 均为二次值。

（4）各相独立进行故障判断，当某相差动电流与制动电流的关系满足自适应线路电流差动保护判据时，判断线路区内发生故障，电流差动保护动作，线路两侧本相断路器跳开；反之，电流差动保护不动作。

2. 仿真验证

下面分别结合线路轻载单相接地故障和线路重载单相接地故障来说明本差动保护方法的有效性。

图 6-21 为典型 220kV 低频输电系统模型，模拟在轻载和重载情况下线路中点 F1 处发生单相金属性接地故障，所得两侧一次 TA 采样值和差动电流分别如图 6-22 和图 6-23 所示。其中，故障开始时刻为 250ms，故障持续时间 100ms，TA 变比为 800∶1，I_{N} 为 1A，I_{set} 为 0.4 A。经计算，重载情况下负荷电流为 0.96A，轻载情况下负荷电流为 0.35A。由式（6-20）计算可得，重载情况下的差动保护制动系数为 0.21，轻载情况下的差动保护制动系数为 0.4。

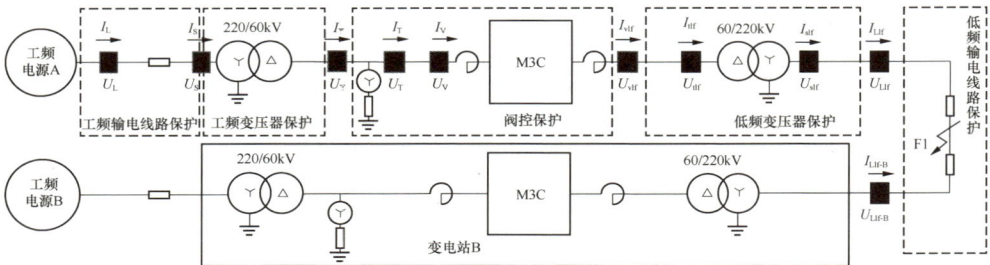

图 6-21　柔性低频输电系统拓扑图

将电流采样值经傅氏计算后，再按式（6-21）、式（6-22）计算出各相差动电流和制动电流，最后求得差动电流与制动电流的比值情况。其中，图 6-24 为轻载情况下 A 相差动电流与制动电流的比值情况，图 6-25 为重载情况下 A 相差动电流与制动电流的比值情况。

$$I_{\text{d}\varphi} = \left| \dot{I}_{\text{m}\varphi} + \dot{I}_{\text{n}\varphi} \right| \tag{6-21}$$

$$I_{\text{r}\varphi} = \left| \dot{I}_{\text{m}\varphi} - \dot{I}_{\text{n}\varphi} \right| \tag{6-22}$$

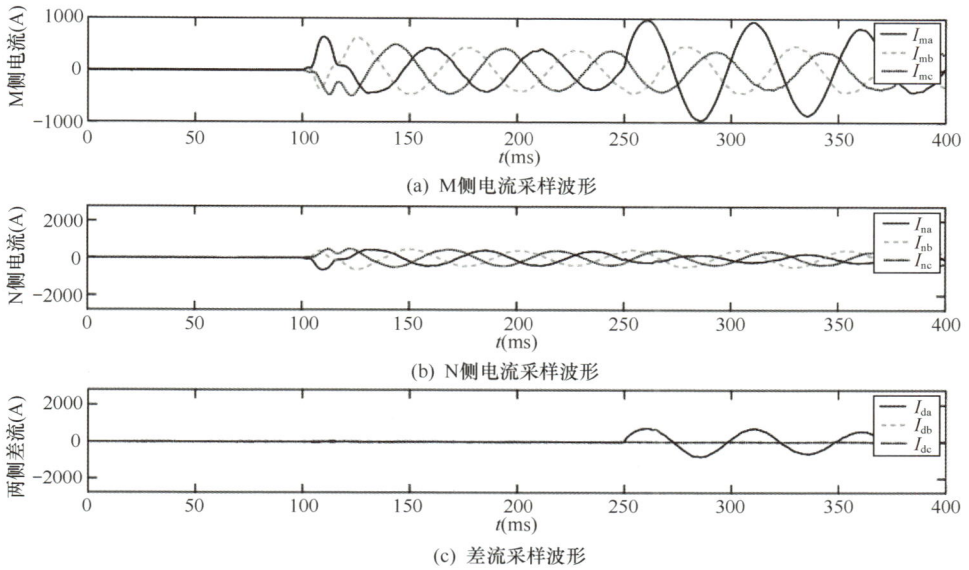

(a) M侧电流采样波形

(b) N侧电流采样波形

(c) 差流采样波形

图 6-22　轻载单相接地故障工况下电流波形

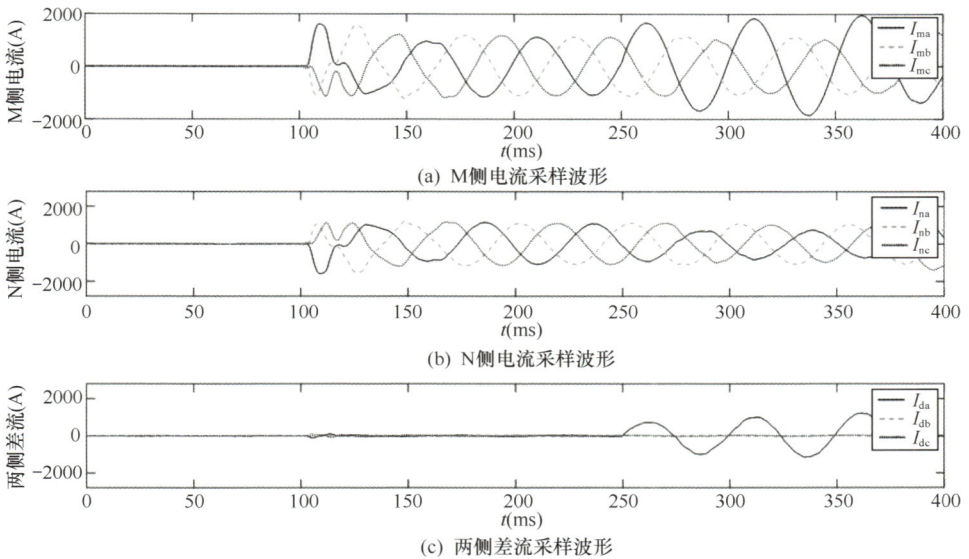

(a) M侧电流采样波形

(b) N侧电流采样波形

(c) 两侧差流采样波形

图 6-23　重载单相接地故障工况下电流波形

如图 6-24 所示，轻载情况下 A 相金属性接地故障发生一个周波后，A 相差动电流与制动电流的比值为 0.66，大于轻载情况下的差动保护制动系数 0.4，保护可以正确动作；如图 6-25 所示，重载情况下 A 相金属性接地故障发生一个周波后，A 相差动电流与制动电流的比值为 0.34，大于重载情况下的差动保护制动系数 0.21，保护可以正确动作。

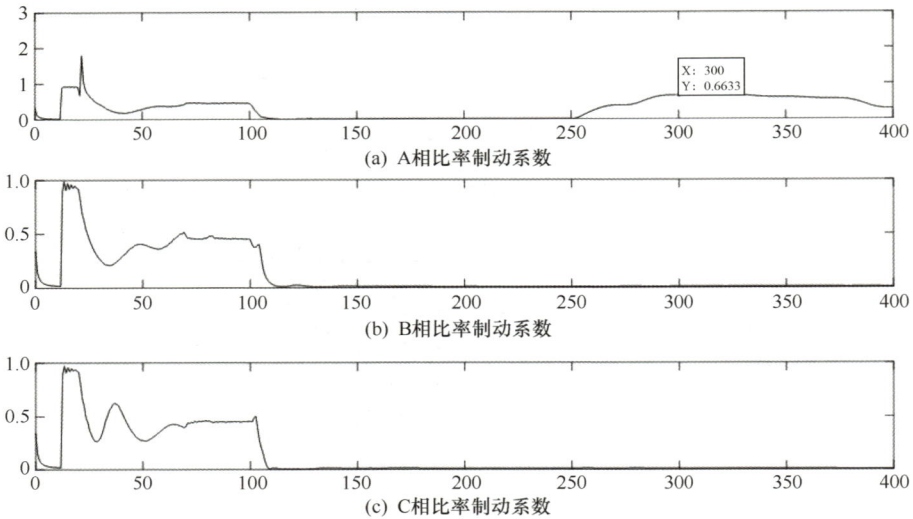

图 6-24　轻载故障工况下各相比率制动系数

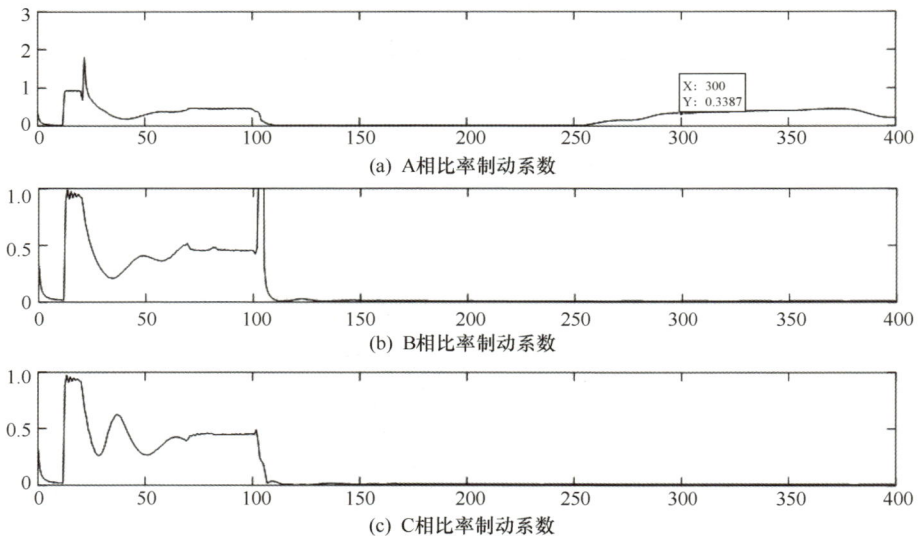

图 6-25　重载故障工况下各相比率制动系数

6.3 低频变压器保护技术

6.3.1 保护原理适应性

1. 低频变压器空充涌流仿真分析

采用工程实际使用的低频变压器参数建模，模拟低频变压器进行空载合闸操作，变压器空充涌流波形和涌流频域分析如图 6-26、图 6-27 所示。与常规工频变压器涌流波形相似，低频变压器励磁涌流偏于时间轴一侧，逐渐衰减，波形间断特征明显，涌流中 40Hz 分量含量很大，基于二次谐波、波形识别、波形间断原理和算法的工频变压器保护涌流判据完全适用于低频变压器保护。

图 6-26 低频变压器空充涌流波形

2. 低频变压器故障仿真分析

模拟低频变压器低压侧区内 AB 相接地故障，低频变压器高、低压侧电压、电流波形及差流采样值波形如图 6-28、图 6-29 所示。

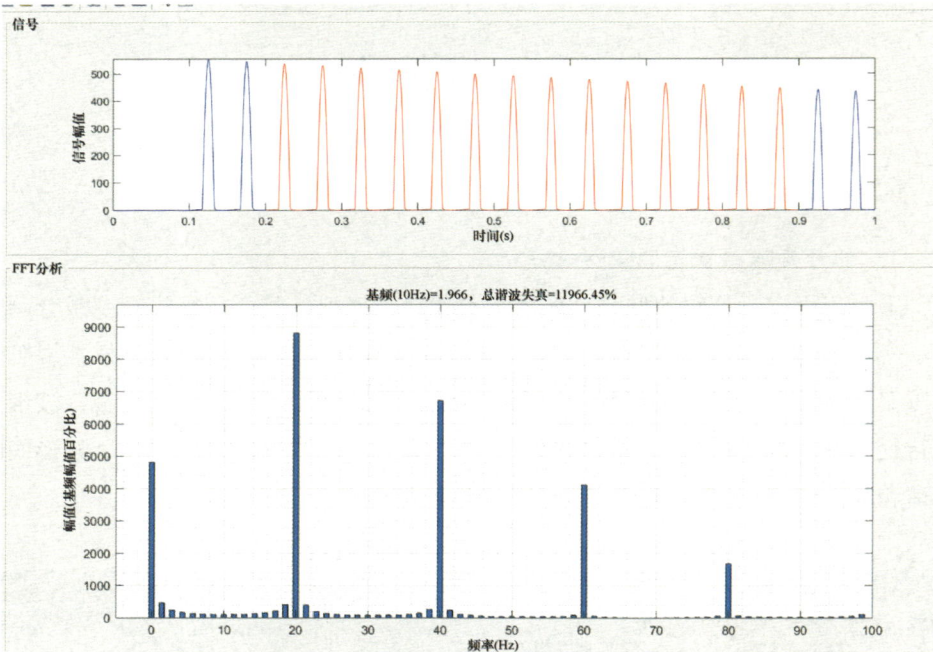

图 6-27　低频变压器空充涌流频域分析

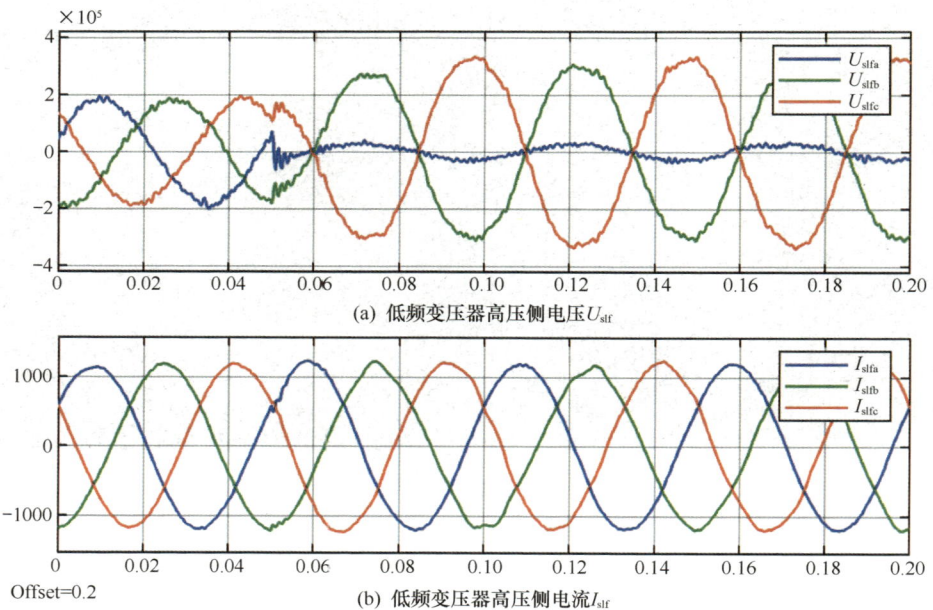

(a) 低频变压器高压侧电压U_{slf}

(b) 低频变压器高压侧电流I_{slf}

图 6-28　低压侧区内 AB 相接地故障各侧电压、电流波形（一）

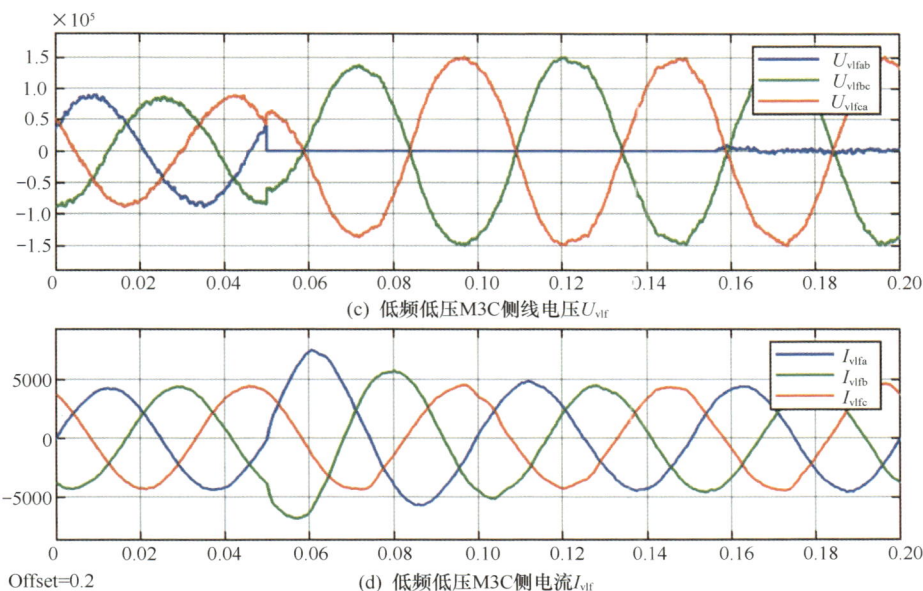

图 6-28　低压侧区内 **AB** 相接地故障各侧电压、电流波形（二）

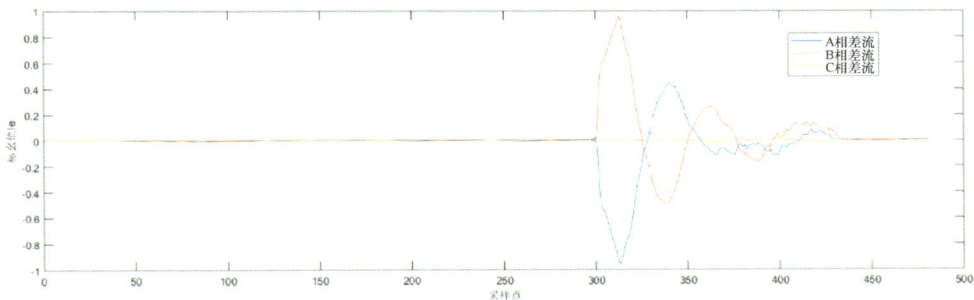

图 6-29　低压侧区内 **AB** 相接地故障差流波形

　　差流半波积分值和差流制动电流比值如图 6-30 所示，故障期间差流最大值约 $0.6I_e$（I_e 为变压器低压侧额定电流），差流持续大于 $0.3I_e$ 的时间小于 1 个周波，差流制动电流比值最大值约为 0.6，差流满足大于 $0.3I_e$ 门槛值时的差流制动电流比值大于 0.2，常规差动保护对低压侧区内两相接地故障灵敏度低。

　　差流突变量半波积分值和差流制动电流比值如图 6-31 所示，故障期间差流制动电流比值均在 1 以上，突变量差动保护对低压侧区内两相接地故障有足够的灵敏度。

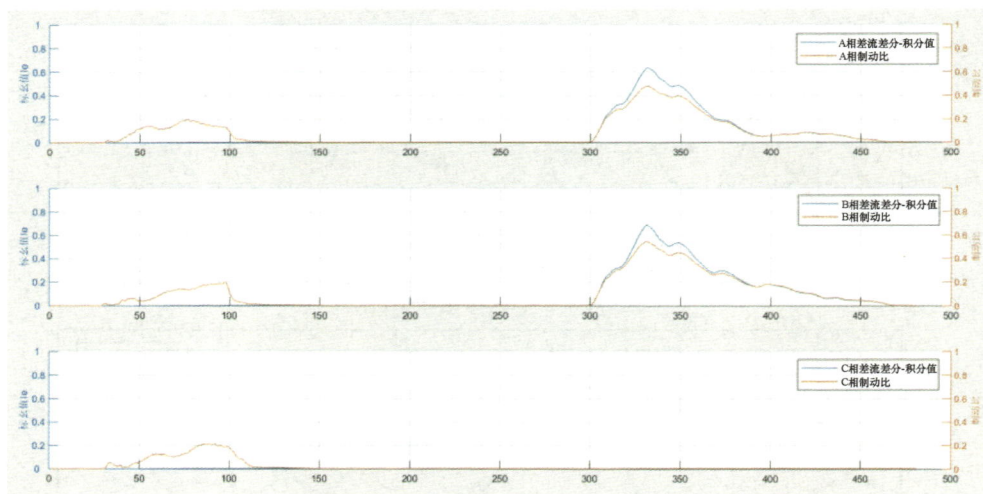

图 6-30   差流半波积分值和差流制动电流比值

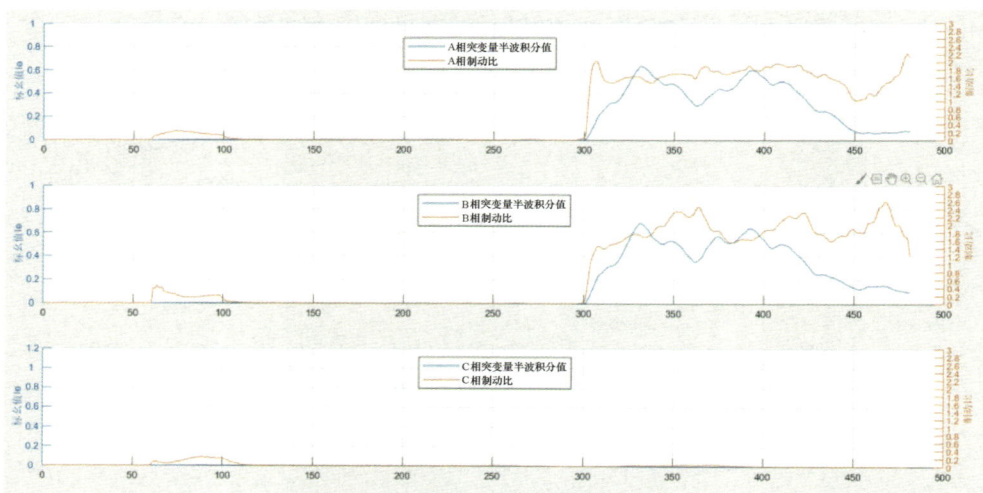

图 6-31   差流突变量半波积分值和差流制动电流比值

模拟低频变压器低压侧区内 AB 相经 100Ω 过渡电阻接地故障，差流波形如图 6-32 所示。

差流突变量半波积分值和差流制动电流比值如图 6-33 所示，故障期间，差流制动电流比值均在 1 以上，突变量差动保护对低压侧区内两相经过渡电阻接地故障有足够的灵敏度。

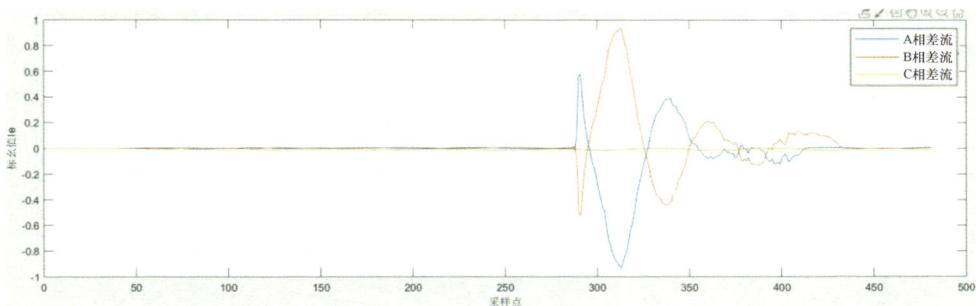

图 6-32　低压侧区内 AB 相经过渡电阻接地故障差流波形

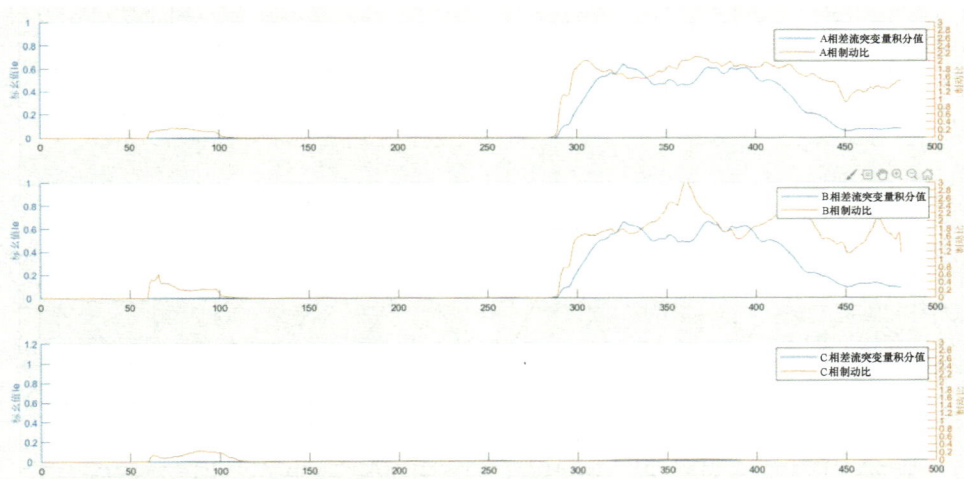

图 6-33　差流突变量半波积分值和差流制动电流比值

模拟低频变压器高压侧区内 AB 相接地故障，低频变压器高、低压侧电压、电流波形及差流采样值波形如图 6-34、图 6-35 所示。

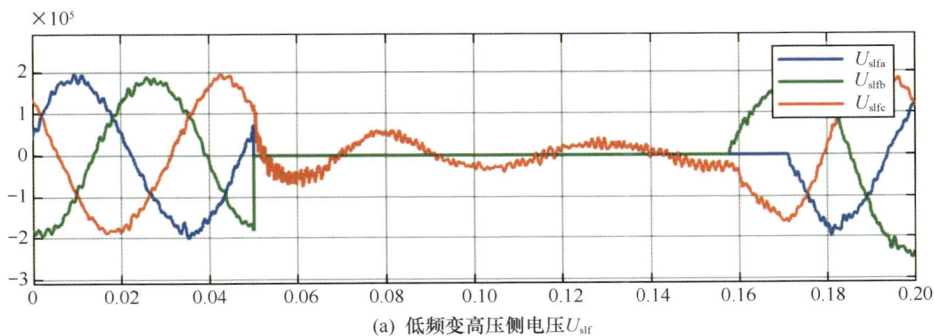

(a)　低频变高压侧电压U_{slf}

图 6-34　高压侧区内 AB 相接地故障各侧电压、电流波形（一）

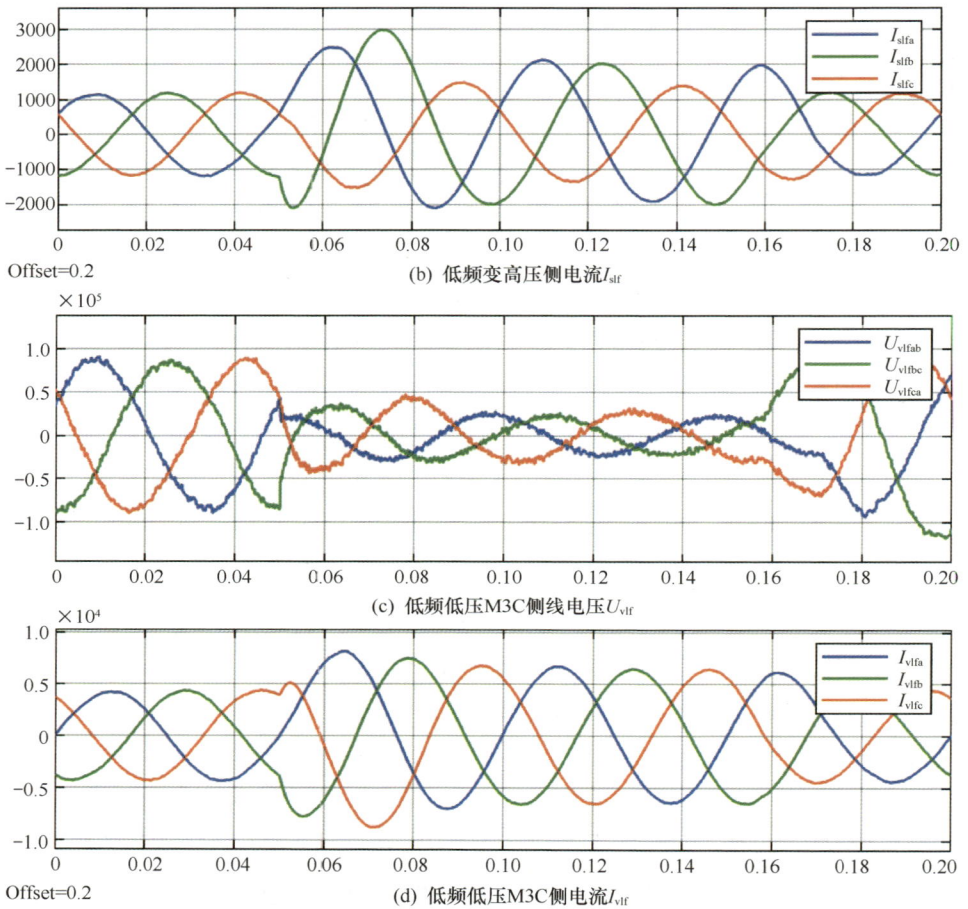

(b) 低频变高压侧电流I_{slf}

(c) 低频低压M3C侧线电压U_{vlf}

(d) 低频低压M3C侧电流I_{vlf}

图 6-34　高压侧区内 AB 相接地故障各侧电压、电流波形（二）

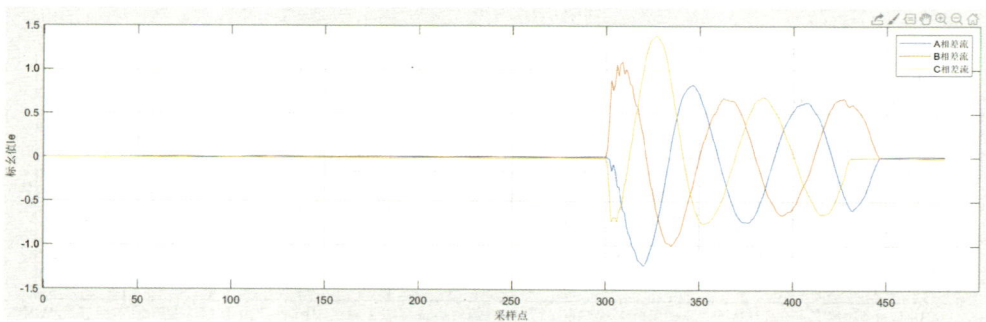

图 6-35　高压侧区内 AB 相接地故障差流采样值波形

差流半波积分值和差流制动电流比值如图 6-36 所示，故障期间差流最大值约 $1I_e$，差流持续大于 $0.3I_e$ 的时间约 1 个周波，差流制动电流比值最大值约 0.65，差流满足大于 $0.3I_e$ 门槛值时的差流制动电流比值大于 0.2，常规差动保护对高压侧区内两相接地故障灵敏度较低。

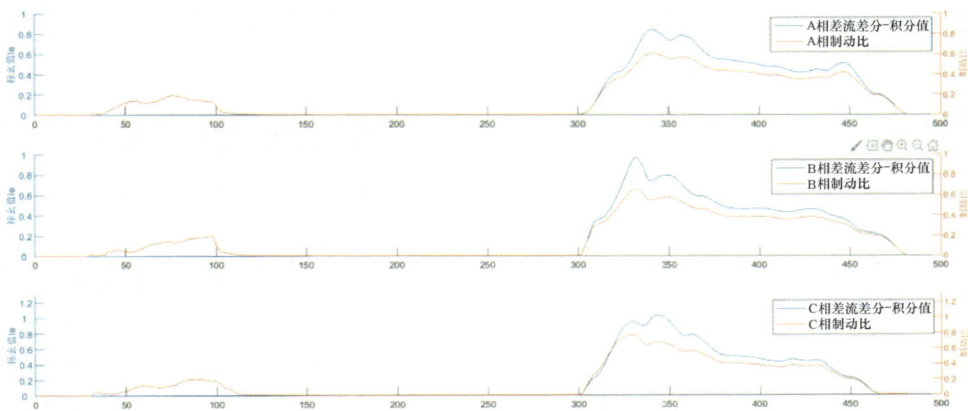

图 6-36　差流半波积分值和差流制动电流比值

差流突变量半波积分值和差流制动电流比值如图 6-37 所示，故障期间，差流制动电流比值均在 1.2 以上，突变量差动保护对高压侧区内两相接地故障灵敏度高。

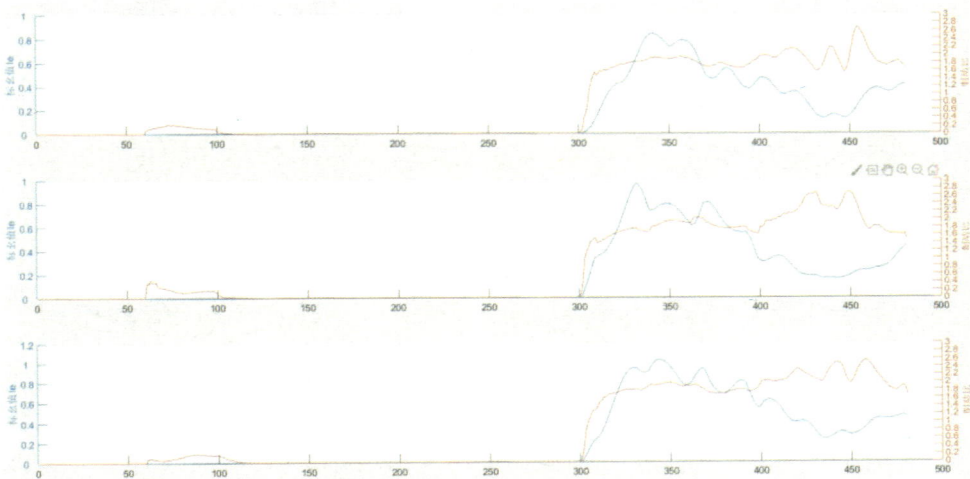

图 6-37　差流突变量半波积分值和差流制动电流比值

模拟低频变压器高压侧区内 AB 相经 100Ω 过渡电阻接地故障，差流波形如图 6-38 所示。

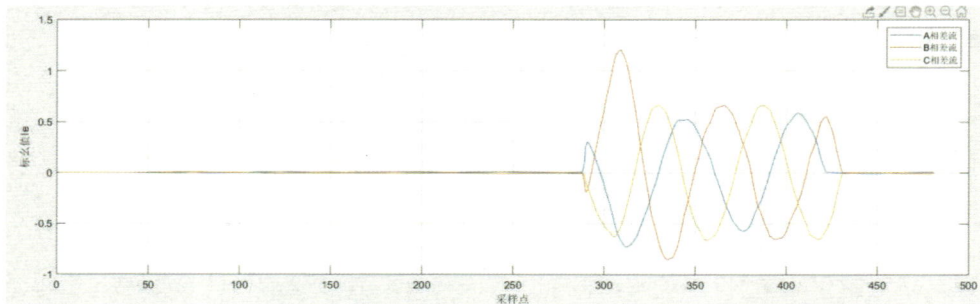

图 6-38   高压侧区内 AB 相经过渡电阻接地故障差流波形

差流突变量半波积分值和差流制动电流比值如图 6-39 所示，故障期间差流制动电流比值均在 1.2 以上，突变量差动保护对高压侧区内两相经过渡电阻接地故障有足够的灵敏度。

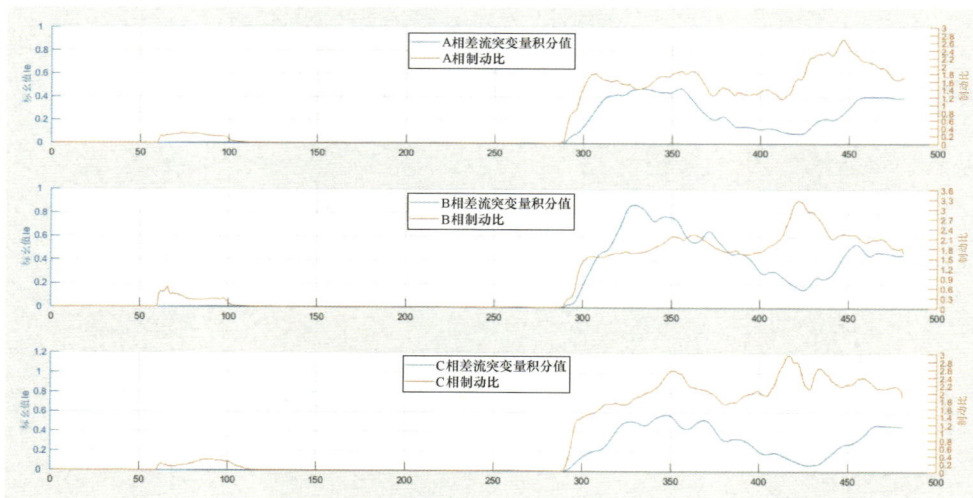

图 6-39   差流突变量半波积分值和差流制动电流比值

综上所述，低频输电系统低频变压器高、低压侧区内故障具有如下特征：①区内故障时，由于 M3C 的控制，呈现出区外故障的特征，差流较小，而制动电流大；②由于 M3C 的控制，故障初期频率并非 20Hz；③ M3C 对故障电流有抑制作用，故障电流迅速变小，非周期分量衰减快。

6.3.2　电流差动保护

1. 常规电流差动保护

从低频变压器区内故障仿真分析可知，电流差动保护对低频变压器区内金属性故障具有一定的灵敏度，因此装置可配置常规电流差动保护，为提高区内故障的灵敏度，差动电流为低频变压器高、低压侧的矢量和，制动电流采用高、低压侧电流的矢量差除以 2，差流和制动电流计算公式如下

$$I_{\mathrm{d}} = \left| I_{\mathrm{ha}} + I_{\mathrm{la}} \right| \tag{6-23}$$

$$I_{\mathrm{r}} = \left(\left| I_{\mathrm{ha}} - I_{\mathrm{la}} \right| \right) / 2 \tag{6-24}$$

式中：I_{ha} 为高压侧电流；I_{la} 为低压侧电流；I_{d} 为差流；I_{r} 为制动电流。电流互感器正极性为指向变压器。

常规电流差动比率制动特性如图 6-40 所示。

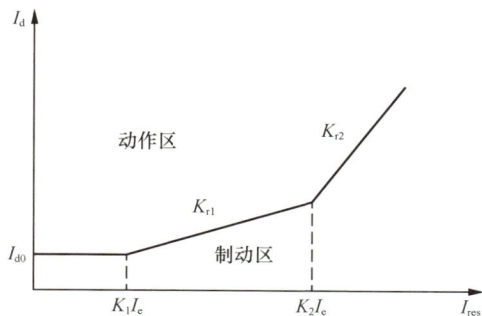

图 6-40　常规电流差动保护的动作特性

I_{d}—差动电流；I_{res}—制动电流；I_{d0}—差动门槛；K_{r1}——段差动制动系数；
K_{r2}—二段差动制动系数；$K_1 I_{\mathrm{e}}$——段差动拐点；$K_2 I_{\mathrm{e}}$—二段差动拐点

差动保护动作方程如下

$$\begin{cases} I_{\mathrm{d}} > I_{\mathrm{d0}} & I_{\mathrm{res}} < k_1 I_{\mathrm{e}} \\ I_{\mathrm{d}} > k_{\mathrm{r1}} \left(I_{\mathrm{res}} - k_1 I_{\mathrm{e}} \right) + I_{\mathrm{d0}} & k_1 I_{\mathrm{e}} \leqslant I_{\mathrm{res}} < k_2 I_{\mathrm{e}} \\ I_{\mathrm{d}} > k_{\mathrm{r2}} \left(I_{\mathrm{res}} - k_2 I_{\mathrm{e}} \right) + k_{\mathrm{r1}} \left(k_2 I_{\mathrm{e}} - k_1 I_{\mathrm{e}} \right) + I_{\mathrm{d0}} & k_2 I_{\mathrm{e}} \leqslant I_{\mathrm{res}} \end{cases} \tag{6-25}$$

（1）利用谐波判别励磁涌流。

低频变压器空充时励磁涌流中含有大量谐波，其中以 40Hz 谐波为主，利用

差电流中 40Hz 谐波含量可以识别涌流。判据如下

$$I_{d2} > k_{xb2}I_{d1} \qquad (6\text{-}26)$$

式中：I_{d1}、I_{d2} 为每相差动电流的 20、40Hz 分量；k_{xb2} 为二次谐波制动系数，推荐 k_{xb2} 整定为 0.1 ~ 0.18。

（2）利用波形识别励磁涌流。

低频变压器内部故障时，差流基本上是 20Hz 的正弦波，而励磁涌流时存在大量的 40Hz 分量，导致波形发生畸变、间断，不对称。利用算法识别出这种畸变，即可识别出励磁涌流。

故障时，有如下表达式成立

$$S_+ \leqslant K_b S \qquad (6\text{-}27)$$

式中：S_+ 为 $\left| I_i' + I'_{i-\frac{T}{2}} \right|$ 的半周积分值；S 为 I_i' 的全周积分值；K_b 为波形不对称系数；I_i' 为差流导数前半波某一点的数值；$I'_{i-\frac{T}{2}}$ 为差流导数后半波对应点的数值。

综合故障波形与单侧涌流、对称性涌流各自的特点，采用二次谐波、波形识别、波形间断综合判据和算法，可实现准确区分励磁涌流和故障波形，故障时快速动作，空投时正确闭锁。

（3）TA 饱和识别。

为防止区外故障 TA 饱和造成差动保护误动作，时差法判据利用差动电流和制动电流是否同步出现来判断区内外故障。差动电流晚于制动电流出现，则判为区外故障 TA 饱和，从而闭锁差动保护。

常规电流差动保护逻辑图如图 6-41 所示。

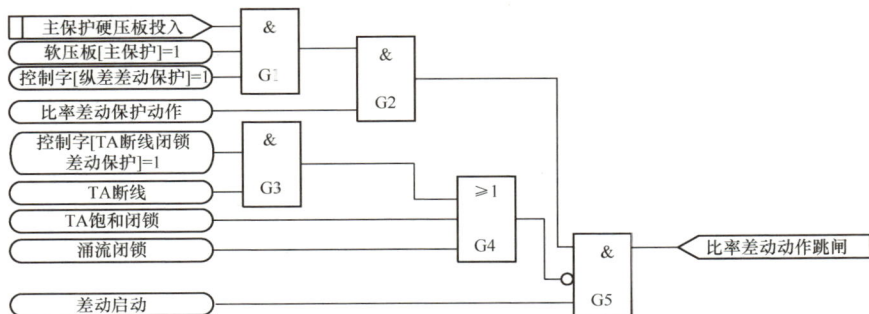

图 6-41　常规电流差动保护动作逻辑图

2. 突变量电流差动保护

低频变压器区内故障时，由于 M3C 的控制，变压器两侧电流相位差变大，呈现出区外故障的特征，差流较小，而与负荷电流有关的制动电流较大，常规电流差动保护灵敏度受到负荷电流的影响和制约；而故障变化量差动保护制动量只采用两侧电流的故障分量，不用故障时电流的全量，因此避免了负荷电流的影响，可大大提高低频变压器区内故障时差动保护的灵敏度。

突变量差流和突变量制动电流计算公式如下

$$\Delta I_d = \left| \Delta I_{ah} + \Delta I_{al} \right| \tag{6-28}$$

$$\Delta I_r = \left(\left| \Delta I_{ah} - \Delta I_{al} \right| \right) / 2 \tag{6-29}$$

式中：ΔI_{ah} 为高压侧电流；ΔI_{al} 为低压侧电流；ΔI_d 为差流突变量；ΔI_r 为制动电流突变量。电流互感器正极性为指向变压器。

突变量电流差动比率制动特性如图 6-42 所示。

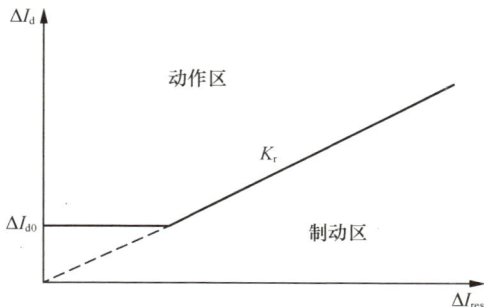

图 6-42　突变量电流差动比率制动动作特性

ΔI_d—差动电流；ΔI_{res}—制动电流；ΔI_{d0}—突变量差动门槛；K_r—突变量差动制动系数

突变量电流差动保护动作方程如下

$$\begin{cases} \Delta I_d > \Delta I_{d0} \\ \Delta I_d > k\Delta I_r \end{cases} \tag{6-30}$$

突变量电流差动保护的制动系数可取较大的数值，此时抗区外故障 TA 暂态和稳态饱和能力较强。

6.3.3　复压（方向）过电流保护

复压（方向）过电流保护主要作为低频变压器及低频线路相间故障的后备

保护。

方向元件采用正序电压，并带有记忆，近处三相短路时方向元件无死区。接线方式为 0°接线。灵敏角固定不变，可以选择指向变压器或母线。方向元件的动作特性图如图 6-43 所示，阴影侧为动作区。

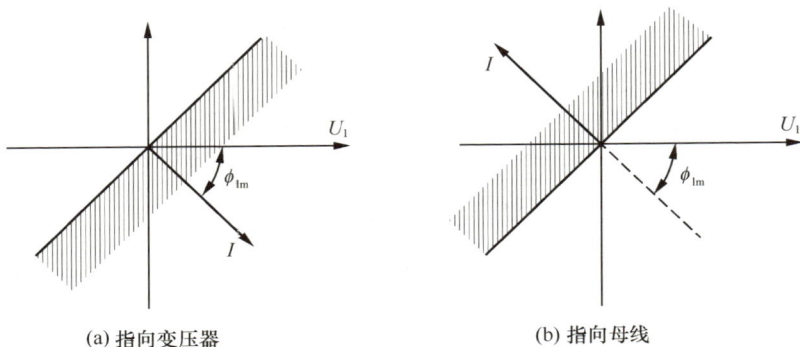

(a) 指向变压器   (b) 指向母线

图 6-43   相过电流方向元件指向

复合电压指相间低电压或负序过电压。复合电压闭锁过电流保护逻辑如图 6-44 所示，其中，高压侧复压元件由低频变压器高、低压侧电压"或门"构成；低压侧复压元件取本侧电压。

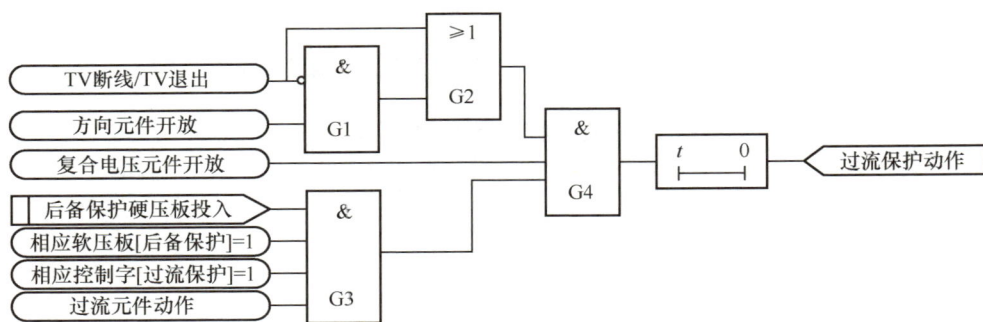

图 6-44   复合电压闭锁过电流保护逻辑

6.3.4 零序过电流保护

低频变压器高压侧中性点直接接地，零序过电流保护主要作为低频输电系统接地故障的后备保护。零序过电流保护逻辑如图 6-45 所示。

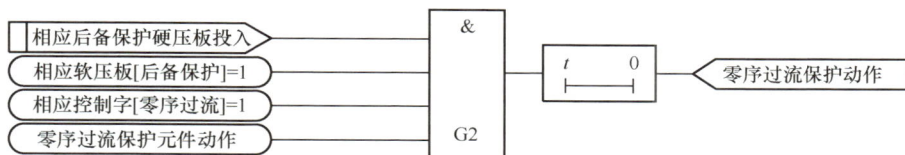

图 6-45　零序过电流保护逻辑

6.3.5　两相式运行输电技术研究

1. 两相式运行输电分析与仿真

基于 M3C 的柔性低频输电系统具备低频侧两相运行能力，当低频网侧某相因线路故障或检修等原因断开停运后，柔性低频输电系统可转入剩余两相互反180°运行。

以下分析和试验均采用网侧 B、C 两相运行，A 相断线方式。

网侧电压、电流为

$$\begin{cases} \dot{U}_{\text{hA}} = 0 \\ \dot{U}_{\text{hB}} = U_{\text{hls}} \cos\left(\omega_{\text{ls}} t\right) \\ \dot{U}_{\text{hC}} = U_{\text{hls}} \cos\left(\omega_{\text{ls}} t - \pi\right) \end{cases} \quad （6\text{-}31）$$

$$\begin{cases} \dot{I}_{\text{hA}} = 0 \\ \dot{I}_{\text{hB}} = I_{\text{hls}} \cos\left(\omega_{\text{ls}} t - \varphi\right) \\ \dot{I}_{\text{hC}} = I_{\text{hls}} \cos\left(\omega_{\text{ls}} t - \varphi - \pi\right) \end{cases} \quad （6\text{-}32）$$

式中：U_{hls} 为低频网侧对地电压幅值；ω_{ls} 为低频系统角频率；I_{hls} 为 220kV 低频网侧线路电流幅值；φ 为低频侧功率因数角。

网侧相间电压、电流、序电压、电流有如下特征：

$$\dot{U}_{\text{hAB}} = -\frac{1}{2}\,\dot{U}_{\text{hBC}} = \dot{U}_{\text{hCA}} = -\dot{U}_{\text{hB}} \quad （6\text{-}33）$$

$$\dot{I}_{\text{hAB}} = -\frac{1}{2}\,\dot{I}_{\text{hBC}} = \dot{I}_{\text{hCA}} = -\dot{I}_{\text{hB}} \quad （6\text{-}34）$$

$$\dot{U}_{\text{h1}} = -\dot{U}_{\text{h2}} = \frac{\sqrt{3}}{3}\dot{U}_{\text{hB}} \cos\left(\frac{\pi}{2}\right), \quad \dot{U}_{\text{h0}} = 0 \quad （6\text{-}35）$$

$$\dot{I}_{\text{h1}} = -\dot{I}_{\text{h2}} = \frac{\sqrt{3}}{3}\dot{I}_{\text{hB}} \cos\left(\frac{\pi}{2}\right), \quad \dot{I}_{\text{h0}} = 0 \quad （6\text{-}36）$$

低频变压器绕组接线方式为 YNd11，在网侧两相式运行时，阀侧电压、电流为

$$\begin{cases} \dot{U}_{la} = -\dfrac{U_{hls}\cos(\omega_{ls}t)}{\sqrt{3}} \times k \\[3mm] \dot{U}_{lb} = 2 \times \dfrac{U_{hls}\cos(\omega_{ls}t)}{\sqrt{3}} \times k \\[3mm] \dot{U}_{lc} = -\dfrac{U_{hls}\cos(\omega_{ls}t)}{\sqrt{3}} \times k \end{cases} \qquad (6\text{-}37)$$

$$\begin{cases} \dot{I}_{la} = -\dfrac{I_{hls}\cos(\omega_{ls}t - \varphi)}{\sqrt{3}} \times n \\[3mm] \dot{I}_{lb} = 2 \times \dfrac{I_{hls}\cos(\omega_{ls}t - \varphi)}{\sqrt{3}} \times n \\[3mm] \dot{I}_{lc} = -\dfrac{I_{hls}\cos(\omega_{ls}t - \varphi)}{\sqrt{3}} \times n \end{cases} \qquad (6\text{-}38)$$

$$k = \frac{U_L}{U_H}$$

$$n = \frac{U_L \times \text{低压侧TA变比}}{U_H \times \text{高压侧TA变比}}$$

式中：k 为额定电压比；n 为额定电流比值。

需要注意的是，上述阀侧电压为等效接地方式的三相电势，在中性点不接地时，中性点对地存在电势，TV 测量到的三相电压为

$$\begin{cases} \dot{U}_{la} = -\dfrac{\sqrt{3}U_{hls}\cos(\omega_{ls}t)}{2} \times k \\[3mm] \dot{U}_{lb} = \dfrac{\sqrt{3}U_{hls}\cos(\omega_{ls}t)}{2} \times k \\[3mm] \dot{U}_{lc} = -\dfrac{\sqrt{3}U_{hls}\cos(\omega_{ls}t)}{2} \times k \end{cases} \qquad (6\text{-}39)$$

阀侧相间电压、电流、序电压、电流有如下特征

$$\dot{U}_{lab} = -\dot{U}_{lbc} = 3\dot{U}_{la}, \qquad \dot{U}_{lca} = 0 \qquad (6\text{-}40)$$

$$\dot{I}_{lab} = -\dot{I}_{lbc} = 3\dot{I}_{la}, \qquad \dot{I}_{lw-u} = 0 \qquad (6\text{-}41)$$

$$|\dot{U}_{l1}|=|\dot{U}_{l2}|=|\dot{U}_{la}|, \quad \dot{U}_{l0}=0 \tag{6-42}$$

$$|\dot{I}_{l1}|=|\dot{I}_{l2}|=|\dot{I}_{la}|, \quad \dot{I}_{l0}=0 \tag{6-43}$$

两相式运行仿真波形如图 6-46、图 6-47 所示。

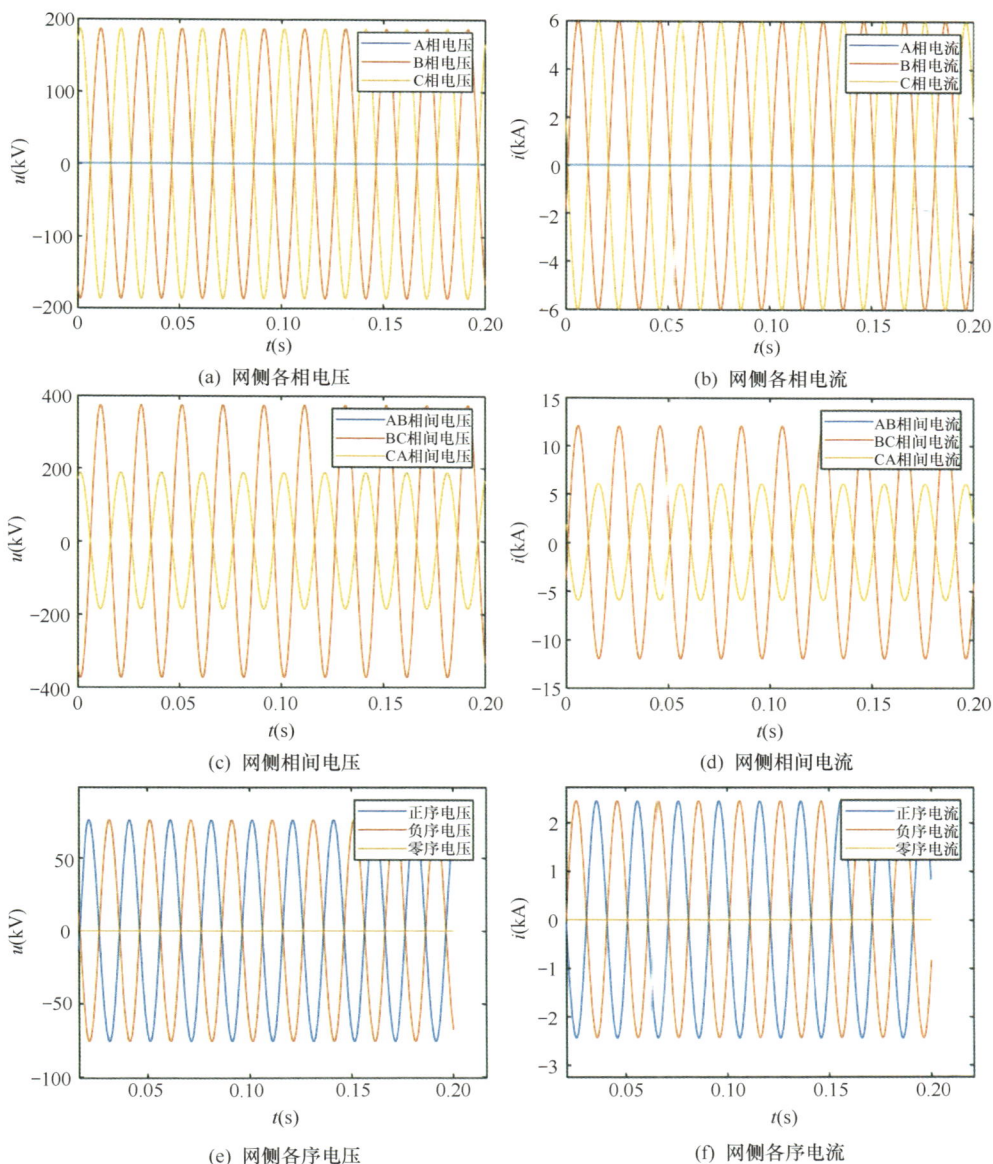

(a) 网侧各相电压

(b) 网侧各相电流

(c) 网侧相间电压

(d) 网侧相间电流

(e) 网侧各序电压

(f) 网侧各序电流

图 6-46　两相式运行网侧仿真波形图

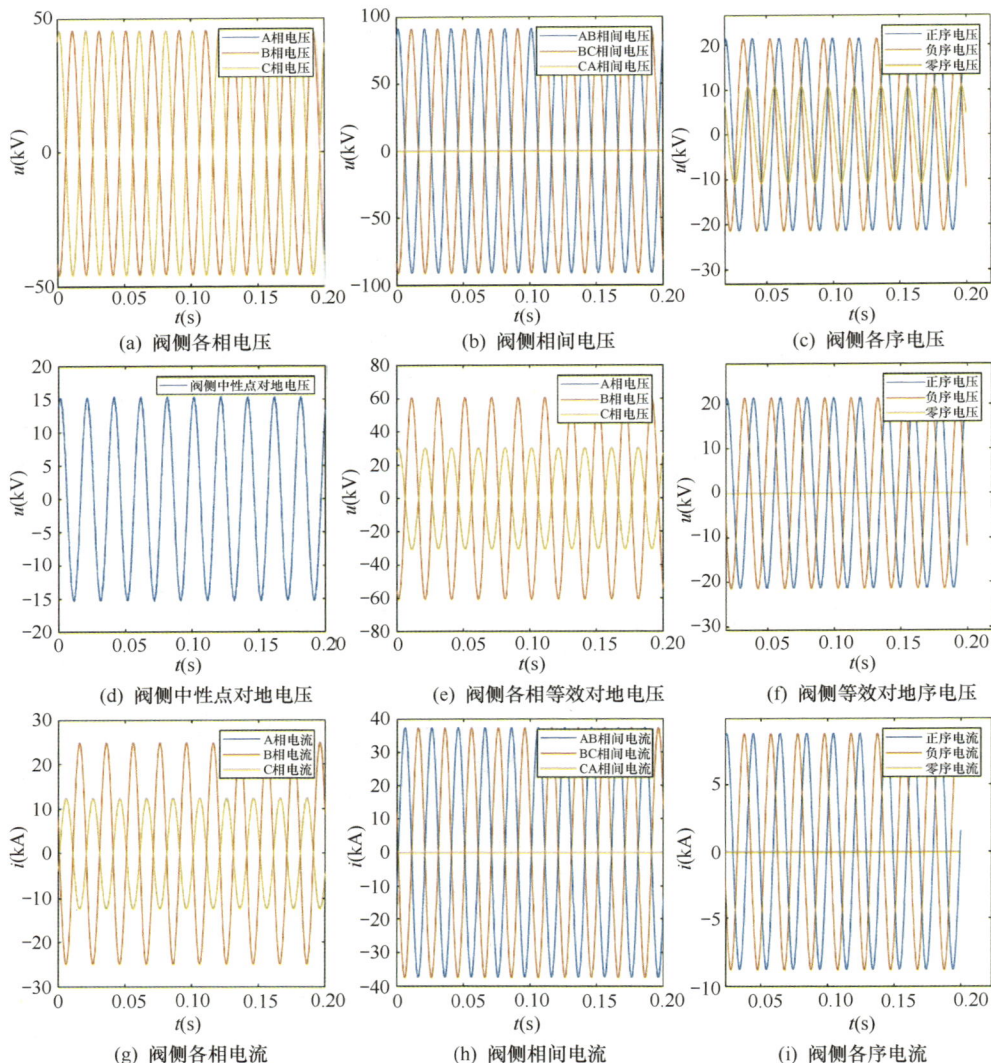

图 6-47　两相式运行阀侧仿真波形图

网侧两相运行时，网侧 BC 相间电压会超过额定值，会影响绝缘安全；阀侧 B 相输入电流也会超过设计值，会影响换频阀低频侧设备热稳定安全。因此，在转入两相运行后需进行降压、降流运行，降低幅度应为三相正常运行时的 $\sqrt{3}/2$ 倍。且由于网侧、阀侧均为不对称状态，通过计算可进一步得到结论：转入低频两相运行时，总输送功率降至三相运行时额定功率的一半。

在网侧执行两相降压、降流运行时，继电保护中电压、电流相关逻辑门槛定值需同步做降值处理。

　　阀侧三相负荷电流大小不同，B 相电流为 A、C 相的 2 倍，在设置过电流保护定值中的过电流门槛定值时，A、C 相灵敏度稍差。

　　在网侧执行两相运行时，网侧、阀侧各相的电压、电流不对称，基于相电压、电流和序电压、电流的关系将出现三相不一致的状态。

2. 低频变压器故障仿真与分析

　　变压器高压侧区内 B 相金属性接地故障，电压、电流波形如图 6-48 所示。

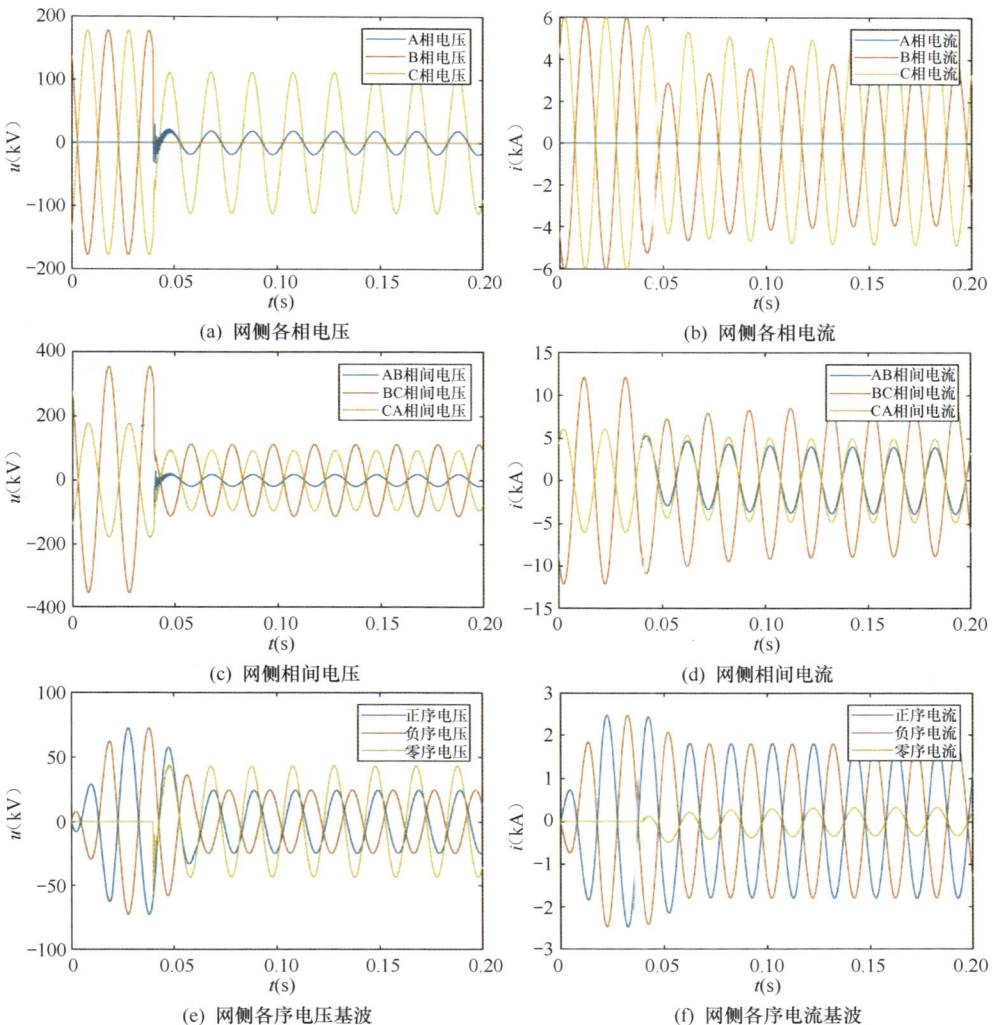

图 6-48　变压器高压侧区内 B 相金属性接地故障仿真波形

变压器高压侧区内发生 B 相金属性接地故障时，变压器绕组接线方式会导致网侧 A 相抽头产生感应电压，C 相电压降低，相间电压、正序电压、负序电压均呈下降趋势，零序电压由无到有。网侧产生零序电流，且经计算零序电压、零序电流的方向特征满足，因此零序过电流保护可继续适用。

变压器低压侧区内发生 B 相金属性接地故障时，因阀侧原本为三角形不接地系统，因此故障时因阀侧对地电压的变化导致阀侧对地电压测量变化（变为 AB、CB 线电压），除此之外，系统运行无影响。

变压器高压侧区内发生 BC 相间短路故障时，网侧、阀侧电压均下降，且相间电压、负序电压均呈下降趋势。网侧、阀侧均没有零序电流，电源侧电流变大，能反映出故障特征。

变压器低压侧区内发生 BC 相间短路故障时，电压、电流波形如图 6-49、图 6-50 所示。

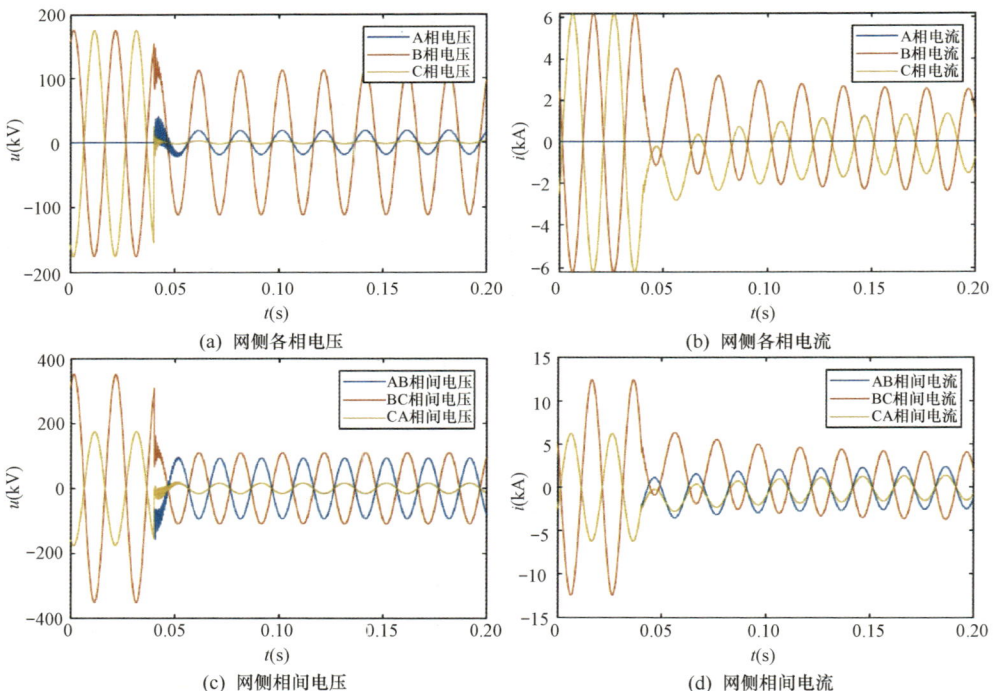

(a) 网侧各相电压　　　　　　　　(b) 网侧各相电流

(c) 网侧相间电压　　　　　　　　(d) 网侧相间电流

图 6-49　变压器低压侧区内 BC 相间短路故障网侧仿真波形（一）

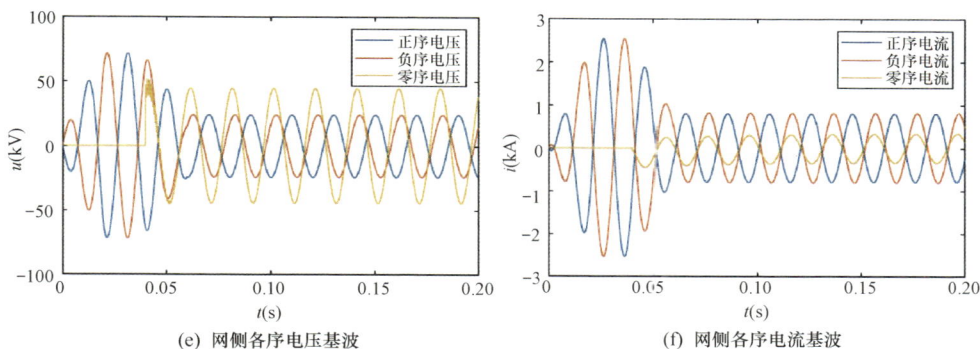

(e) 网侧各序电压基波

(f) 网侧各序电流基波

图 6-49 变压器低压侧区内 BC 相间短路故障网侧仿真波形（二）

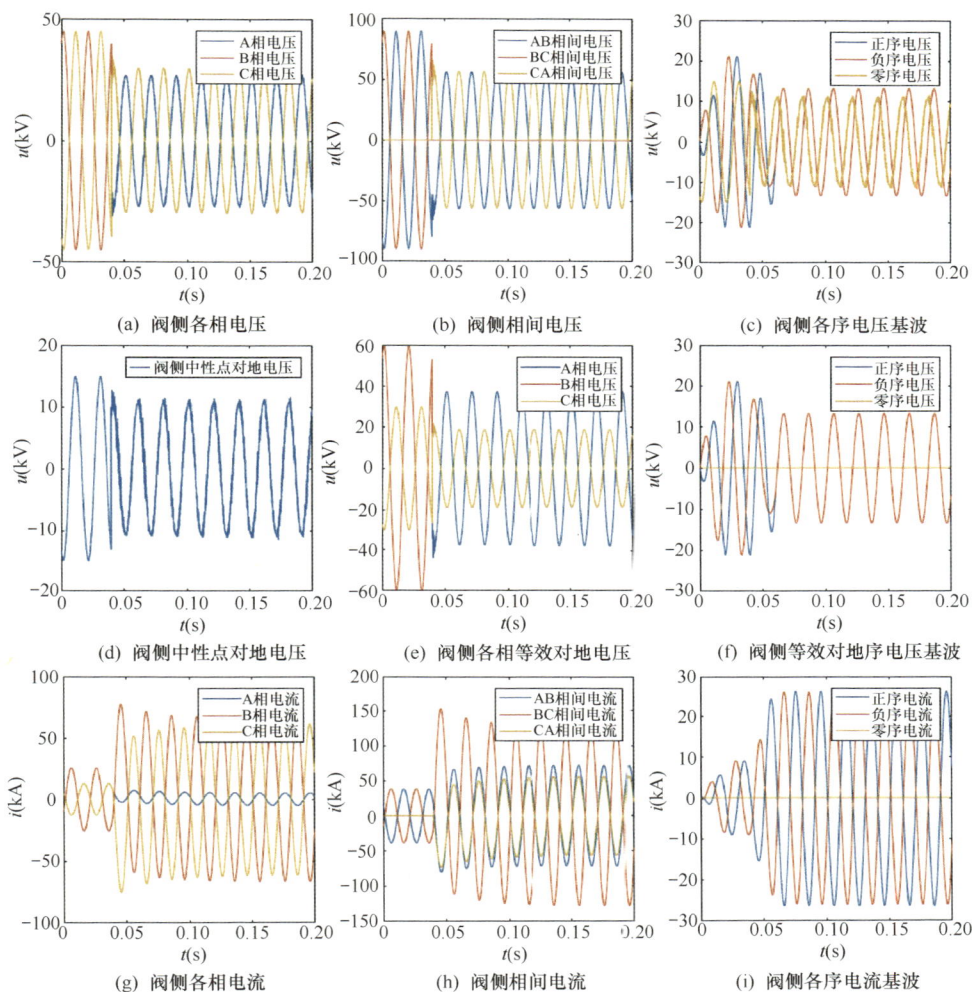

(a) 阀侧各相电压

(b) 阀侧相间电压

(c) 阀侧各序电压基波

(d) 阀侧中性点对地电压

(e) 阀侧各相等效对地电压

(f) 阀侧等效对地序电压基波

(g) 阀侧各相电流

(h) 阀侧相间电流

(i) 阀侧各序电流基波

图 6-50 变压器低压侧区内 BC 相间短路故障阀侧仿真波形

变压器低压侧区内发生 BC 相间短路故障时，网侧、阀侧电压均下降，且相间电压、负序电压均呈下降趋势。网侧没有零序电流，阀侧会产生零序电流，电源侧电流变大，能反映出故障特征。

变压器低压侧区内 AC 相间短路故障，因 A、C 相一直等电势，因此故障时系统运行无影响。

在网侧执行两相运行时，网侧、阀侧均存在负序电压，且经上述仿真分析，故障时负序电压均呈现不变、下降的状况。

3. 结论

（1）在网侧执行两相降压、降流运行时，继电保护中电压、电流相关逻辑门槛定值需同步做降值处理。

（2）在网侧执行两相运行时，网侧、阀侧均存在负序电压，且故障时负序电压均呈现不变或者下降的状况，复压方向过电流保护的复压闭锁元件中的负序电压逻辑、TV 断线告警中的负序电压逻辑将不适用。

（3）复压（方向）过电流保护的方向元件，不应使用基于相电压、电流和序电压、电流逻辑。

（4）过励磁保护需要避免网侧两相式运行中停运相的影响，且在执行两相降压、降流运行时的过励磁倍数定值需同步做降值处理。

6.4　低频母线保护技术

6.4.1　电流差动保护

1. 差动保护原理

母线差动保护主要由大差元件、小差元件、电压闭锁元件构成。大差元件既是区内故障判别元件，也是故障母线选择元件。母线差动保护根据母线上所有连接元件（母联断路器和分段断路器除外）电流采样值计算出大差电流，构成大差比率差动元件，用以区分母线区内和区外故障。由各段母线上所有连接元件（包括母联断路器和分段断路器）电流采样值计算出各段母线的小差电流值，构成小差比率差动元件，用以选择故障母线。

（1）常规比率差动元件。常规比率差动元件判据如下

$$\left|\sum_{j=1}^{m} I_j\right| > I_{\text{cdzd}} \tag{6-44}$$

$$\left|\sum_{j=1}^{m} I_j\right| > k \sum_{j=1}^{m} \left|I_j\right| \tag{6-45}$$

式中：I_j 为第 j 个连接支路的电流；I_{cdzd} 为差电流起动定值；k 为常规比率制动系数，母线保护小差比率制动系数固定为 0.5，大差比率制动系数固定为 0.3。常规电流差动比率制动特性如图 6-51 所示。只有当差动电流和制动电流对应的工作点落在动作区内才会动作。

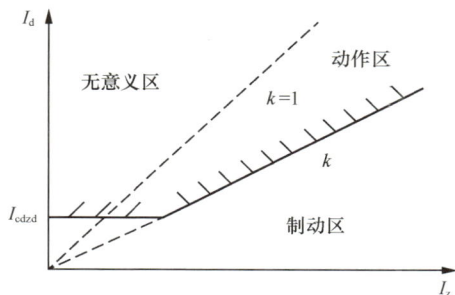

图 6-51　常规电流差动保护的动作特性

（2）突变量比率差动元件。为提高母线保护抗过渡电阻能力，减少保护性能受故障前系统功角关系的影响，还可以增加突变量比率差动元件。突变量比率差动元件判据如下

$$\left|\sum_{j=1}^{m} \Delta I_j\right| > \Delta I_{\text{cdzd}} \tag{6-46}$$

$$\left|\sum_{j=1}^{m} \Delta I_j\right| > k' \sum_{j=1}^{m} \left|\Delta I_j\right| \tag{6-47}$$

式中：ΔI_j 为第 j 条连接支路的突变量电流值；ΔI_{cdzd} 为差流动作门槛值；k' 为突变量比差制动系数，母线保护大差固定取为 0.3，小差固定取为 0.65。突变量电流差动比率制动特性如图 6-52 所示。只有当差动电流和制动电流对应的工作点落在动作区内才会动作。

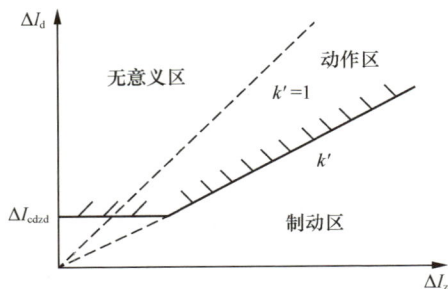

图 6-52　突变量电流差动保护的动作特性

（3）电压闭锁。由于母线保护动作后跳闸的断路器数量较多，跳闸后果严重，因此为了防止其误动或误跳断路器，通常会增加差动电压闭锁元件，只有当差动元件及电压闭锁元件同时动作时，才会跳支路断路器。差动电压闭锁单元由相低电压元件、负序电压、零序过电压元件取或逻辑组成，判据如下

$$\begin{cases} U \leqslant U_{\text{set}} \\ 3U_0 \geqslant U_{\text{0set}} \\ 3U_2 \geqslant U_{\text{2set}} \end{cases}$$

式中：U_{set} 为差动保护低电压闭锁定值，固定为 0.7 倍额定相电压；U_{0set} 为差动保护零序电压闭锁定值，固定为 6V；U_{2set} 为差动保护负序电压闭锁定值，固定为 4V。

2. 适应性分析

通过在 Matlab 软件中 Simulink 仿真平台上搭建低频输电系统，模拟系统稳态运行及发生母线低频侧区外故障、母线工频侧区外故障、母线低频侧区内故障各种情况，观察低频母线保护上的电压、电流，分析现有工频差动母线保护原理在低频的适应性。

低频输电系统母线故障点示意图如图 6-53 所示，母线发生低频侧区外故障时故障点为 F1，母线发生工频侧区外故障时故障点为 F2，母线发生低频侧区内故障时故障点为 F3，且故障均为金属性瞬时故障，故障起始时刻为 400ms，故障持续时间 100ms，设置一次侧差动启动电流定值为 500A。

（1）母线低频侧区外故障。模拟低频母线侧区外 A 相接地故障、AB 相间短路故障、AB 两相接地故障、ABC 三相接地故障四种典型故障。在低频母线侧区外发生典型单相接地故障后的稳态差流和制动电流如图 6-54 所示。上述四种故障期间稳态量差动开关量和突变量差动开关量均为零，不满足差动动作条件，低

频母线保护能够正确不动作。

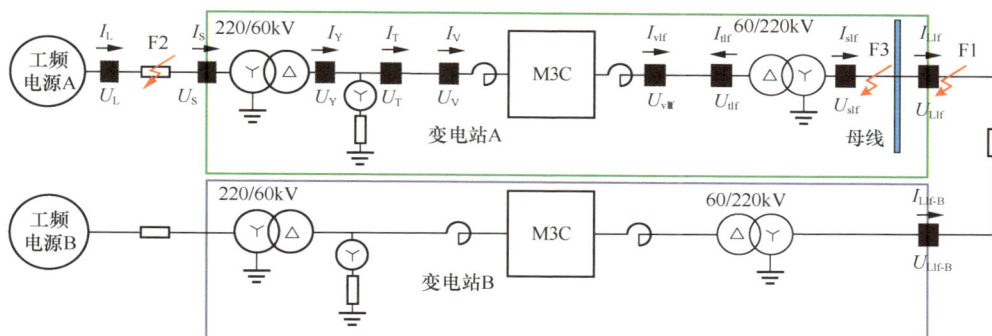

图 6-53　低频输电系统母线故障点示意图

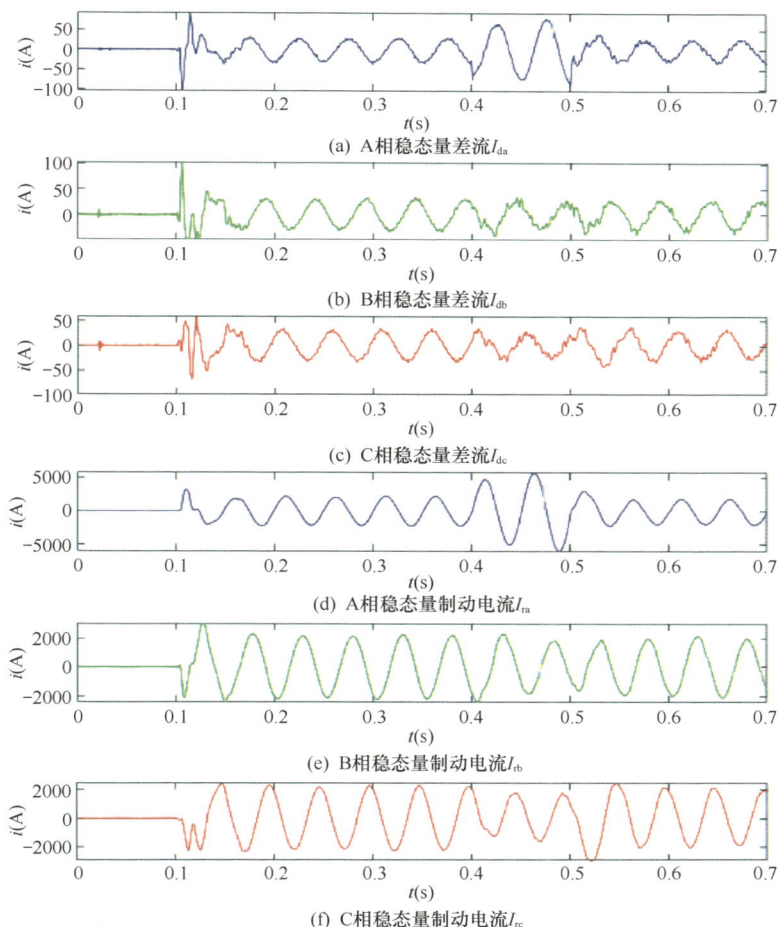

(a) A相稳态量差流I_{da}

(b) B相稳态量差流I_{db}

(c) C相稳态量差流I_{dc}

(d) A相稳态量制动电流I_{ra}

(e) B相稳态量制动电流I_{rb}

(f) C相稳态量制动电流I_{rc}

图 6-54　A 相接地故障前后稳态量差流和制动电流

（2）母线工频侧区外故障。模拟母线工频侧区外 A 相接地故障、AB 相间短路故障、AB 两相接地故障、ABC 三相接地故障四种典型故障。在母线工频侧区外发生典型单相接地故障后的稳态差流和制动电流如图 6-55 所示。上述四种故障期间稳态量差动开关量和突变量差动开关量均为零，不满足差动动作条件，低频母线保护能够正确不动作。

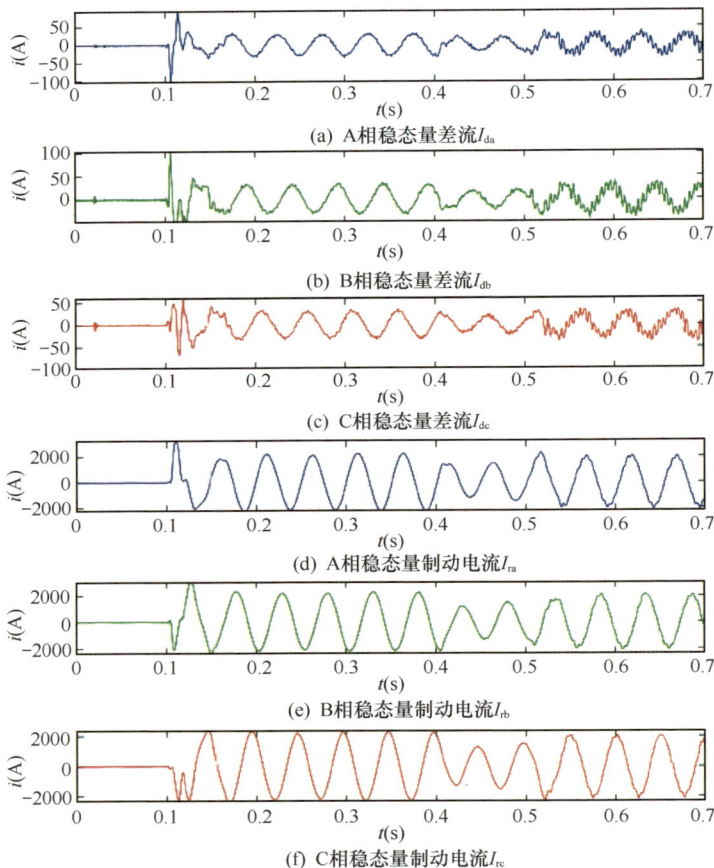

(a) A相稳态量差流I_{da}

(b) B相稳态量差流I_{db}

(c) C相稳态量差流I_{dc}

(d) A相稳态量制动电流I_{ra}

(e) B相稳态量制动电流I_{rb}

(f) C相稳态量制动电流I_{rc}

图 6-55　A 相接地故障前后稳态量差流和制动电流

（3）母线低频侧区内故障。模拟母线低频侧区内 A 相接地故障、AB 相间短路故障、AB 两相接地故障、ABC 三相接地故障四种典型故障。在母线低频侧区内发生典型单相接地故障后的稳态差流和制动电流采样、二次侧零负序电压、稳态差动开关量和突变量差动开关量如图 6-56 ～图 6-58 所示。母线低频侧区内 A

相接地故障期间，稳态量和突变量差动均满足动作条件，稳态差动保护和突变量差动保护均动作。A 相稳态差动动作时间为 36.7ms，A 相突变量差动动作时间为 15.8ms，在一个周波内能够正确切除故障，突变量差动保护则有更高的灵敏度。当突变量差动满足条件时，此时母线上折算到二次侧的负序电压大于 4V，满足差动电压闭锁开放条件。此外，发生其余类型故障期间稳态量差动开关量和突变量差动开关量也均不为零，满足差动动作条件，低频母线保护能够正确动作。

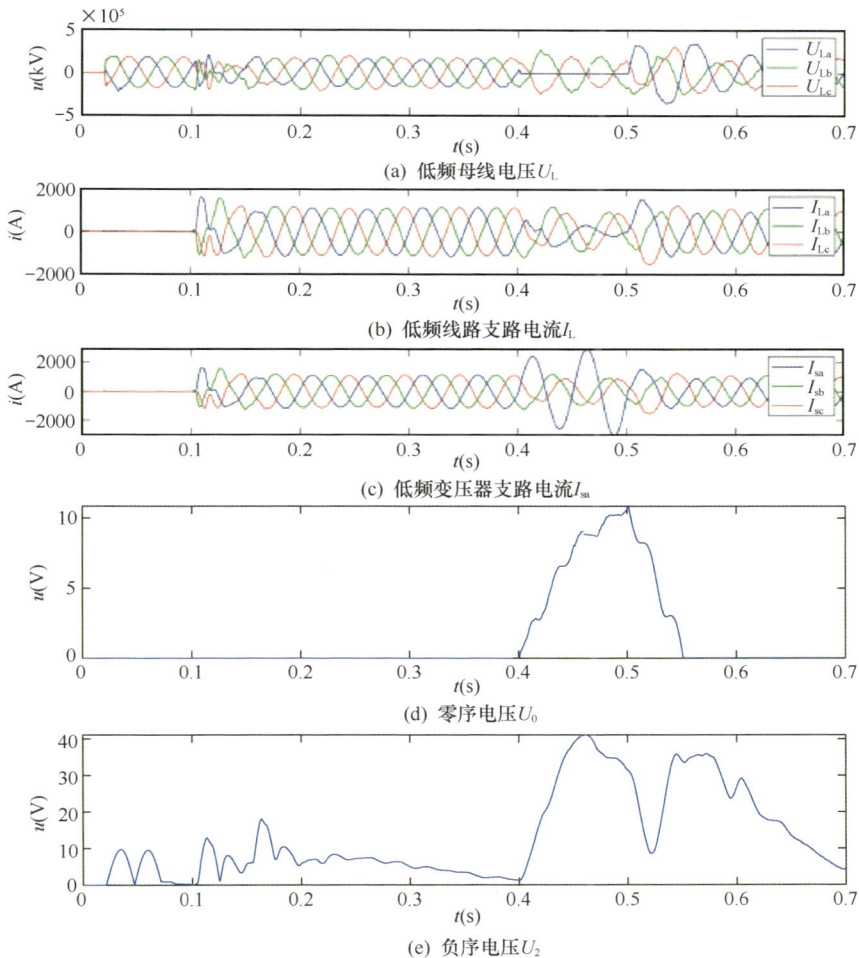

图 6-56　A 相接地故障前后采样电压、电流和二次侧零序、负序电压

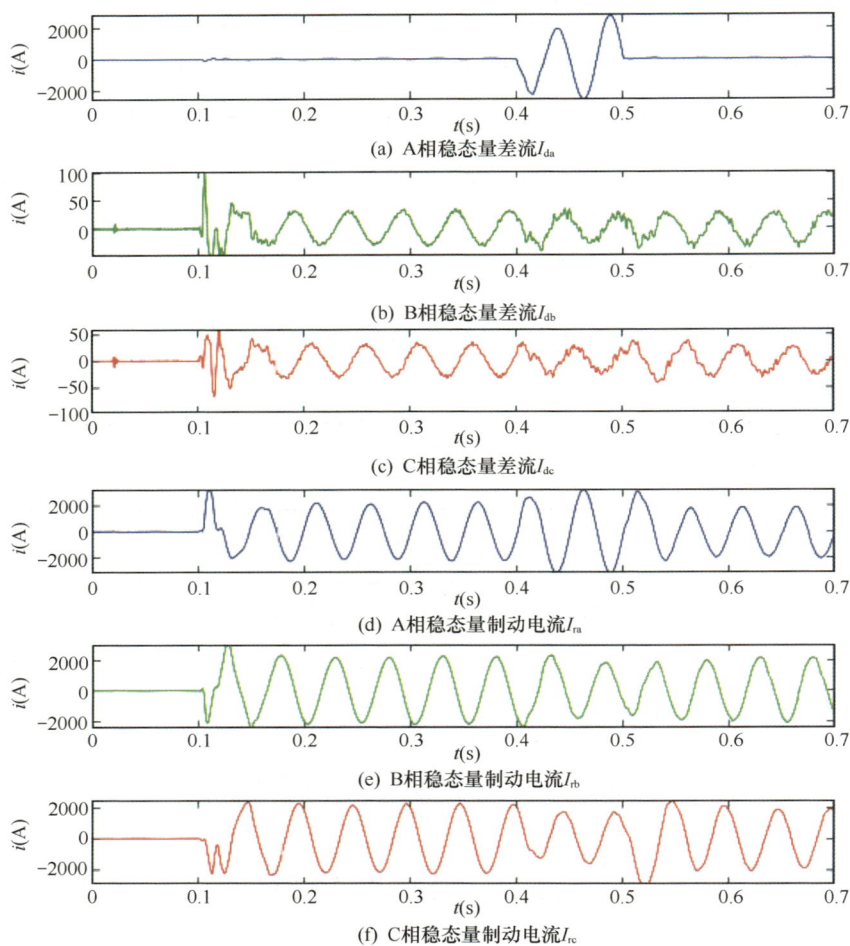

(a) A相稳态量差流I_{da}

(b) B相稳态量差流I_{db}

(c) C相稳态量差流I_{dc}

(d) A相稳态量制动电流I_{ra}

(e) B相稳态量制动电流I_{rb}

(f) C相稳态量制动电流I_{rc}

图 6-57　A 相接地故障前后稳态量差流和制动电流

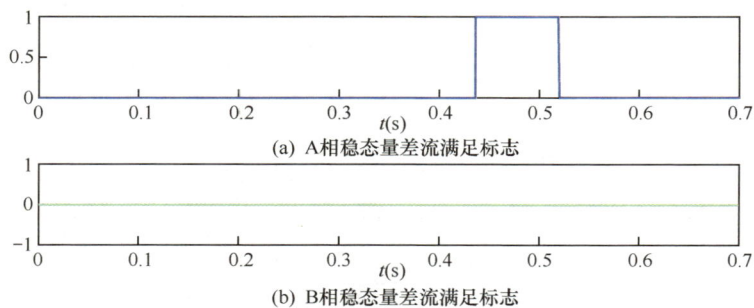

(a) A相稳态量差流满足标志

(b) B相稳态量差流满足标志

图 6-58　A 相接地故障前后稳态差动开关量和突变量差动开关量（一）

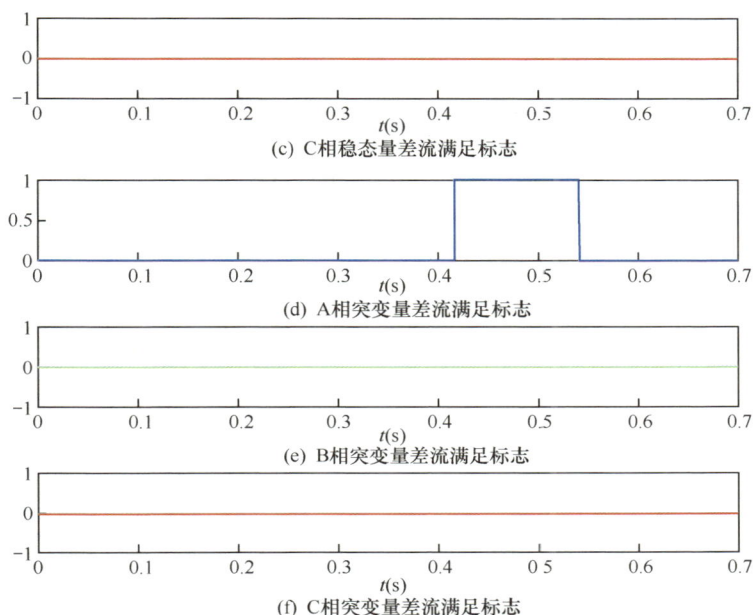

(c) C相稳态量差流满足标志

(d) A相突变量差流满足标志

(e) B相突变量差流满足标志

(f) C相突变量差流满足标志

图 6-58　A 相接地故障前后稳态差动开关量和突变量差动开关量（二）

当低频系统发生不同类型故障时，低频高压侧母线电压、支路电流变化明显。母线在正常运行及母线发生区外故障时，母线各支路的总流入电流等于总流出电流。母线发生区内故障时，母线各支路电流之和等于故障点电流，即低频系统下基尔霍夫电流定律依然有效。工频系统发生不同类型故障下差动保护技术要求 20ms（工频一个周波）内能够正确切除故障，低频系统发生不同类型故障下也完全满足在 50ms（低频一个周波）内能够正确切除故障。此外当低频满足差动保护动作条件时，套用原有电压闭锁逻辑仍能保障电压闭锁开放。综上，无论是差动保护原理方面还是动作时间，以及电压闭锁开放等技术要求方面，工频下的原理逻辑等在低频下仍然适用。

6.4.2　断路器失灵保护

1. 断路器失灵保护原理

断路器失灵保护动作的两个条件：①有保护对此断路器发过跳闸命令；②此断路器在一段时间内持续有流。断路器失灵保护由各连接元件保护装置提供的保护跳闸接点启动。断路器失灵保护与差动保护共用出口回路。

2. 适应性分析

断路器失灵保护是在系统发生故障的同时，发生断路器失灵的双重故障情况下的后备保护，对其的要求比差动保护要低，能够完成最终切除故障的任务即可，因此低频输电系统的断路器失灵保护可以与工频系统断路器失灵保护配置相同，工频下的原理逻辑等在低频下仍然适用。

6.5 低频断路器保护技术

6.5.1 断路器失灵保护

低频输电系统配置断路器失灵保护，与 50Hz 工频系统配置原则相同，双母线、单母线接线方式中失灵保护配置在母线保护装置内；3/2 断路器接线方式下，失灵保护配置在断路器保护中。

断路器失灵保护按照分相启动失灵、保护三跳启动失灵分别考虑，断路器装置充电过电流保护动作时也启动失灵保护。通过设置控制字来控制断路器不一致保护动作是否启动失灵保护。失灵保护同时具有两相跳闸联跳三相功能。

6.5.2 TA 电流拖尾处理方法

在系统发生故障、继电保护装置发出跳闸命令、断路器断开切除一次故障后，电磁型 TA 的二次侧仍存在衰减的电流，即 TA 拖尾现象。TA 拖尾电流可能导致断路器失灵保护的电流判据无法快速返回，到达延时时间后失灵保护可能误动，从而使故障范围扩大并造成大面积停电等严重后果。

对于现行电压等级较高的电力系统，特别是特高压系统，由于系统一次时间常数较大，电流互感器暂态饱和严重，因此多会采用具有抗饱和功能的 TP 类暂态电流互感器。例如，铁芯中带有小气隙的 TPY 级电流互感器可以有效地减少剩磁，从而减小因故障电流导致的 TA 暂态饱和程度，但这也使得断路器切除一次侧短路电流后，TA 的励磁回路中存在的初始储能也会加大，导致 TA 二次绕组回路中的拖尾电流衰减会更为缓慢，即 TA 拖尾电流更为严重，所以失灵保护一般使用闭合铁芯的 P 级电流互感器。

断路器断开瞬间，TA 二次侧回路中含有电阻和电感元件，结合拖尾电流产

生原理，拖尾电流计算公式如下

$$i(t) = I_0 e^{-(t/\tau)} \tag{6-48}$$

$$\tau = L / R \tag{6-49}$$

式中：τ 为 TA 二次侧回路的时间常数；I_0 为拖尾电流的初始电流。可知，影响 TA 拖尾电流的大小和衰减速度的有 I_0 和 τ 两大参数。I_0 值大小和断路器跳开故障相的时刻有关，其衰减速率与时间常数 τ 有关，且 τ 的大小和 TA 磁通饱和程度、TA 结构和铁芯结构等有关。输电系统的频率对 TA 拖尾电流的大小和衰减速度没有影响。

继电保护装置前端数据处理采用差分滤波，对衰减直流分量有明显的抑制效果；保护逻辑可依据 TA 拖尾电流在一定时间内均偏向坐标轴一侧长时间不过零的现象，识别 TA 拖尾电流。

具体做法为：当保护启动后，每周波（50ms）实时检测电流过零情况，检测某一段时间内电流没有过零可以认为是 TA 拖尾电流。当检测到 TA 拖尾电流，自动延长失灵保护动作延时时间，躲过 TA 拖尾电流造成电流返回慢的时间；若未检测到 TA 拖尾电流，失灵保护按延时正常动作。

低频输电系统较 50Hz 工频系统判断出 TA 拖尾电流需更长的时间，但相比失灵保护动作时间，判断时间仍然充足，故此失灵保护拖尾判据对低频系统同样适用。

6.6　重　合　闸

线路保护重合闸一般为一次重合闸方式，且当前系统中多采用单相重合闸方式，本节主要从以下角度评估低频输电系统对重合闸功能的影响。

6.6.1　对于潜供电弧的影响

由于重合闸间歇时间要大于故障点灭弧时间及周围介质去游离的时间，而单相重合闸阶段需要考虑由于非全相运行时故障点潜供电流对灭弧所产生的影响。以图 6-59 所示的系统为例，设 A 相因单相接地故障而被切除，健全相 B、C 仍然通过负荷电流，此时故障点电弧通道中在一定时间内仍然有潜供电流 I_f 流通。

产生潜供电流的原因包括静电耦合因素和电磁耦合因素:①健全相 B、C 相的电压分别通过相间电容 C_m 给故障相供给电流;②健全相 B、C 相的负荷电流通过相间互感器 M 在故障相上耦合产生了互感电动势 E_M,此电动势通过故障点及故障相对地电容产生了电流。

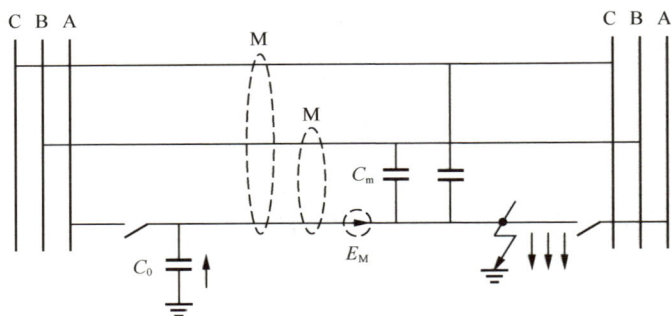

图 6-59　单相故障后潜供电流的示意图

根据相关规程,各电压等级输电线路潜供电弧的自灭特性主要与风速、恢复电压梯度、电流限值、短路电流持续时间、弧道介质恢复时间及必要的时间裕度因素相关。

受断路器分闸过零时长影响,低频输电系统短路电流持续时间略有变化。非全相运行期间潜供电流大小、恢复电压梯度等数值并没有发生明显变化,但随着运行频率降低,工程中基于工频有效值的潜供电弧自灭时限的电压和电流参考值是否需要调整,需要在积累更多工程应用数据的基础上,由一次专业开展进一步的分析研究工作,在应用初期可以选择保守值进行灭弧时间的设置。

6.6.2　控制策略的影响

为支持输电线路实现单相重合闸功能,柔性低频输电系统控制策略需维持在短时非全相运行期间跳开相两侧电压的同步运行,从而减少合闸过程对设备的冲击。若采用三相重合闸方式,考虑到线路两侧系统为电力电子器件控制形成的低频系统,受输电网络拓扑的影响,两侧系统可能处于非同步运行状态。基于此,低频输电系统中采用三相重合闸功能时,可考虑设置合适的电压及同期检定策略,保证合闸可靠性。

第7章

柔性低频输电设备

7.1 低频变压器

柔性低频系统相较于工频交流系统,输送能力更强,输送的极限距离更远,并且具备柔性调控能力;相较于柔性直流系统,在一定输送容量和距离的范围内经济性更好。因此,结合技术、经济等综合因素考虑,柔性低频系统可以满足中远距离海上风电高效汇集送出的需求。20Hz 电力变压器是柔性低频系统中必不可少的核心设备。20Hz 电力变压器的应用能有效支撑柔性低频系统,在提高输变电效率、增强节能减排等方面都起到关键性作用。

20Hz 电力变压器的成功研制不仅能够为我国电网的建设提供强有力的支撑,而且相关关键技术的研究突破将推动国内电力装备制造进入高端技术行列,填补国际空白,对占领国际电力装备行业制造技术的制高点、树立民族品牌都有重大的政治和经济意义。

7.1.1 技术要求

1. 运行环境要求

杭州柔性低频输电工程是世界首个高压大容量柔性低频输电示范工程,采用基于 M3C 拓扑的柔性低频输电技术实现两端 20Hz 的交流电能传输,其中低频换流阀为 64kV。220kV 亭山换频站与 220kV 中埠换频站各有一台低频变压器,低频变压器需满足以下要求。

(1)海拔:不高于 1000m。

(2)冷却介质温度:冷却空气温度不高于 40℃,最高月平均温度不高于30℃,年平均温度不高于 20℃,冷却空气温度不低于 -25℃。

(3)安装环境:

1）环境最大日温差不超过 25K。

2）日照强度不超过 0.1W/cm² （风速 0.5m/s）。

3）覆冰厚度不大于 10mm。

4）最大风速为 35m/s（离地面 10m 高 10min 平均风速）。

5）最高月平均相对湿度为 90%（25℃）。

6）地震强度：地面水平加速度不大于 0.3g，地面垂直加速度不大于 0.15g。

（4）污秽等级：Ⅳ级。

2．主要参数

低频变压器额定电压、容量的确定，综合考虑了电力系统传输负荷能力的需求、设备运输的限制、设备的造价等条件。

频率作为柔性低频输电技术的决定性指标，对换流阀、控制保护系统、低频变压器、低频断路器、电缆等核心设备研发制造影响较大，也直接关系到柔性低频输电系统的功率输送能力。在核心设备制造方面，频率降低将导致设备研发难度增大、制造成本增加；在系统电能输送方面，频率降低可提高线路载流能力，降低充电无功，提升线路功率输送能力。频率选择是两方面妥协优化的过程。

经过多方反复核算，最终确定杭州柔性低频输电工程中低频变压器的工作频率为 20Hz，低频变压器容量为 110MVA×3，低频变压器的额定电压为 220kV。220kV 亭山换频站与 220kV 中埠换频站均采用分相低频变压器，其参数如表 7-1 所示。低频变压器运输体积为同性能工频变压器的 1.48 倍。低频变压器整体体积为同性能工频变压器的 1.44 倍。

表 7-1　　　　　　　　　　单相低频变压器参数

产品型号	DF-110000/200	相数	单
额定频率	20Hz	额定容量	110MVA
电压组合	230/$\sqrt{3}$ /64kV	额定电流	828.4/1719A
冷却方式	ONAN/ONAF 70%/100%	使用条件	户外使用
联结组标号	Ii0	空载电流	0.05%
短路阻抗	15.19%	空载损耗	23.87kW
负载损耗	379.10kW	短路阻抗	高压侧 / 低压侧 24.35Ω
绝缘水平	HV：U_m/SI/LI/LIC/AC 252/750/950/1050/395kV HVN：U_m/LI/AC 126/400/200kV LV：U_m/LI/LIC/AC 72.5/325/360/140kV		

续表

变压器油	油牌号	变压器油 1-20℃
	油基	环烷基
	生产厂家	克拉玛依炼油厂
高压绕组	电压	230 √3V
	电流	828.4A
低压绕组	电压	64000V
	电流	1719A
器身吊重	139000kg	箱盖质量　5000kg
绝缘油质量	33000kg	充气运输质量　160000kg

7.1.2　关键技术

低频变压器考虑采用单相变压器。磁路方面，单相三柱结构变压器磁路对称，谐波少，空载噪声低。相应地，三相五柱结构的变压器谐波及噪声相对较高。运输方面，单相变压器将三相变压器一分为三，极大地降低了运输方面的限制。

1. 紧凑化设计

相比于 50Hz 变压器，20Hz 变压器在同等磁密下铁芯截面积与匝数的乘积需要升高至 2.5 倍，而 20Hz 变压器设计的目标是 20Hz 变压器运输体积不超过同性能 50Hz 变压器的 1.5 倍，为了达到这一目的，进行以下优化：

（1）电磁优化：使用电磁方案优化软件，以变压器体积为首要目标，筛选出体积最优的电磁方案，找到铁芯截面积和绕组匝数的最优乘积，确保油箱内腔尺寸达到最优，从而使运输尺寸达到最小。

（2）漏磁控制：合理引导漏磁，通过使用油箱磁屏蔽、夹件磁屏蔽、隔磁槽等各类结构，优化磁距离，减少结构件涡流损耗，防止局部过热，同时优化结构尺寸。

（3）绕组优化：绕组端部设置放大油道，优化挡油板排布，垂直油道的布置综合考虑绝缘强度和油流阻力，垫块的布置综合考虑线饼遮盖率及短路机械力，在兼顾绝缘性能、短路强度和散热效果的同时，优化绕组整体尺寸。

（4）引线布局：杜绝盲目缩小绝缘距离，合理优化引线布置，确保加工过程中绝缘距离安全可控，保证绝缘强度，同时优化整体体积。

（5）结构强度：结构强度的设计以力学计算和仿真为基础，合理优化各加强结构的抗弯能力，尽可能使用空间尺寸小、截面惯矩大的结构，在保证结构强度的同时，优化设备尺寸。

（6）结构布置：采用片式散热器本体布置，缩小外部组件占用的空间，合理优化套管出线位置，在保证外绝缘距离的前提下，将储油柜置于变压器本体投影范围内，缩小设备整体体积。

2. 绝缘设计

根据材料选型试验结果，分析绝缘油和油浸纸板在不同工作频率下击穿场强的变化规律，可以得出结论：对于以油隙为主的交流油纸绝缘系统，工作频率由 50Hz 下降到 20Hz，整个系统的绝缘裕度几乎不变。50Hz 变压器及 20Hz 变压器设计的主纵绝缘基本尺寸对比如表 7-2 所示。

表 7-2　　50Hz 变压器及 20Hz 变压器设计的主纵绝缘基本尺寸对比（mm）

频率（Hz）	50	20
铁芯—低压	45	45
低压—高压	65 ～ 70	70
绕组上端—铁轭	230	245
绕组下端—铁轭	90	120
高压匝绝缘	1.39	1.39
低压匝绝缘	0.71	0.71
高压饼间油隙	5	5
低压饼间油隙	3.5	4

3. 低频对空载性能影响

当磁密保持不变时，随着频率的下降，铁芯材料增加。通过研究频率的变化与铁损的对应关系，实现空载损耗和空载电流的精确计算，提高低频变压器性能和经济性。

4. 低频对损耗的影响

通过研究频率的变化对杂散损耗和涡流损耗的影响，实现精确计算杂散损耗和涡流损耗，从而精确计算低频变压器负载损耗，提高低频变压器性能和经济性。通过开展介质损耗因数 $\tan\delta$ 与频率 f 的相关特性研究，使用线性回归模型建立 20Hz 下频率 f 与实测介质损耗因数 $\tan\delta$ 之间的回归修正模型，结合统计学置信度分析原理，得出该模型的误差范围及有效置信区间，实现介质损耗的准确换算，并通过 20Hz 介质损耗测量仪实测验证。

5. 变压器降噪技术

通过研究变压器铁芯、油箱的噪声控制措施，通过采用变压器上下部柔性定位，减少低频运行时的振动传递；通过油箱结构优化，调整固有频率，降低共振导致的噪声。

6. 低频对铁芯接地的影响

随着频率的下降，铁芯直径增加，容抗变大，为防止介质损耗测量异常，研究适合低频变压器的铁芯接地方式，并引入一种铁芯接地状态判断方法。

7. 应对海上风电"五高"工况

针对高温、高盐、高湿、高振和高维护成本（简称"五高"）的耐候性改进问题，开展了一系列针对海上风电"五高"工况的设计校核，并与中国船级社等机构联合开展工艺改进，形成了 20Hz 电力变压器专用工艺方案。

7.2　低频断路器

与工频 50Hz 相较，低频 20Hz 周期由 20ms 增至 50ms。中性点接地系统长燃弧区间 22.5ms；中性点非接地系统长燃弧区间 18.5ms，自然开断下最长燃弧时间高达 35ms。这为低频断路器的研制带来了不小的挑战。

7.2.1　技术要求

断路器在低频下燃弧时间长，一方面累积电弧能量大，不利于断路器开断，20Hz /50kA 断路器短、中、长燃弧开断能量是 50Hz/50kA 断路器的 0.77、1.76、1.55 倍；另一方面，介质的零前电导降低，有利于恢复，断路器更易开断。低频断路器的设计主要从以下两点出发：

（1）额定短路开断电流：设计灭弧室的开断电流能量不小于低频断路器产生的开断电流能量；针对低频开断难点，结合设计经验、气流场仿真分析等，对膨胀室、压气缸、喷口、弧触头等结构进行重点设计。

（2）运动行程：满足低频电流的全开断周期；结合低频断路器需求，开展操动机构特性及结构匹配设计。

亭山换频站与中埠换频站采用的 220kV 和 64kV 低频断路器参数如表 7-3 所示。

表 7-3　　　　　　　220kV 和 64kV 低频断路器参数

标称电压（kV）	220	64
额定电压（kV）	252	72.5
额定电流（A）	4000	3150
额定频率（Hz）	20	20
额定短时工频耐受电压（kV）	460	160
额定雷电冲击耐受电压（kV）	1050	380
额定短时耐受电流（kA）	50	31.5
额定峰值耐受电流（kA）	125	80
额定短路持续时间（s）	3	3
辅助和控制回路短时工频耐受电压（kV）	2	2
噪声水平（dB）	≤ 90	≤ 90
结构布置	三相分箱	三相分箱
防护等级	IP54	IP54

7.2.2　关键技术

（1）攻克了低频超长燃弧区间自然开断难题。通过 20Hz 低频工况下断路器零区介质恢复特性，提出了一种具有持续气吹能力的开断及机械特性，满足 12.1 ～ 35.1ms 的燃弧区间开断需求；发明了一种"蜂窝状"排气装置，大幅提升了有限空间内电弧能量的排放、冷却效率；设计了一种适用于低频超长燃弧区间开断的灭弧室结构，实现了低频工况短路电流可靠开断。

（2）设计了适用于低频工况的触头系统。设计了结构紧凑的铜钨自力型引弧触指和铸铝铜、铜、铜钨三种材质有机结合的旋转刀片式触头系统，实现了隔离开关熄弧能力和耐烧蚀性能的大幅提升，解决了母线转换电流开合难题；设计了瓣形主触指内置式的空心动触头，实现通流与引弧功能分离，解决了短路电流关合和感应电流开合难题。

7.3　低频电压互感器

230kV 低频电压互感器设计计算时，要满足 20Hz、1.5 倍额定电压下铁芯不饱和；64kV 低频电压互感器设计计算时，要满足 20Hz、1.9 倍额定电压下铁芯不饱和。为了满足以上要求，通常采取以下措施：①适当增加铁芯截面积；②适当增加一、二次绕组匝数。

7.3.1　技术要求

低频 220、64kV 电压互感器主要由绝缘盆子、屏蔽管、一次引线、均压罩、一次绕组、二次绕组、侧屏蔽板、底屏蔽板、铁芯及壳体组成。均压罩的作用为均匀电场；屏蔽管、侧屏蔽板、底屏蔽板起屏蔽 TV 结构尖端作用。低频 220、64kV 电压互感器参数分别如表 7-4 和表 7-5 所示。

表 7-4　　　　　　　　　　　　　220kV 低频互感器参数

序号	项目	单位	参数
1	设备最高电压	kV	252
2	额定一次电压	kV	$230/\sqrt{3}$
3	额定二次电压	kV	$0.1/\sqrt{3}$
4	剩余绕组电压	kV	0.1
5	额定感应耐受电压（150Hz，40s，方均根值）	kV	460
6	额定雷电冲击耐受电压（峰值）（全波 1.2/50μs）	kV	550
7	额定频率	Hz	20
8	额定电压因数及额定时间		1.5/30s
			1.2/ 连续
9	局部放电水平	pC	≤ 10（在 U_m 电压下）
			≤ 5（在 $1.2U_m$ 电压下）
10	SF_6 气体额定压力（20℃）	MPa	0.5
11	SF_6 气体补气压力（20℃）	MPa	0.44
12	SF_6 气体的年漏气率	%	≤ 0.1

表 7-5　　　　　　　　　　　　　64kV 低频互感器参数

序号	项目	单位	参数
1	设备最高电压	kV	64
2	额定一次电压	kV	$64/\sqrt{3}$
3	额定二次电压	kV	$0.1/\sqrt{3}$
4	剩余绕组电压	kV	0.1/3

续表

序号	项目	单位	参数
5	额定感应耐受电压（150Hz，40s，方均根值）	kV	160
6	额定雷电冲击耐受电压（峰值）（全波 1.2/50μs）	kV	350
7	额定频率	Hz	20
8	额定电压因数及额定时间		1.9/8h
			1.2/ 连续
9	局部放电水平	pC	≤ 10（在 1.2U_m 电压下）
			≤ 5（在 1.2U_m 电压下）
10	SF$_6$ 气体额定压力（20℃）	MPa	0.5
11	SF$_6$ 气体补气压力（20℃）	MPa	0.44
12	SF$_6$ 气体的年漏气率	%	≤ 0.1

7.3.2 关键技术

低频电压互感器采用卡槽式和浇注填充固定锥形一次绕组结构，在频率从 50Hz 降低到 20Hz 情况下，有效控制了电压互感器体积。

7.4 低频电流互感器

7.4.1 技术要求

20Hz 电流互感器测量绕组精度等级达 0.2S，抗饱和能力强。P 级线圈准确限值系数 ALF 为 30，容量为 10VA；TPY 级线圈暂态对称短路电流倍数 K_{ssc} 为 20，容量为 10VA，低频状态下暂态误差不大于 10%。所研制电流互感器满足低频互感器测量精度和保护需求；20Hz 电压互感器同时输出 4 个 0.2 级测量绕组，输出绕组多、精度高。

采用截面近似正方形的圆环形铁芯，沿圆环径向切割后再黏接绝缘板的方式设置气隙。切割后分段铁芯采用高强度非铁磁材料沿铁芯外圆捆绑，上下表面粘贴绝缘板的方式固定，防止气隙大小变化，完成低频 TPY 绕组电流互感器铁芯结构设计。

将小圆环形护壳焊接大圆环形护壳内圆周侧，再将非晶铁芯放置于小环形护壳内部，并用环氧树脂浇注固定，解决非晶铁芯励磁特性分散、铁芯振动问题，完成低频测量绕组互感器铁芯结构设计。

采用对称分段等匝绕制电磁线，每段电磁线首端和尾端分别连接，每段屏蔽绕组处于开口状态的方式设置屏蔽层，屏蔽外部电磁场对电流互感器测量精度的影响，完成低频互感器测量级精度设计。

7.4.2　关键技术

提出对称分段等匝绕制、电磁线首尾端分别相连的开口屏蔽绕组结构，克服了外部电磁场对低频电流互感器测量精度的不利影响，测量精度达到 0.2S 级。

7.5　低　频　电　缆

7.5.1　技术要求

电缆采购成本在实际工程费用中往往占据很大的比例，电缆型号的选取对建设成本的影响很大。因此在输电容量一定的情况下，低频输电系统可以选用截面积更小、成本更低的电缆，以降低总投资额。对双回路排管敷设方式进行进一步的研究，采用 3.2 节中计算得到的各型号电缆的最大工频载流量，保持该电流不变，减小电缆截面积并降低频率至 20Hz。观察其温度场，可以发现即使选用了更小截面积的电缆，低频线路电缆也不会超过限定温度，其最高温度甚至低于工频线路。随着电流的增加，可以更大幅度地降低电缆截面积，在工频状态下，$1600mm^2$ 截面积的导线最大载流量为 636A，如果降低运行频率至 20Hz 并把电缆换成 $800mm^2$，保持电流大小不变，其温度由 90℃降低为 87.5℃，温升幅度降低 3.6%。这说明低频输电线路在降低电缆成本的同时，也能改善电缆运行状态，提高系统可靠性。

随着电缆截面积的增大，护套损耗在电缆总损耗中所占比例也增加。而频率是影响护套损耗的关键因素，因此低频线路能够更加显著地降低电缆的最高温度。

低频输电策略更适合大容量输电系统，电缆截面积越大，降低频率对输送容量的提升效果越明显，对于 $1600mm^2$ 截面积的电缆，提升率达到 28.56%。

在输送容量相同时，低频线路可以采用更小截面积的电缆，能够有效减少投资成本。

7.5.2 关键技术

台州柔性低频输电工程海底电缆采用铜单芯、XLPE（交联聚乙烯）绝缘、三芯分相铅包、PE 防蚀层、复合光纤层、单粗圆钢丝铠装、PP 外被，其典型结构如图 7-1 所示。

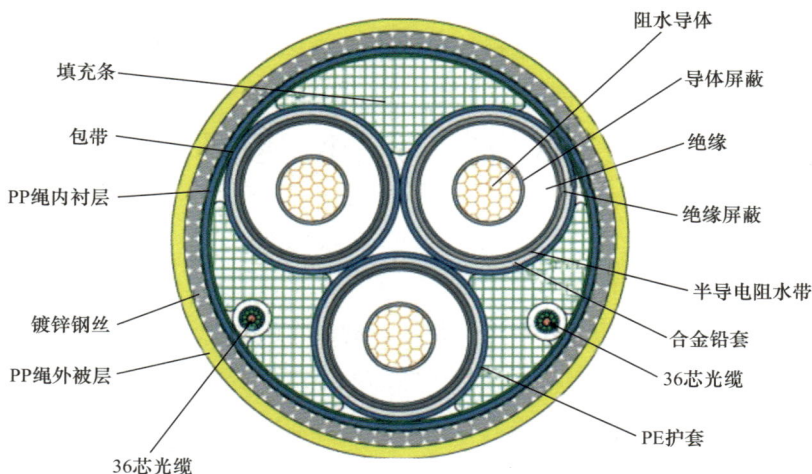

图 7-1 35kV 交联聚乙烯光电复合海底电缆结构示意图

XLPE 电缆可靠性高、电气性能好、性价比较高，但是用于直流输电时，XLPE 会出现严重的空间电荷积聚现象，严重降低了电缆的绝缘性能。交流电场下的空间电荷量比直流电场下至少低一个数量级，当频率高于 1Hz 时，空间电荷的积聚现象几乎消失，因此相比于直流线路需要重新敷设电缆，低频输电线路可以直接选用 XLPE 电缆，具有更高的经济性。而相比于工频输电线路，频率的降低也会改变导线各项损耗和电缆线路的性能，需要进行深入研究。

7.6 桥 臂 电 抗 器

桥臂电抗器位于柔性直流换流阀与联结变压器之间，架起了换流阀桥臂单元之间串联连接的桥梁。桥臂电抗器与联结变压器的漏抗共同构成换流站的换流电抗，主要起控制功率传输、滤波和抑制交流侧电流波动的作用，此外还能抑制桥臂间环流和短路时上升过快的桥臂故障电流。

针对杭州柔性低频输电工程，额定运行电压为 220kV，额定长期运行电流（有效值）：20Hz 交流电流 210.5A，50Hz 交流电流 251.4A，谐波电流 65.6A，额定电感 17mH。其端子间雷电冲击耐受水平（全波）为 150kV，端子间雷电冲击耐受水平（截波）为 165kV。端对地雷电冲击耐受水平（全波）为 150kV，端对地雷电冲击耐受水平（截波）为 165kV。

正常运行下，该桥臂电抗器在参考温度 103℃下额定总损耗不超过 14.3kW，在温升试验电流下，绕组平均温升不超过 63K，热点温升不超过 83K。噪声水平（声压级）不超过 58dB（A）（距离表面 2m 远处声压级）。

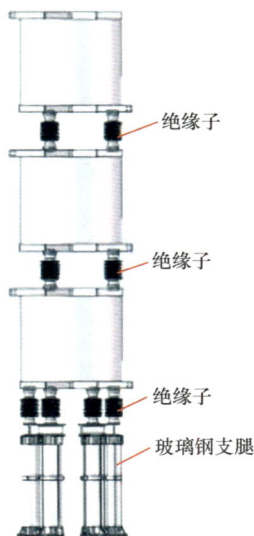

图 7-2　干式空心低频桥臂电抗器整体安装结构

干式空心低频桥臂电抗器整体安装结构如图 7-2 所示，低频桥臂电抗器为三相电抗器叠放结构，其中最底部的线圈与基础地面之间由 6 柱绝缘子和 6 柱玻璃钢支腿连接；三相电抗器之间分别由 3 柱绝缘子连接。

7.7　低 频 二 次 设 备

7.7.1　技术要求

换频阀保护系统采用"启动+保护"三重化或者双重化方案，3（2）套阀保护装置（valve protection，VPR）输出交叉连接至控制装置，实现保护判断和出口。

当配置为三重化时，换流阀保护系统按照标准"三取二"配置方案，采用三重化的 VPR 实现桥臂保护判断，采用阀保护"三取二"单元（2 from 3 valve protection unit，V2F）实现保护"三取二"判断和出口。

三重化的测量装置与三重化的 VPR 通过 IEC 60044-8 协议"点对点"连接；三重化的 VPR 与 V2F 之间通过千兆高频信号传输各个桥臂快速闭锁信号、通过 IEC 60044-8 协议传输慢速保护信号，V2F 针对每个桥臂分别做"三取二"判断逻辑，最终的快速过电流保护闭锁信号由 V2F 通过高频信号出口、由阀级接口装置（valve based interface，VBI）执行。三重化换频阀保护系统连接示意图如图 7-3 所示。

当配置为双重化时，两套测量装置分别与两套 VPR 通过 IEC 60044-8 协议"点对点"连接；两套保护装置分别进行过电流判断，最终的快速过电流保护闭锁信号由 VPR 直接出口，由 VBI 装置执行。双重化换频阀保护系统连接示意图如图 7-4 所示。

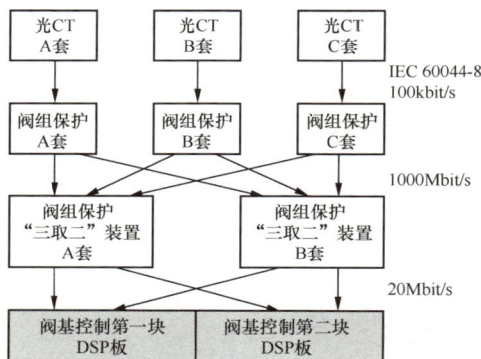

图 7-3   三重化换频阀保护系统连接示意图

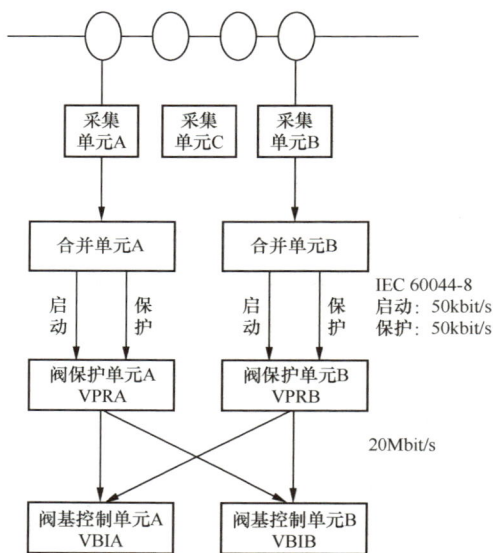

图 7-4   双重化换频阀保护系统连接示意图

7.7.2   关键技术

1. 桥臂电流测点配置

低频输电工程桥臂电流采样包含阀顶（靠近工频侧）和阀底（靠近低频侧）两个测点，如图 7-5 所示。每个测点分别可以得到启动电流和保护电流，每一侧 9 个测点打包成一路光纤，共 4 根光纤。阀保护系统同时接收两个测点（4 组电流）的数据。

对于同一桥臂的两个测点分别进行过电流判断。对于每个测点，需要将启动电流和保护电流各自用于过电流判断，并将两个结果相与之后作为该测点的保护判定结果。以相同原理分别得到两个测点的保护判断结果，并将两个测点各自得到的判定结果取或，得到该桥臂最终的输出动作信号。

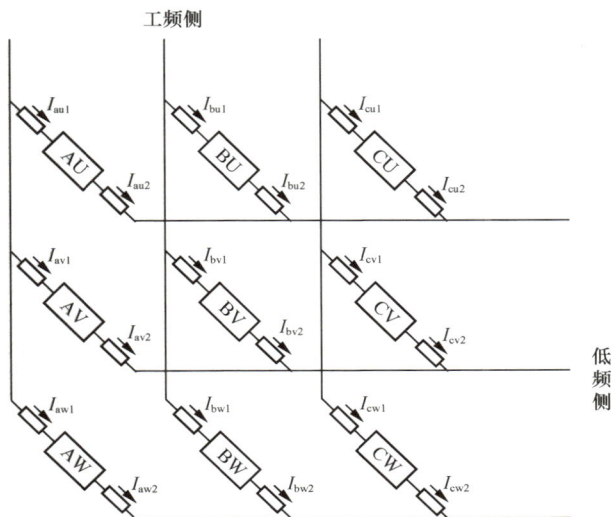

图 7-5　低频输电换频阀桥臂电流测点配置

2. 阀保护功能设计

（1）暂时性过电流闭锁。为了提高换频阀的故障穿越能力，在发生某些故障及故障清除期间，采用分桥臂暂时性闭锁策略；待故障清除后再恢复解锁，避免对换频阀进行全局闭锁。

分桥臂暂时性闭锁逻辑为：当检测到换流器某一桥臂电流超出保护定值持续一定时间，闭锁对应的过电流桥臂；当检测到故障桥臂电流低于返回值一定时间后，暂时性闭锁的桥臂可以自行恢复解锁。

另外，由暂时性闭锁引发的阀控系统保护功能包括暂时性闭锁超时、暂时性闭锁频发和多桥臂暂时性闭锁等。暂时性闭锁超时：当发生暂时性闭锁持续30ms 后，暂时性闭锁信号仍未收回，则判定为暂时性闭锁超时，整个换流器闭锁、阀控系统请求跳闸。暂时性闭锁频发：当 1s 内发生暂时性闭锁的次数大于4 次时，则判定为暂时性闭锁频发，整个换流器闭锁、阀控系统请求跳闸。多桥臂临时性闭锁：当同时发生暂时性闭锁的桥臂多于 6 个时，整个换流器闭锁，阀控系统请求跳闸。

（2）过电流速断保护。过电流闭锁跳闸段保护的逻辑为：当检测到换流器某一桥臂电流超出保护定值持续一定时间，闭锁全部桥臂，阀控系统请求跳闸。

（3）桥臂电流差动保护。同一桥臂靠近工频侧和低频侧分别配置一个桥臂电流测点，故每个桥臂有工频侧桥臂电流和低频侧桥臂电流。

动作原理：差动电流＝工频侧桥臂电流—低频侧桥臂电流；制动电流为工频侧桥臂电流与低频侧桥臂电流之和的 0.5 倍。

动作定值：差动电流大于启动定值或 0.3 倍制动电流的最大值，其中启动定值设置为 0.2 倍桥臂电流峰值。

动作结果：换频阀全局闭锁，阀控系统请求跳闸。

（4）整体过电压保护。为了保证在子模块整体电压过高时换频阀能够处于可控、可靠状态，阀控系统设置子模块整体过电压保护，具体保护逻辑为：当检测到换流器某一桥臂子模块电压平均值超出保护定值并持续一定时间，阀控系统闭锁换频阀，并向上层控制保护发出请求跳闸信号。

阀控系统具备的保护功能及相关动作逻辑定值汇总如表 7-6 所示。

表 7-6　　　　阀控系统具备的保护功能及相关动作逻辑定值汇总

保护名称	保护原理	定值	出口方式
暂时性过电流闭锁	桥臂电流瞬时值大于定值	1000A	分桥臂暂时性闭锁
过电流速断保护	桥臂电流瞬时值大于定值	1200A	闭锁，跳闸
桥臂电流差动保护	比例制动	差动电流 >Max（启动定值，0.3×制动电流）	闭锁，跳闸
暂时性闭锁超限	暂时性闭锁频发引起跳闸	1s 内任一桥臂暂时性闭锁的次数大于 4 次	闭锁，跳闸
暂时性闭锁超时	暂时性闭锁超时引起跳闸	暂时性闭锁超过 30ms	闭锁，跳闸
多桥臂暂时性闭锁	多个桥臂同时发生暂时性闭锁引起跳闸	同时发生暂时性闭锁桥臂数目大于 6 个	闭锁，跳闸
整体过电压保护	桥臂平均电压大于保护定值	1200V	闭锁，跳闸

（5）子模块过电压 / 欠电压保护。通过配置子模块过电压 / 欠电压保护，在换频阀子模块内部故障或交流系统故障导致子模块电压异常时，以最快速度将旁路开关合闸，保护换频阀子模块的安全。

动作原理：$U_c>U_{c\_SET1}$ or $U_c<U_{c\_SET2}$，换频阀子模块电压大于换频阀子模块过压定值或小于换频阀子模块欠电压保护定值，并持续一段时间。

定值说明：① 过电压 / 欠电压保护使用单元子模块直流电压的瞬时值，保护定值的基准值为单元子模块的额定直流电压；② 欠电压保护功能只有在子模块解锁情况下该保护功能才投入，过电压保护功能默认一直投入。

3. 低频断路器保护装置

低频断路器保护装置标配功能为失灵保护，接收其他保护动作信号，启动断路器失灵跳其他断路器。其他功能有三相不一致保护、死区保护、充电过电流保护、自动重合闸，根据实际工程需求投退。

4. 低频线路保护装置

低频线路保护装置有主保护和后备保护，其中主保护为差动保护，包括相差动、变化量差动、零序差动继电器，保证各种类型故障下的动作性能；后备保护有过电流保护、零序保护和低压保护。

与传统工频系统不同的是，在低频系统中，由于换流器的限流效果，过电流保护灵敏度受限，需要针对过电流保护功能投退及定值整定选择合理方式。

当装置用于小电阻接地系统，且接地零序电流相对较大时，可以用零序过电流保护针对接地故障进行动作隔离。需要注意的是，在低频系统中，当线路区内发生接地故障时，由于故障点三序分量耦合，受两侧系统控制影响，两侧的零序电流幅值受限，定值整定需要关注实际系统电流情况。

5. 低频主变压器保护装置

低频主变压器保护装置配置有主保护和后备保护，其中主保护为差动保护，保证各种内部故障下的动作性能；后备保护为零序过电流保护和零序过电压保护，作为低频系统不对称故障总后备。

6. 低频母差保护装置

低频母差保护装置配置差动保护作为主保护，包括工频变化量差动、稳态量差动，保证各种类型故障下的动作性能。

7.8　低频测量设备

7.8.1　技术要求

换频站控制保护系统分为现场 I/O 层、控制保护层、系统监视与控制层三个层次。

（1）现场 I/O 层，主要由分布式 I/O 单元构成，作为控制保护设备层与一次系统的接口，完成对一次断路器、隔离开关设备状态和系统运行信息的采集处理、顺序事件记录、信息上传、控制命令的输出及就地连锁控制等功能。

（2）控制保护层，主要实现柔性低频系统的测量、控制和保护功能。其中，换频器控制保护系统负责换频站级的控制保护功能，换频阀控制保护系统负责阀组的控制保护功能，交流站控系统负责工频间隔的控制功能等。

（3）系统监视与控制层，为换频站运行人员和远方调度中心提供运行监视和控制操作的界面。

换频站一次主接线及测点配置按照不同功能区划分，分为工频交流间隔区、换频器区、低频交流间隔区三部分。工频交流间隔区设备的测量由交流站控系统（ACC）完成。换频器区、低频交流间隔区设备的分合位信号、电压电流等模拟量的测量由控制保护层中的换频器控制系统（PCP）完成。

7.8.2　关键技术

1. 测量信息采集

换频器控制系统（PCP）、交流站控系统（ACC）通过 CAN 总线及 IEC 60044-8 总线与 I/O 单元连接，采集相关开关量与模拟量信息。PCP、ACC 和 I/O 单元、外部设备接口、现场总线都按照双重化冗余配置，确保站内设备监视控制的连续性、准确性。

控制装置通过现场控制 LAN 与分布式 I/O 连接，主要负责换频器区与低频交流间隔的断路器、隔离开关、接地开关的分合位信号与遥控信号等开关量的采集与输出。由光 TA 采集换频阀各桥臂电流、启动电阻电流 I_{sr}、工频阀侧电流 I_v 和低频阀侧电流 I_{vlf} 等电流量，通过光纤传感环与合并单元连接，经合并单元处理后，通过光纤与控制主机相连。

纯光学电流互感器采集单元装置通过光纤传感环直接与纯光学电流互感器接口连接，光学电流互感器采集单元输出数据到合并单元装置 DSP 板卡，合并单元装置通过光接口板扩展后送至控制保护系统，并将换频阀控制所需的桥臂电流数据传至 VCP。合并单元与控制保护系统的接口协议采用 IEC 60044-8。

换频阀接口屏配置阀基接口装置（VBI），用于连接换频阀控制保护主机与各桥臂子模块，将子模块命令分发至各子模块，并收集各子模块状态并汇总上送。

2. 主要测量信息

一次设备位置交流间隔区、换频器区、低频交流间隔区断路器、隔离开关、接地开关（中性点）的分合位置。换频阀阀组模块状态主要包括正常、旁路、故障、黑模块。

一次设备模拟量包括各间隔区内间隔的电压、电流、频率、功率、功率因数；联结变压器的档位、油温；换频阀各桥臂电流、阀组模块的遥测数据，包括平均电压、电压偏差、电压波动、电压最大值、电压最小值等。

二次设备工作状态包括 PCP、PPR、ACC、I/O、MU 等设备 A/B 机工作状态，如运行、服务、备用、试验。合并单元各测点的运行情况，包括光强水平、驱动电流、光路温度及光源温度等。

交直流信息包括 SPT 采集的站用变压器及馈线相关电压、电流采样值，断路器、隔离开关位置信号，保护动作信号和运行状态监视信号等，以及直流屏、蓄电池、UPS、事故照明、通信电源的电流和电压等。

阀冷却系统信息包括阀厅温湿度，循环水温度、流量、电导率、压力、液位等。

在线监测信息包括站内避雷器泄漏电流、动作次数；2、3 号联结变压器油色谱的遥测、铁芯电流、夹件电流和二氧化碳、一氧化碳等气体及水含量。

7.9　低频计量设备

7.9.1　技术要求

当前，工频交流电能表和直流电能表技术已经非常成熟，并已大规模推广应用，而 20Hz 柔性低频交流输电的电能计量特性有别于上述两种电能输送方式，需根据低频电能计量特性研制满足工程需求的电能表。同样，柔性低频交流输电中电力互感器要求运行于 20Hz 环境，而频率是影响误差的关键因素，交流 50Hz 或者直流技术的电力互感器无法满足柔性低频交流输电工程计量准确性和运行安全稳定性的要求。另外，针对低频电能表和低频电力互感器，需要有对应的电能量值溯源方法和电能计量器具的检测设备。

7.9.2　关键技术

1. 适用低频输电场景的电能表关键技术研究

从互感器、精密电阻、AD 采样芯片等方面入手，研究适用低频输电场景下电能表的高速率高精度电压与电流采集方案；研究适用低频输电的采样计量算法，实现对角差无缝校准和功率平稳计算；研制适用于低频输电场景电能计量的电能表样机。

低频电能表研究技术路线为：首先根据现场要求对互感器进行研究，对算法进行软件仿真分析，形成模块化设计方案；然后分别进行硬件设计和软件设计，在硬件平台上实现软件功能，研制样机。低频电能表研究技术路线如图 7-6 所示。

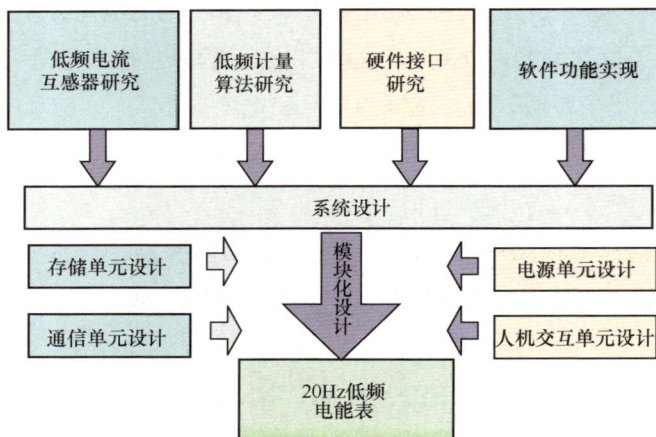

图 7-6　低频电能表研究技术路线

（1）硬件设计。选用 32 位高速 DSP 作为数字信号处理单元，并选用 ARM 作为逻辑控制 MCU，同时 AD 芯片通过高速同步信号接口与 DSP 连接，将数据实时采集到 DSP 中进行处理，DSP 的处理结果通过高速同步口返回给主控制器 ARM，在 ARM 中完成对结果的存储、上传及其他规约操作。低频电能表硬件架构图如图 7-7 所示。

（2）软件设计。软件部分主要包括板件层、中间层与应用层，低频电能表硬件架构图如图 7-8 所示。

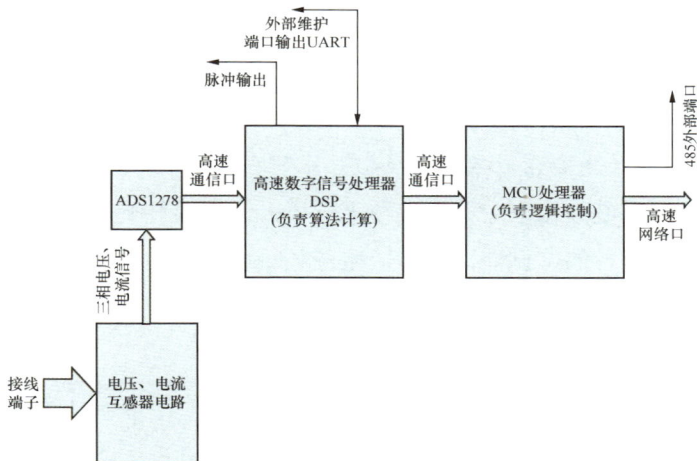

图 7-7　低频电能表硬件架构图

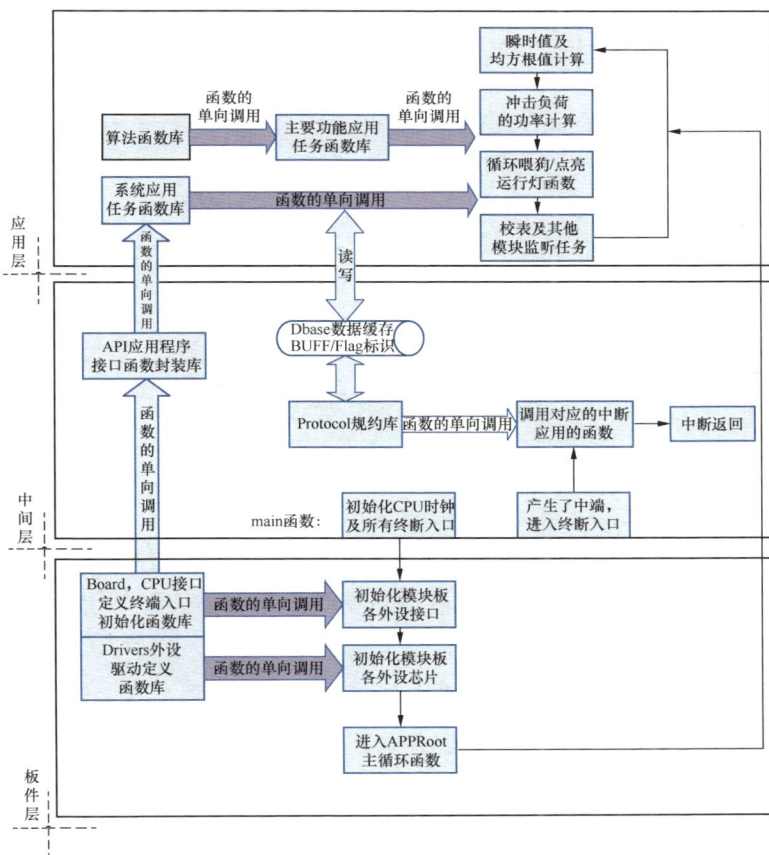

图 7-8　低频电能表软件架构图

板件层主要是进行底层元器件的驱动与同元器件的交互；中间层主要是进行板件层同应用层的交互，统一程序接口给应用层；应用层主要是进行数据库的调用、数据的计算与液晶的显示等。

2. 适用低频输电场景的互感器关键技术研究

为给柔性交流低频输电工程提供技术支撑，保障柔性交流低频输电工程电能计量的准确性和运行的可靠性，开展适用低频输电场景的电压互感器计量关键技术研究。低频互感器技术路线如图 7-9 所示。

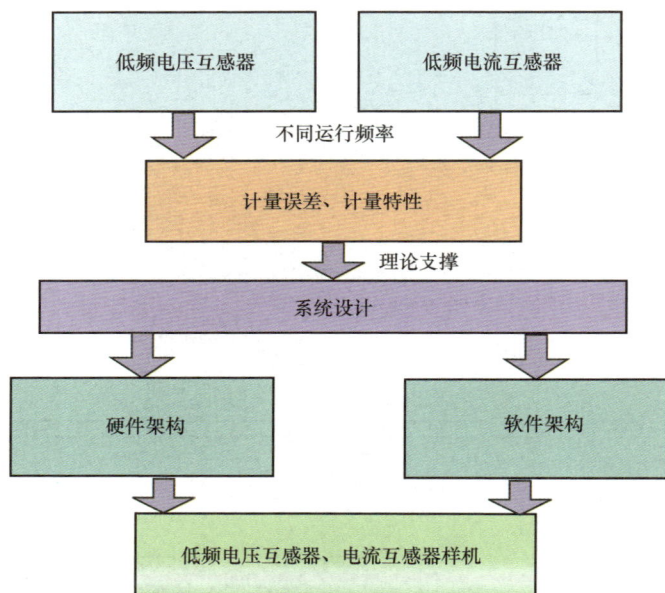

图 7-9　低频互感器技术路线

分析影响电压互感器、电流互感器误差的各种因素，对 20Hz 电压互感器、电流互感器进行电气和结构设计，研制满足计量性能需要的 20Hz 计量用电压互感器、电流互感器，并完成测试，具体实施步骤如下：

（1）分析电压互感器、电流互感器计量误差与频率的关联关系，研究传统电磁式电压互感器、电流互感器、电容式电压互感器及新型低频电压互感器、电流互感器的工作机理、工作特性和误差影响因素。

（2）分析电压互感器、电流互感器在不同运行频率下的计量特性；设计低频下电压互感器、电流互感器的误差补偿算法。

（3）设计低频电压互感器、电流互感器的硬件架构和软件架构；研制额定电压分别为 220、35kV 的 0.2 级 20Hz 电磁式电压互感器样机，以及额定电压分别为 220、35kV 的 0.2S 级 20Hz 电磁式电流互感器样机。

3.　适用低频输电场景的电能计量装置检测及溯源技术研究

（1）低频电能表计量性能检测及溯源技术。低频电能表计量性能检测技术研究的主要思路为：结合直流电能表、交流电能表检定装置对电能表计量性能检测的技术特点和低频电能表的相关检测需求，研究适用于低频电能表计量性能的检测技术方案和低频标准电能表的溯源方法，并设计研究适用于 20Hz 输电场景的电能表计量性能检测系统的研制方案。

1）搜集当前国内外交流电能表和直流电能表的先进检测技术相关资料，根据低频电能表使用场景和计量特性要求确定需求并进行方案设计，制订低频电能表计量性能检测技术的相关设计方案；

2）对低频电能表计量性能关键检测技术和难点展开研究，并对项目实施方案进行理论研究和试验分析，完成方案的技术论证，确保项目可按设计方案和思路实施；

3）根据理论和技术分析结果，设计研制适用于低频电能表计量性能检测的系统，研究并建立低频电能计量的溯源方法，探讨借助现有的技术手段进行误差标定与溯源的可行性，对于现有系统无法标定的误差，有针对性地给出新的误差标定方法；

4）搭建实验室模拟系统对研制的检测方法和系统进行试验验证，分析总结试验数据，完善方案。

（2）低频电压互感器计量性能检测及溯源技术。当前还没有规程对低频输电场景的电压互感器、电流互感器及其计量性能检测装置有相关规定，为保障低频输电场景的电压互感器、电流互感器安全、稳定、准确工作，开展 20Hz 计量用电压互感器、电流互感器计量性能检测技术研究，具体实施步骤如下：

1）分析 20Hz 电磁式电压互感器、电流互感器结构、工作原理以及在 20Hz 输电场景下电压互感器、电流互感器的误差特性，提出适用于 20Hz 输电场景的电压互感器、电流互感器计量性能检测方法，确定 20Hz 电压互感器、电流互感器计量性能检测系统的技术要求和设计方案。

2）对变频线性智能控制电源、20Hz 0.05 级标准电压互感器、20Hz 0.05S 级标准电流互感器、20Hz 2 级互感器校验仪及 20Hz 3 级电压互感器负载箱、20Hz 3 级电流互感器负载箱等组成的电压互感器、电流互感器误差检测系统设计进行理论研究，建立具备对运行电压 220、35kV 下 20Hz 0.2 级电压互感器、0.2S 级电流互感器的计量性能检测的系统设计方案。

3）标准电压互感器传统的量值溯源方法一般采用电磁式标准电压互感器作为量值传递标准进行量传。电磁式标准电压互感器具备量值保持稳定、线性度好的特点，不易受环境影响，但受频率影响大，可用于固定频率下的量值传递和量值保持。电容式电压标准装置不易受频率的影响，具有不同频率下量值传递功能，线性好，但易受环境、接线等外界因素影响，电容式电压互感器误差不稳定，不具备量值保持功能，每次使用时均需要调试误差。适用于低频输电场景的电压互感器量值传递要求在 20Hz 下实现量值传递，目前国家没有 20Hz 的标准电压互感器，如何对 20Hz 的标准电压互感器溯源是控制性难点。

本书结合电磁式标准电压互感器和电容式电压互感器的优点，提出了一种适用于低频输电场景的基于双标准器分级传递的电压互感器量值溯源方案。将高精度、高稳定度的电磁式标准电压互感器作为第一量值传递标准，在 50Hz 下通过调整电容式电压标准的低压臂电容和 110kV 电磁式标准电压互感器下级联感分的方式将 220kV 的标准变比量值传递给电容式标准电压装置，这样电容式标准电压装置的准确度可达到万分之一，再在 20Hz 下采用作为量值传递标准器的电容式电压标准器将量值传递至适用 20Hz 的 220kV 电磁式标准电压互感器，其准确度容易达到万分之五，从而实现 20Hz 0.05 级标准电压互感器量值的精准溯源。110、66kV 和 35kV 的 20Hz 标准电压互感器的量值传递采用相同的方法。20Hz 标准电压互感器量值溯源方法原理如图 7-10 所示。

在该方法里，如何实现电容式电压标准装置的低压臂调节细度来满足 4 个电压等级 4 种变比的准确度要求，构造出与被传递标准器相同变比且准确度优于万分之一的量值传递标准器是技术关键。本方案将设计类似于感应分压器的多盘电容调节器作为标准器的低压臂，多盘电容调节器为 6 盘 10 进制的电容，总电容量为 1111110pF，最小调节量为 1pF，以实现多变比的精准调节。比如，对于 220kV 的标准电压互感器，变比为 2200∶1，高压臂电容为 200pF，如选择低压臂为 440000pF，对应置数为 440000，这时变比为 2200∶1，变比的最小调节量为 2.273×10^{-6}，显然容易满足 0.01 级的技术要求；又比如，对于 35kV 的标准电压互感器，变比为 350∶1，高压臂电容为 200pF，如选择低压臂为 70000pF，对应置数为 070000，这时变比为 350∶1，理论变比的最小调节量为 1.429×10^{-5}，显然容易满足 0.01 级的技术要求。66kV 和 110kV 处于 220kV 与 35kV 电压之间，参照上述调节方法也能满足准确度要求。

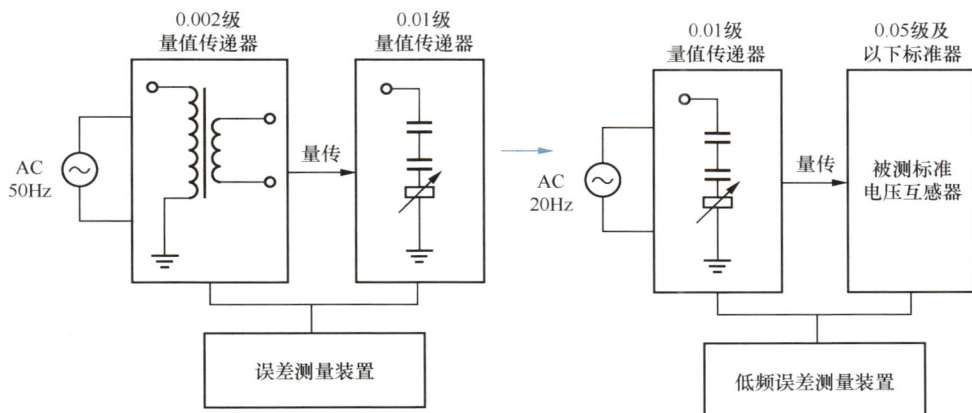

图 7-10　20 Hz 标准电压互感器量值溯源方法原理

低频电流互感器由于没有现成的传递体系，使得低频标准电流互感器的溯源成为一个需要解决的关键问题，本书提出一种结合等安匝原理和交直流比较仪交叉校准比对的方法，最终目标是建立一种多变比的、符合测差法检定要求的低频标准电流互感器体系。电流互感器等效电路如图 7-11 所示。

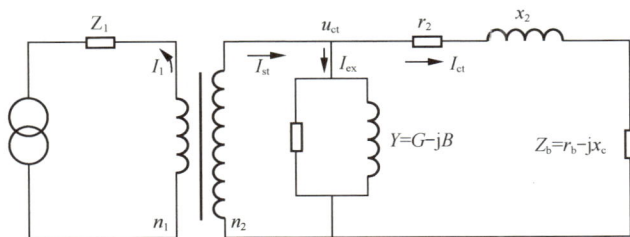

图 7-11　电流互感器等效电路

Z_1——一次阻抗（可忽略）；I_1——一次电流；n_1——一次绕组匝数；n_2—二次绕组匝数；
I_{st}—二次总电流；I_{ex}—二次励磁电流；I_{ct}—二次负载电流；U_{ct}—二次励磁电动势；
$Y=G-jB$—二次绕组励磁导纳；r_2—二次绕组直流电阻；x_2—二次绕组漏抗；
$Z_b=r_b-jx_c$—二次负载阻抗

下面分析用 1200 安匝的 5/5A 绕组误差去推算 2000 安匝的电流互感器误差所需的二次电阻 r_x，变比为 2000/5 的互感器 100% 二次电流为 5A，5/5A 时达到 2000 安匝。二次电流为 5×（2000/1200）=8.333（A），设 5/5A 绕组二次直流电阻为 r_2，2000 安匝的二次绕组电阻近似为 1.667r_2，两种情况同时忽略 x_2，在二次负荷为 5VA、功率因数为 1 时有等效的电路关系：5×（0.2+1.667r_2）=8.333（r_x+r_2），得到 r_x=0.12（Ω）；即可以用 1200 安匝的 5/5A 绕组带上 0.12Ω 的负荷电阻，工作至 2000 安匝，等效模拟 2000 安匝二次绕组带 0.2Ω 电阻的误差情况。

根据电流互感器的工作原理，一台互感器的误差主要由其空载误差和负载误差组成，当各变比所带的负荷一样时，各变比的误差差异主要由其铁芯励磁性能决定，也就是不同的励磁安匝有不同的误差，当然，还存在一定的分布参数差异。相关的检定规程要求，采用等安匝原理的电流互感器，误差不得超过一次单匝时准确度等级的十分之一，就是对不同分布参数差异的认可和限定。因为目前没有公认的低频标准电流互感器，因此 5/5A 的绝对误差用等安匝方法来拓展到所有变比，工作原理如图 7-12 所示。

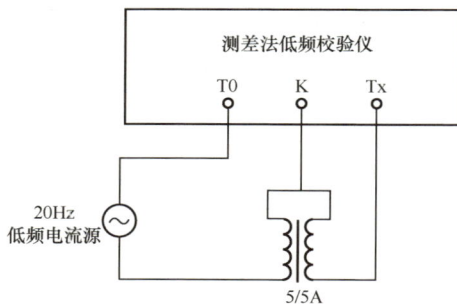

图 7-12　电流互感器原理图

按照上面的分析得出表 7-7，作为用等安匝方法测算所有变比误差的试验依据。

表 7-7　　　　　　　　　　　等安匝法测算变比误差表

额定一次电流（A）	5，6，12，30，60，120，300，600，1200	125，1250	315，630，1260	7.5，15，75，150，300，750，1500	8，20，40，80，200，400，800，1600	10，25，50，100，250，500，1000，2000
额定安匝数	1200	1250	1260	1500	1600	2000
等效额定电流（A）	5	5.2083	5.25	6.25	6.6667	8.3333
二次负荷电阻（Ω）	0.2	0.192	0.19	0.16	0.15	0.12

用绝对校准数据进行拓展的方法，具有较强的可操作性，在应用中再细化电路模型，力争不确定度达到最小，并在研究成果的支撑下，可进行校准溯源方法的推广。

7.10　宽频监测设备

低频输电领域中大量电力电子设备的应用，与电网相互作用引发的宽频振荡严重影响了电网的稳定运行，在柔性低频输电系统中应用柔性低频输电宽频监测设备，可在低频环境下实时监测电力电子设备带来的谐波与间谐波，提供工、低频范围内振荡功率、同步相量、谐波、间谐波、遥测量等实时测量。

7.10.1　技术要求

柔性低频输电宽频监测设备将基波测量范围扩展至 20Hz，利用高精度同步时钟信号和高速数字信号处理技术，通过频谱优化修正算法实时精确地测量出低频电网中的电压相量、电流相量、谐波相量、间谐波相量、功率、频率、频率变化率及开关量状态等电气特征数据，并在线实时监测电网低频振荡、次/超同步振荡、宽频振荡等异常运行状态，为全系统电网广域监测、稳定控制等功能提供必要的原始数据和实现手段。

智能变电站内，柔性低频输电宽频监测设备应支持接入合并单元和智能终端的 SV 报文和 GOOSE 报文，获得电压、电流同步采样值和带同步时间的开关量；并计算出电压相量、电流相量、有功功率、无功功率、频率、频率变化率等数据，将测量值和开关量上送到变电站相量数据集中器（sub station phasor data concentrator，SPDC）；支持向 SPDC 和变电站监控系统提供相应的数据服务，SPDC 应支持向变电站监控系统、主站系统等客户端提供相应的数据服务。柔性低频输电宽频监测设备应具有守时功能，失去同步时钟 1h，时钟误差小于 1ms。

7.10.2　关键技术

柔性低频输电宽频监测设备及其硬件平台关键技术包含高速测量方案、同步对时方案、数据高速存储方案、平台设计方案及算法分析构成。

1. 高速测量方案

通过梳理电网基波、低频振荡、次/超同步振荡、宽频振荡、间谐波、高次谐波、行波等不同频率电气量的频率范围，尤其是低频电网运行工况下各类频率电气量的特性表征，拟定能够满足各类频率信号采集的采样频率，综合评估国内外高频采集板件的相关性能指标，确定适用于柔性低频输电系统的各类高频采样频率，针对 256 点/周波（12.8k）、512 点/周波（25.6k）等不同高速采样频率对数据精度的影响进行分析，选择适用于柔性低频输电系统的高速采样测量方案。

2. 同步对时方案

通过对比分析当前智能变电站常用的同步对时方法，重点对 IRIG-B 对时和 IEEE 1588 网络对时的方式进行比较，为保证全站高速测量精度、时序精确、数据上送速率的特性及要求，综合采用优化插值重采样法与 IEEE 1588 网络对时相结合的方式，确保柔性低频输电宽频测量装置的数据采样精度。低频站内通过 IEEE 1588 精确对时，同时通过插值补点算法处理采集的采样数据，柔性低频输电宽频监测设备将计算得出站内的同步相量数据上传至宽频测量处理单元。

3. 平台设计

对于宽频监测设备的总体架构，按照数据采集板、电源板、同步对时板、数据传输板的基本配置开展设计，最后集成算法分析软件及数据分析计算板件，根据实际需求对各个板件进行集成和整合，进一步简化设备的结构。

考虑到采样频率过高，运行工况在非工频状态下，优先考虑通过电磁式互感器接入。数据遵从 GB/T 26865.2—2023《电力系统实时动态监测系统 第 2 部分：数据传输协议》进行网络传输，根据不同的定制频率传输采样数据。

4. 算法分析

柔性低频输电宽频监测设备主要利用优化修正算法、扩展基波范围、异步同频传输等技术实现柔性低频下的宽频监测。

（1）优化修正算法。为满足高精度、高分辨率的宽频测量信号的需求，柔性低频输电宽频监测设备基于原始采样点数据，采用宽频域快速扫描合并窄带频谱局部放大的测量算法，通过结合加窗插值校正和复调制细化谱分析（ZoomFFT）算法，选取特定窗函数后基于谱线的相位特性进行主瓣干扰判定，根据判定结果采用不同算法分析，进而在宽频范围内实现信号的自适应测量。通过该修正算法，依靠判断主瓣内两条谱线幅值比值来估计信号实际频率的位置，以减少信号泄漏，有效抑制谐波间、杂波及噪声的干扰，实现基波、（间）谐波的精确测量。

（2）扩展基波范围。研究电容式电压互感器和电流互感器在低频 20Hz 电网基波的幅频特性，按照幅频特性曲线开展自适应补偿技术，拓展基波频率测量范围至 15 ～ 25Hz，基于该频段拓展相应的谐波、间谐波、次 / 超同步振荡、宽频振荡频段范围，该研究内容填补了国内在该方面的空白。

（3）异步同频传输。相量测量数据传输按照半个周波的倍数进行传输，低频电网 20Hz 与主网工频 50Hz 频率存在传输差异，改变低频电网的传输频率，低频电网 20Hz 采用 10ms 定时间隔完成低频相量的计算，实现工频电网（50Hz）和低频电网（20Hz）宽频带相量数据统一采集和监测。

7.11　宽频宽压电源设备

为解决柔性低频输电工程中 M3C 换频阀、新建海缆、工 / 低频变压器、工 / 低频断路器等设备出现故障等原因导致 M3C 闭锁后低频电源输出通道阻塞，能量不能向外卸放的问题，在柔性低频输电工程中增加宽频宽压电源设备，与 M3C 换频阀构成"并联"通道形成多端结构形式。

7.11.1　技术要求

宽频宽压电源设备将传统工频电压转换成幅值可变、频率可调的宽频宽压电压，具备交—交变频功能，可实现供区柔性互联。

宽频宽压电源设备采用高压输入—高压输出拓扑结构，系统采用 AC/DC/AC 双 H 桥整流逆变一体化子模块，电源输入侧连接多绕组变压器的一次侧，二次侧连接双 H 桥子模块的输入端，双 H 桥子模块的整流侧 H 桥控制直流侧电压稳定，中间环节包括直流支撑电容，每个子模块的逆变侧 H 桥输出交流侧级联，形成高压级联输出。宽频宽压电源设备拓扑如图 7-13 所示。

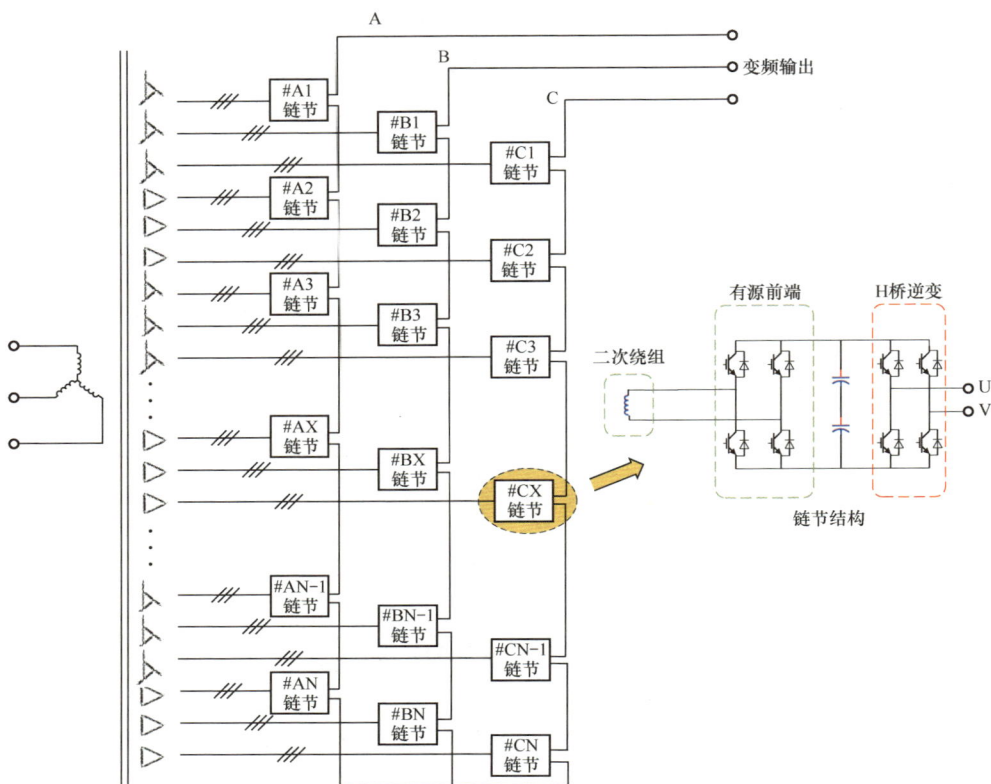

图 7-13　宽频宽压电源设备拓扑

7.11.2　系统组成

宽频宽压电源设备包含了以下主要设备：

（1）多绕组变压器。宽频宽压电源的输入侧连接多绕组变压器一次侧，多绕组变压器的二次侧与功率单元整流桥的输入侧连接，为功率单元运行提供了相互隔离的交流电源，同时多绕组变压器的漏抗可起到滤波器作用。

（2）启动回路。宽频宽压电源设备在启动时需要先对直流侧电容进行充电，以减小充电电流，降低对系统的冲击，减小宽频宽压电源设备启动过程对系统的影响。宽频宽压电源启动回路原理图如图 7-14 所示，主要由充电限流电阻 R 和旁路开关 1KM 组成。启动时先通过限流电阻 R 对

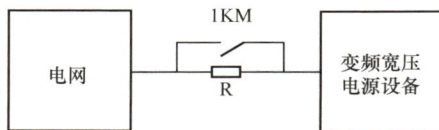

图 7-14　宽频宽压电源启动回路原理图

宽频宽压电源设备的直流侧电容进行充电，待电容电压达到预定值之后闭合旁路开关 1KM 后即可进入解锁并网状态。

（3）功率单元。功率单元是宽频宽压电源设备的基本组成单元，由大功率电力电子器件 IGBT 及其驱动电路、支撑电容、控制板卡及相关附属器件等组成。功率单元采用紧凑型结构设计，可实现大容量功率输出，具有较强的通用性及完善的保护功能，可大大提高其组成的串联 H 桥宽频宽压电源设备的稳定性和可靠性。功率单元整体结构采用防爆设计，同时内部一次回路和二次回路分开，一方面有利于电磁屏蔽，减少干扰；另一方面，可以在发生功率器件失效时有效地隔离失效器件，以保证其他器件和二次回路不受影响。

（4）冷却系统。宽频宽压电源采用强制风冷方式，主要用作大功率宽频宽压电源的冷却保护，功率子模块所在集装箱共包括 4 个冷却风机，在子模块最高温度超过 40℃后自动启动风机。

（5）控制保护系统。宽频宽压电源控制保护系统完成对采样数据的接收和计算处理、同步锁相、高级应用控制策略及相关逻辑计算、开入开出处理、装置管理、对上位机通信，同时接收阀组汇总信息并发送控制命令至阀组控制系统，实现对各功率阀组的状态信息和直流电容电压值、控制命令的交互。

（6）监控系统。宽频宽压电源后台监控系统监视宽频宽压电源各部件的运行状态，根据系统情况及要求配置不同的控制方式和控制参数，使宽频宽压电源运行在不同的模式下都能达到预定的控制目标，且可通过通信接口与站控、上级控制（或调度中心）保持相互传送信息和运行命令。

7.11.3 系统参数

宽频宽压电源设备参数如表 7-8 所示。

表 7-8　　　　　　　　　　宽频宽压电源设备参数

额定容量（kVA）	1500
输入侧额定电压 1（kV）	35/10
输入侧额定电压 2（kV）	0.38
0.38kV 侧额定容量（kW）	800
35kV 输出侧额定电压（kV）	35
35kV 侧最小工作频率（Hz）	15

35kV 侧最大工作频率（Hz）	200
直流输出电压（kV）	20
冷却方式	风冷
输出侧单相并联功能	有
运行范围	四象限

7.11.4　系统功能

宽频宽压电源设备可实现变频输出、模拟低频输电、直流电压输出、高频谐波输出和并联增容功能。

1. 变频输出

变频换流器采用级联型结构，每个级联单元（链节）采用输入侧 IGBT 整流桥—直流支撑电容—输出侧单相 IGBT 全桥的 AC-DC-AC 拓扑，输出电压频率可调，如图 7-15 所示。

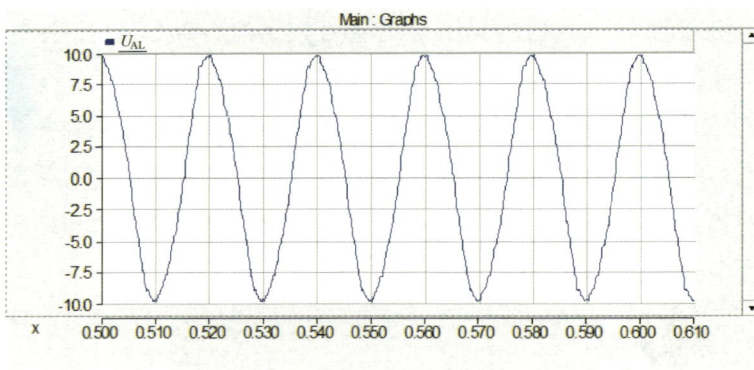

图 7-15　宽频宽压电源变频输出

2. 模拟低频输电

模拟低频输电应用工况，低频输电应用场景中包含低频和工频的叠加，宽频宽压电源可模拟两种频率叠加的工况，图 7-16 所示为 20Hz 与 50Hz 电压叠加输出效果。

3. 直流电压输出

宽频宽压电源的电压指令给定为直流时，也可输出直流，利用阀段之间相互串联，可输出最高电压为 20kV 的直流。宽频宽压电源直流输出如图 7-17 所示。

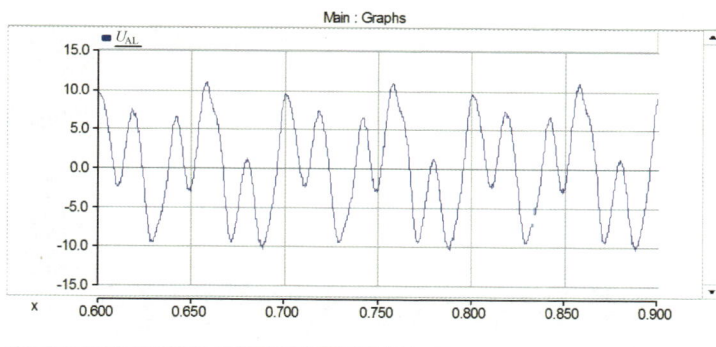

图 7-16　宽频宽压电源 20Hz 与 50Hz 电压叠加输出

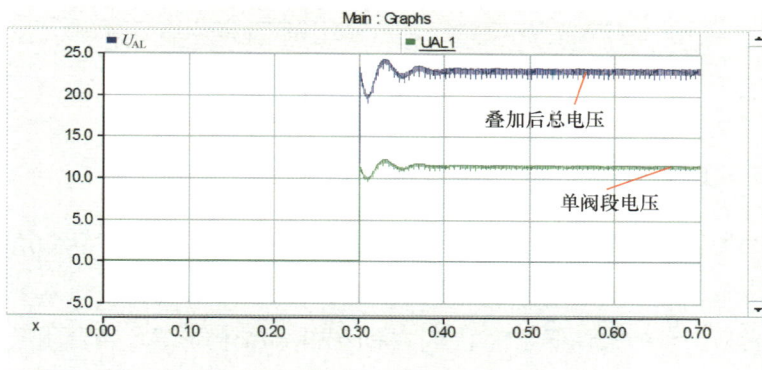

图 7-17　宽频宽压电源直流输出

4. 高频谐波输出

宽频宽压电源的电压指令给定值也可叠加高频谐波，谐波独立设置，可设置谐波次数和谐波含量。宽频宽压电源叠加谐波输出如图 7-18 所示。

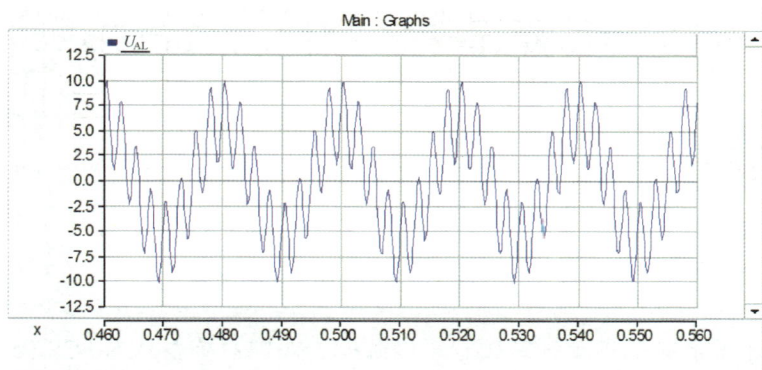

图 7-18　宽频宽压电源叠加谐波输出

5. 并联增容

单相阀段输出经过电抗器或隔离变压器并联，通过并联均流控制策略实现总电流和分支电流的输出调节。宽频宽压电源并联增容如图 7-19 所示。

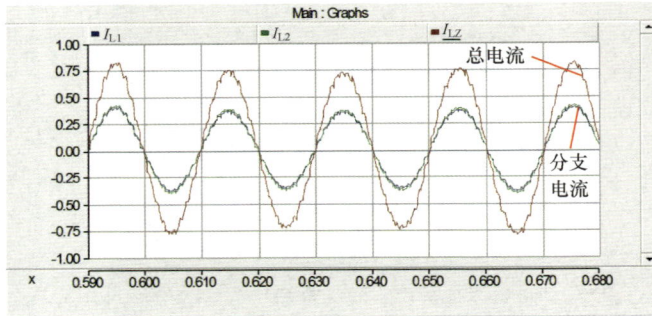

图 7-19　宽频宽压电源并联增容

7.11.5　工程应用

台州柔性低频输电工程中，台州电网中两座变电站的两条 35kV 馈线通过柔性低频输电工程形成互联形态，建立起低频柔性互联运行场景。引入柔性低频试验测试平台后，台州柔性低频输电工程将形成多端结构形式，当台州低频工程停运后，2 台低频风机可以通过柔性低频试验测试平台与大陈岛电网联网，风电能量可通过试验测试平台向大陈岛供电，进而不会导致风机停运。

台州柔性低频输电工程共应用 2 套 ACAC 设备，其工程接线如图 7-20 所示。

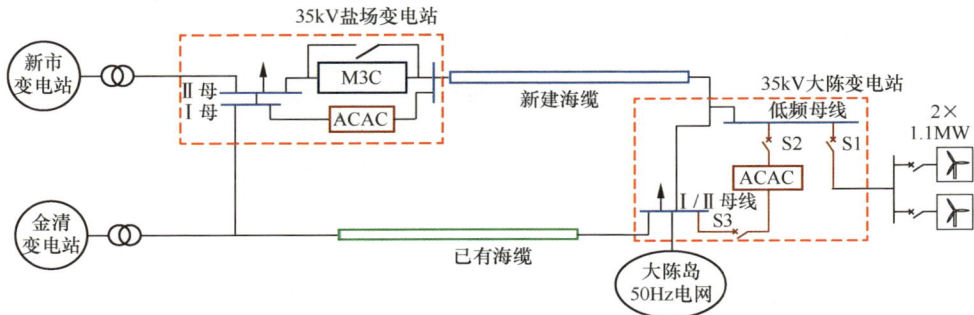

图 7-20　ACAC 设备在台州工程的接线图

台州柔性低频输电工程宽频宽压电源控制保护系统型号为 PCS-9569，采用了通用 UAPC 2.0 平台开发设计，同时采用符合工业标准的高速以太网和 IEC 标

准的数据采集光纤通道作为数据传输链路，内部采用高可靠、高实时、高效率的
数据交换接口，使得系统响应速度快、控制精度高，能够很好地满足宽频宽压电
源系统快速调节的需要。

7.11.6　宽频宽压电源控制保护系统

PCS-9569 宽频宽压电源控制保护系统包括 PCS-9569H 主控单元（PCP）、
PCS-9589 阀组触发控制单元（VBC）、阀组子模块控制保护子单元（SMC）、网
络交换机和其他保护装置，宽频宽压电源控制保护系统构成如图 7-21 所示。其
中，网络交换机对装置和监控后台进行组网通信。PCP、VBC、网络交换机和其
他保护装置一般组屏安装，而 SMC 安装于功率单元内部。

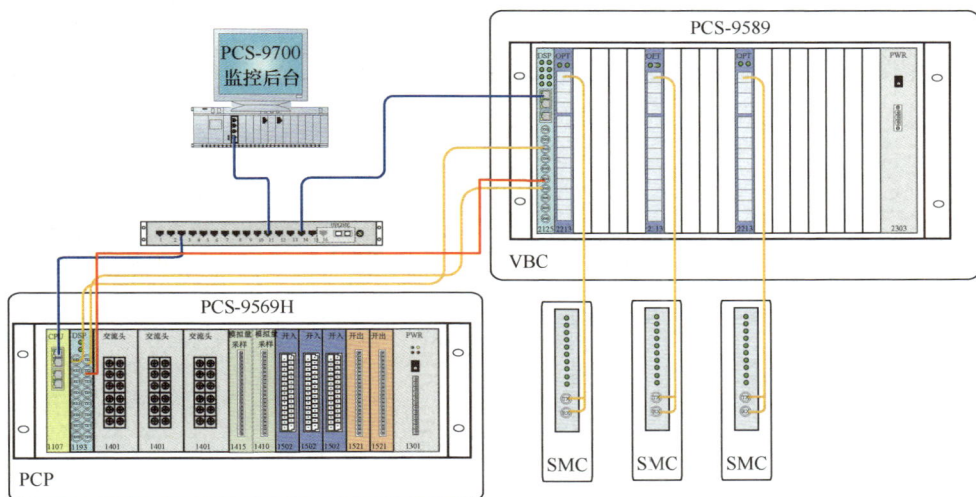

图 7-21　宽频宽压电源主控制系统构成

PCP 完成采样数据的接收和计算处理、同步锁相、高级应用控制策略及相关
逻辑计算、开入开出处理、装置管理、对上位机通信，同时接收 VBC 上送的阀
组汇总信息并发送控制命令至 VBC。

VBC 对各功率阀组的状态信息和直流电容电压值进行汇总并通过光纤上送
至 PCP，同时通过光纤接收 PCP 下发的信号。

SMC 对各功率阀组的状态信息和直流电容电压监视进行采集并通过光纤上
送至 VBC，同时接收并执行 VBC 下发的相关控制命令和脉冲触发信号。

7.11.7　宽频宽压电源监控系统

台州低频工程宽频宽压电源后台监控系统采用 PCS-9700 监控系统，可以与综合自动化后台集成在一起，监视宽频宽压电源各部件的运行状态，根据系统情况及要求配置不同的控制方式和控制参数，使宽频宽压电源运行在不同的模式下，达到预定的控制目标，且可通过通信接口与站控、上级控制（或调度中心）保持相互传送信息和运行命令。宽频宽压电源监控画面如图 7-22 所示，主画面显示了整个高压变频电源系统的概况，包括一次接线示意、断路器和手车位置、系统模拟量、运行状态、控制模式和定值，并且可从此画面进行遥控启机和遥控停机操作。

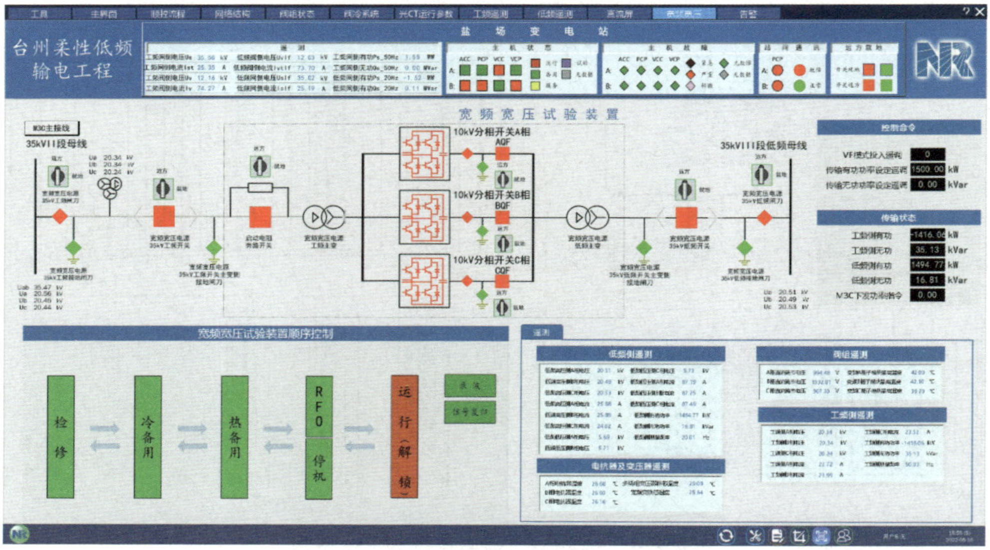

图 7-22　宽频宽压电源监控画面

第8章

台州柔性低频输电工程应用

本章介绍台州盐场 35kV 换频站工程应用方案，内容包括站址概况、电气主接线、电气总平面及配电装置布置、二次系统、土建设计及辅助设施等内容。本章涵盖换频站工程主要设计内容，不涉及换频站成套设计部分。

8.1 站 址 概 况

盐场换频站站址位于台州市路桥区黄琅乡盐场工业区，站址北侧紧贴规划支路四。

因场地红线的制约因素，考虑和盐场 35kV 变电站合建，换频站配电装置楼与新建 35kV 变电站作为一幢整体建筑物。新建配电装置楼位于场地内中间位置，设置两处大门，入口一位于站区西北侧，入口二位于站区东北侧。因场地有限，站址西侧和南侧设 U 形道路，站址北侧消防道路借用社会道路即规划路四，满足消防和运输要求。

站址场地设计标高按 3.6m 考虑。该工程占地较小，站址场地考虑采用平坡设计。排水采用有组织排水，站区雨水经雨水口、检查井、雨水管汇集到雨水泵井后就近排至站外市政管网。

8.2 电 气 主 接 线

8.2.1 换频站电气主接线

盐场换频站电气接线如图 8-1 所示。盐场换频站共建设 1 台 35/12kV、12.5MVA、50Hz 工频变压器和 1 台 35/12kV、12.5MVA、20Hz 低频变压器；1 套 M3C 换频阀，变换频率为 50/20Hz，额定换频容量 11MW，换频阀工、低频侧电压均为 12kV。

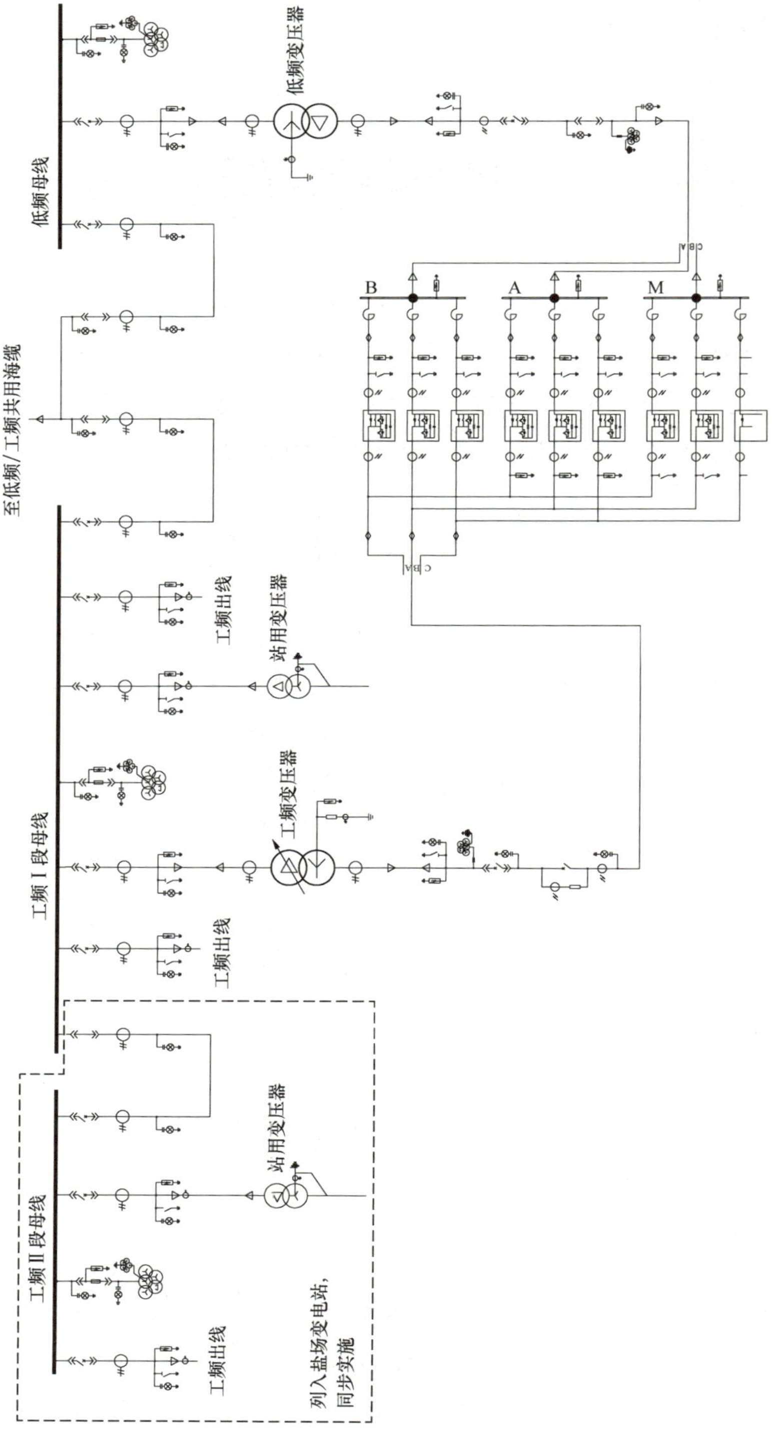

图 8-1　盐场换频站电气接线图

工频 35kV 采用单母线接线，出线 1 回；低频 35kV 采用单母线接线，海缆出线 1 回，可供工频出线和低频出线切换。工频 35kV 为不接地系统，低频 35kV 中性点直接接地。工频 12kV 中性点经小电阻接地。

8.2.2　换频器和变压器接线

台州柔性低频输电工程换频器采用模块化多电平矩阵式换流器（M3C），3×3 型 M3C 共用 9 个桥臂，每个桥臂上均由 1 个桥臂电抗 L 及若干个全桥子模块串联而成。换频器接线如图 8-2 所示。

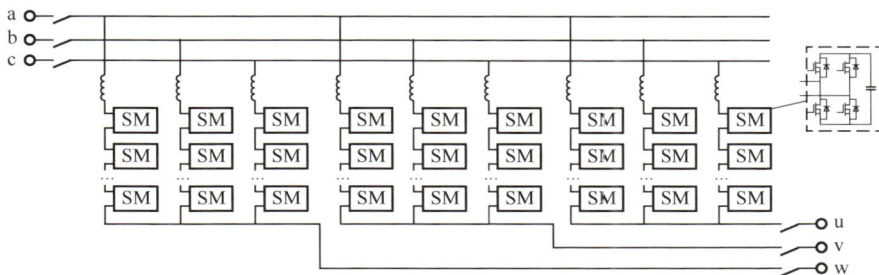

图 8-2　换频器接线示意图

台州柔性低频输电工程共建设 1 台 35/12kV、12.5MVA、50Hz 三相双绕组有载调压工频变压器和 1 台 35/12kV、12.5MVA、20Hz 三相双绕组低频变压器。

8.3　电气总平面及配电装置布置

8.3.1　电气总平面布置

根据站址的地理位置、出线方向走廊的情况，并且结合各配电装置的布置，综合考虑电气总平面布置。35kV 盐场换频站与 35kV 盐场变电站合建一幢联合建筑，不设单独的围墙。35kV 工频及低频配电装置朝北电缆出线。盐场换频站平面布置如图 8-3 所示。

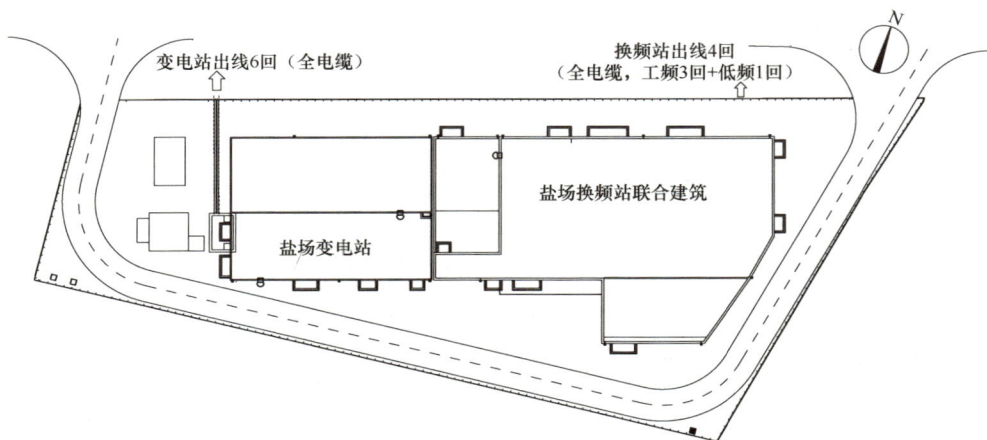

图 8-3　盐场换频站平面布置图

换频站联合建筑采用三层布置方案，一层布置有 35kV 及 12kV 配电装置、工频变压器、低频变压器、桥臂电抗器、蓄电池室、阀冷设备间、空调设备间、消控警卫室，局部下设电缆检修层。盐场换频站联合建筑一层平面布置如图 8-4 所示。二层布置换频阀、二次设备室，如图 8-5 所示。三层布置主控室及辅助用房，如图 8-6 所示。

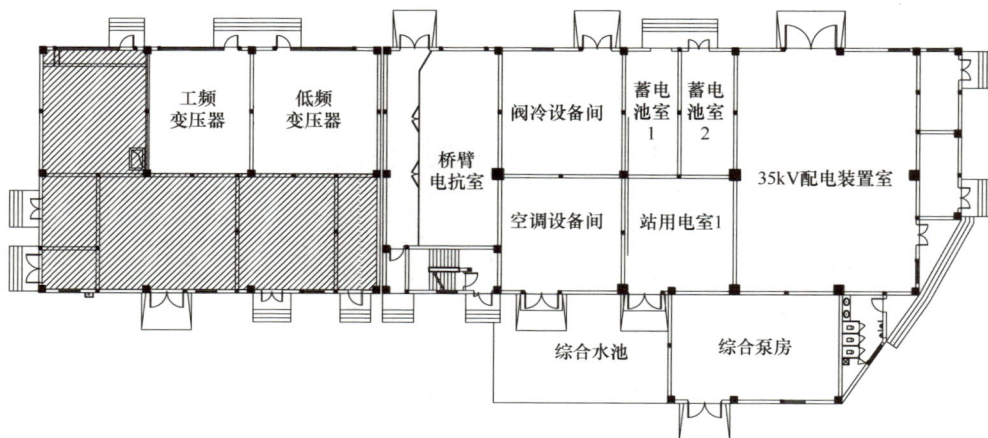

图 8-4　盐场换频站联合建筑一层平面布置图

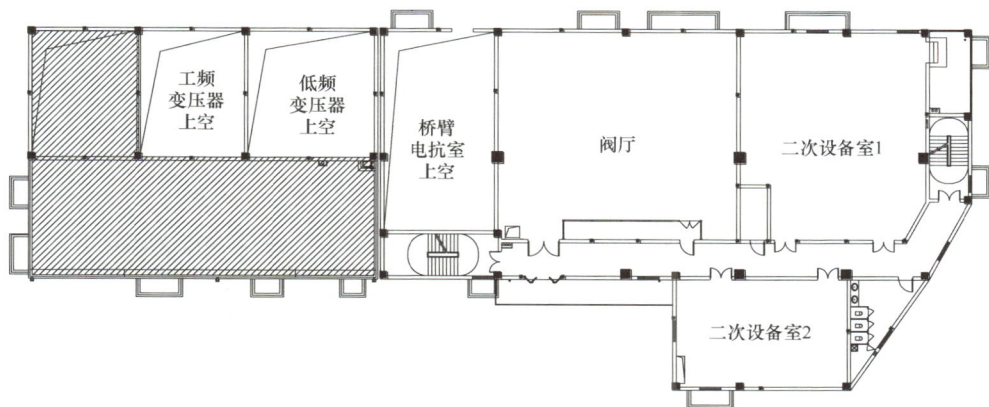

图 8-5 盐场换频站联合建筑二层平面布置图

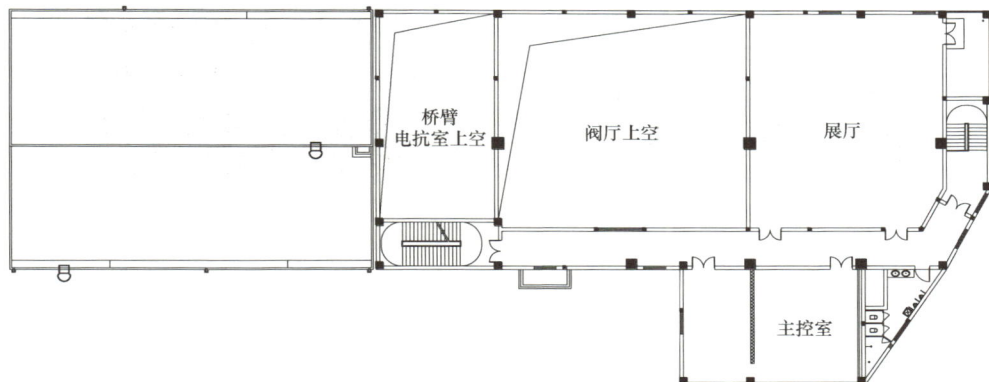

图 8-6 盐场换频站联合建筑三层平面布置图

8.3.2 阀厅电气布置

台州柔性低频输电工程 12kV 换频阀尺寸较小，为节省占地面积，考虑每三组桥臂共塔布置，共设 3 座阀塔，每座阀塔包含 A、B、C 三相桥臂。

阀厅布置于联合建筑二层，换频阀工频侧通过穿墙套管连接至一层启动电阻柜，换频阀低频侧通过穿墙套管连接至桥臂电抗室。盐场换频站阀厅如图 8-7 所示。

为了方便换频阀就位安装，工

图 8-7 盐场换频站阀厅

程于阀厅内设 1 组挂梁行车进行辅助吊装，阀厅外南侧设吊装平台。盐场换频站换频阀如图 8-8 所示。

　　为确保换流阀正常运行，阀塔应布置于干燥、低污秽、环境可控的室内。阀厅内设置透明巡视走道用于现场巡视，如图 8-9 所示。

图 8-8　盐场换频站换频阀

图 8-9　盐场换频站阀厅巡视走道

8.3.3　桥臂电抗室电气布置

台州柔性低频输电工程换频阀采用 M3C 模块化多电平矩阵换流器，共 9 个桥臂电抗，采用干式空心电抗器。考虑桥臂电抗器室高度与阀厅高度匹配，桥臂电抗采用三相叠装布置结构，如图 8-10 所示。

图 8-10　盐场换频站桥臂电抗器

　　桥臂电抗室布置于联合建筑一层，阀侧通过 9 支穿墙套管连接阀厅，低频线路侧通过管母汇流，完成工频 50Hz 到低频 20Hz 的转换。

　　由于采用三相叠装结构，为了方便电抗器吊装，于桥臂电抗室内设 1 组电动葫芦。室内设通长网栏。

8.3.4　35kV 及 12kV 配电装置电气布置

台州柔性低频输电工程 35kV 和 12kV 工频、低频配电装置均采用金属铠装开关柜，布置于联合建筑一层的 35kV 配电装置室内。包括工频 35kV 柜 12 面，低频 35kV 柜 4 面，工频 12kV 柜 2 面，低频 12kV 柜 2 面。合计 20 面开关柜，采用面对面双列布置。盐场换频站开关柜室如图 8-11 所示。

图 8-11　盐场换频站开关柜室

8.3.5　变压器布置

考虑到站址南侧围墙外为居民楼，台州柔性低频输电工程工频变压器及低频变压器均布置于北侧户内，成一字摊开布置。主变压器高低压侧均通过电缆连接至配电装置室。盐场换频站低频变压器如图 8-12 所示。

图 8-12　盐场换频站低频变压器

8.4　二　次　系　统

8.4.1　换频站控制保护

换频站控制保护系统包含运行人员控制系统、站控系统和低频输电控制系统，采用模块化、分层分布式。站控系统、低频输电控制系统采用完全双重化配置。运行人员控制系统中的服务器、站 LAN 网等采用双重化配置。

计算机监控系统采用站控层、控制层和就地层三层结构，控制层和就地层设备完全双重化配置。

换频站按无人值班设计，监控信息直送调度中心。

低频输电系统保护分成换频器保护区、低频变压器保护区、工频变压器保护区、低频线路保护区、工频线路保护区。

换频器保护区包括工频连接线差动保护、工频连接线过流保护、工频零序过压保护、启动电阻过流保护、桥臂过流保护、桥臂电抗器差动保护、换频器过流保护、阀差动保护、换频器差动保护，采用完全双重化配置。

8.4.2　变压器保护

低频变压器保护采用双重化配置电气量保护和一套非电气量保护。每套保护均配置完整的主、后备保护，选用主后备保护一体装置。

工频变压器保护采用双重化配置电气量保护和一套非电气量保护。每套保护均配置完整的主、后备保护，选用主后备保护一体装置。

8.4.3　线路保护

本工程新建 1 回工、低频共用海缆，使本期新建的盐场换频站与 35kV 大陈变压器互联，该线路配置 1 套 35kV 工频线路三段式距离保护、1 套 35kV 低频线路电流差动保护，分别适用于工、低频运行状态。

8.4.4　母线保护

工、低频 35kV 母线保护单套配置。

8.4.5　故障录波

全站配置一套工/低频故障录波系统，直接接入站控层网络，实现保护和录波信息上传至各级调控中心。

8.4.6　调度自动化

台州柔性低频输电工程远动系统与监控系统统一考虑，Ⅰ区通信网关机双重化配置。远动信息直送台州地调和椒江区调。远动信息传输至相关调度端均采用调度数据网络方式。配置 2 套调度数据网络接入设备，两点分别就近接入调度数据网络骨干节点。按国家电网二次系统安全防护总体方案要求配置 IP 认证加密装置和硬件防火墙。

台州柔性低频输电工程配置电能质量在线监测系统 1 套，配置宽频测量装置 1 台。

8.4.7　二次设备布置

台州柔性低频输电工程共设置 2 个二次设备室，均布置于联合建筑二层，站公用二次设备、低频输电控制保护及接口设备、换频阀控制保护及接口设备、变压器保护设备、线路保护设备、母线保护设备、工频交流测控设备、通信设备及海缆监测设备均布置于二次设备室内。阀冷设备控制柜就地布置于一层阀冷设备间内。

8.5　土　建　设　计

盐场换频站与盐场变电站合建 1 幢配电装置楼。建筑层数为地上三层，局部地下一层，结构类型为钢筋混凝土框架结构。

联合建筑考虑采用混凝土灌注桩处理，场地内围墙、道路、电缆沟及次要建（构）筑物部位采用浅层天然地基。

盐场换频站站内用水主要由生活用水和消防补水组成，水源来自市政自来水。站区雨水采用有组织排水，设置雨水泵井 1 座。本工程设消防水池一座，综合水池上方设综合水泵房一座。站区消防水管网成环状布置。

8.6 辅 助 设 施

8.6.1 防雷接地

台州柔性低频输电工程为全户内站，出线采用电缆出线，采用屋顶避雷带作为防直击雷保护措施。35kV 盐场变电站和 35kV 盐场换频站共用接地网，接地材料为铜材。

8.6.2 站用电

台州柔性低频输电工程从 35kV 工频 Ⅰ 段及工频 Ⅱ 段母线分别引接 2 台容量相同、可互为备用、分列运行的站用工作变压器。

交流系统配置主屏采用抽屉式，交流分屏采用固定式。

8.6.3 火灾报警系统

盐场换频站设置 1 套火灾自动报警系统，并根据所探测区域的不同，配置不同类型和原理的探测器或探测器组合。变压器室内设置红紫外复合火焰探测器及感温电缆。阀厅内设置红紫外复合火焰探测器及吸气式感烟探测器，如图 8-13 所示。

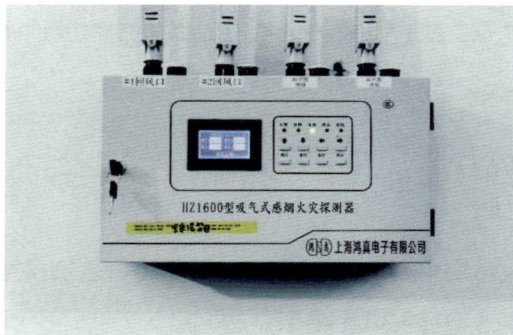

图 8-13　盐场换频站阀厅吸气式感烟探测器

8.6.4 智能辅助系统

盐场换频站配置 1 套智能辅助控制系统实现图像监视及安全警卫、火灾报警、消防、照明、采暖通风、环境监测等系统的智能联动控制。智能辅助控制系统配置独立后台系统。

阀厅内设置红外热成像摄像头，用于对阀体的温度监视。盐场换频站阀厅红外测温成像如图 8-14 所示。

图 8-14 盐场换频站阀厅红外测温成像

8.6.5 阀冷却系统

台州柔性低频输电工程阀内冷却系统采用闭式冷却水循环系统，外冷却系统采用空气冷却系统。本工程共计一个阀厅，配置一套独立的阀冷却系统。

台州柔性低频输电工程阀冷却循环系统示意图如图 8-15 所示。

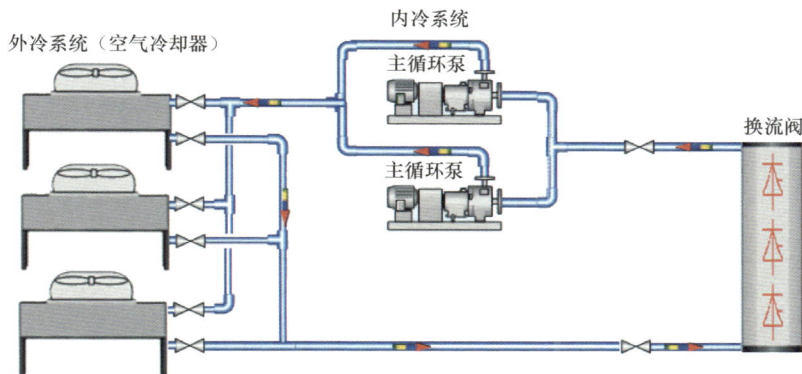

图 8-15 盐场换频站阀冷却循环系统示意图

台州柔性低频输电工程阀内冷却系统内循环水泵、内循环水处理系统及控制系统均置于联合楼的阀冷却设备间内。

阀外冷却系统主要设备包括空冷器、循环水管道及控制系统等。空冷器等主要外冷设备布置在联合楼屋顶，其余设备布置在联合楼阀冷却设备间内。

8.6.6 空调、供暖与通风

盐场换频站阀厅空调采用屋顶式空调机组系统。主控室、二次设备间、配电间等房间的空调采用变频多联式空调系统或分体空调。按房间功能和使用时间不同设置多套变频多联式空调系统。

第 9 章

杭州柔性低频输电工程应用

本章介绍杭州柔性低频输电工程应用方案，内容包括换频站站址概况、电气主接线、电气总平面布置、二次系统、土建设计、辅助设施等内容。本章涵盖换频站工程主要设计内容，不涉及换频站成套设计部分。

9.1 站 址 概 况

杭州柔性低频输电工程建设 2 座 220kV 换频站，分别为亭山换频站和中埠换频站，均位于杭州市富阳区。

9.1.1 亭山换频站

亭山换频站站址位于杭州市富春湾新城春江街道。亭山 220kV 换频站和亭山 220kV 变电站合建，站区大门朝南设置在站区南侧。站址南侧紧邻规划同登路。

主变压器运输道路西侧为换频站区域，布置一幢联合建筑，东侧为变电站区域，布置一幢配电装置楼及一座电缆隧道用房，南侧布置两站共用的综合水泵房及综合水池、警卫室、事故油池、雨水泵井，均布置于围墙内站区南侧。除变电站配电装置楼及电缆隧道用房外，其余建（构）筑物与换频站配电装置楼同期建成，本书仅介绍换频站配电装置楼及同期建成设施。

本期亭山换频站新建一幢配电装置联合建筑，布置于站区西侧场地中央，主变压器设在户外，布置于联合楼东侧，闭式冷却塔及水池布置于联合楼北侧。

站址场地设计标高为 11.70m，场地考虑采用平坡设计。站区采用有组织排水，站区电缆沟排水、事故油池排水及站区雨水一起通过雨水管道汇集，站内设有雨水泵井，最后排入站外市政雨水管。

9.1.2　中埠换频站

中埠换频站站址位于杭州市富阳区中埠 220kV 变电站内，利用中埠 220kV 变电站原 110kV 配电装置场地建设。中埠 220kV 换频站与中埠 220kV 变电站共用进站大门及进站道路。

本期中埠换频站新建一幢联合楼，布置于中埠 220kV 变电站北侧原 110kV 配电装置场地，主变压器设在户外，在联合楼南侧；综合水池、闭式冷却塔及水池设在联合楼东侧。

站址场地考虑采用平坡设计。站区采用有组织排水，站区电缆沟排水、事故油池排水及站区雨水一起通过雨水管道汇集，站内设有雨水泵井，最后排入站外排水系统。

9.2　电 气 主 接 线

亭山、中埠 2 座换频站站内电气主接线基本一致，本节以亭山换频站为例介绍换频站电气主接线。

9.2.1　换频站电气主接线

亭山换频站共建设 1 台 220/64kV、330MVA、50Hz 工频三相一体变压器和 3 台 220/64kV、110MVA、20Hz 单相低频变压器；M3C 换频阀 1 套，变换频率为 50/20Hz，额定换频容量 300MW，换频阀工、低频侧电压均为 64kV。亭山换频站电气接线图如图 9-1 所示。

工频、低频 220kV 侧均采用线变组接线，电缆出线各 1 回，工频 / 低频出线之间配置旁路隔离开关，可供工频出线和低频出线切换。工频 230kV 中性点采用经隔离开关直接接地或经放电间隙的接地，低频 230kV 中性点直接接地。64kV 采用经接地变压器后接中性点小电阻接地。

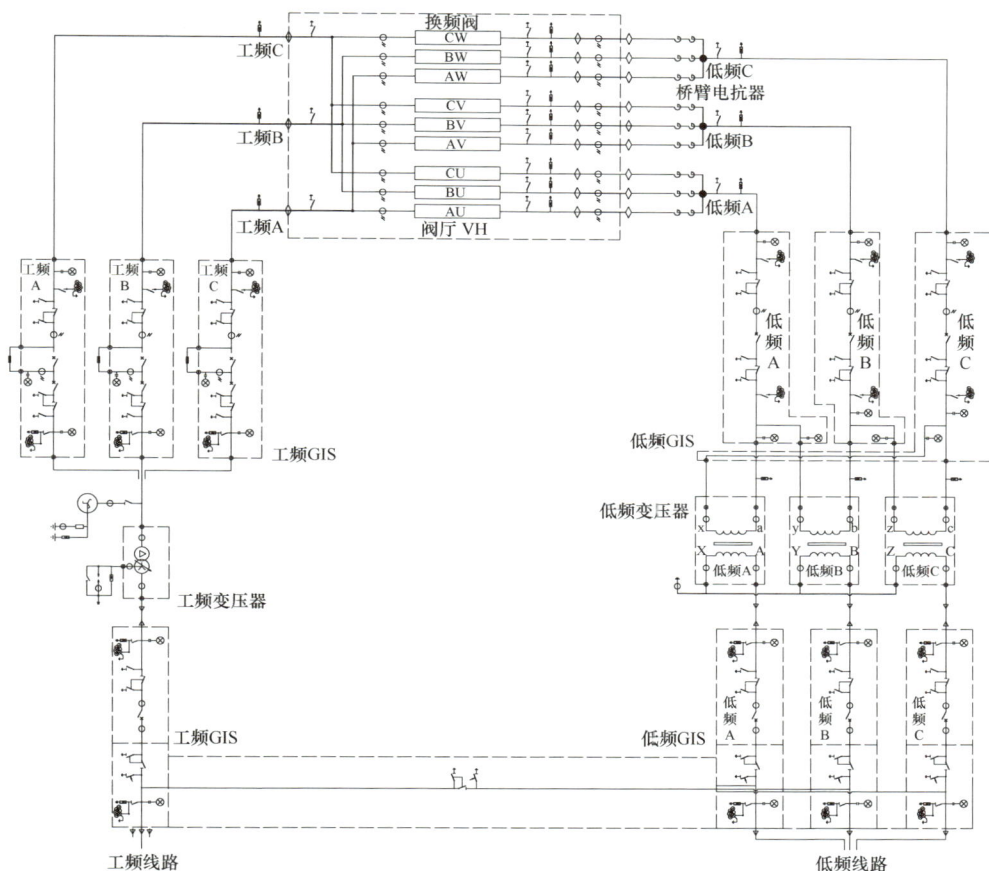

图 9-1　亭山换频站电气接线图

9.2.2　换频器和变压器接线

杭州柔性低频输电工程换频器采用模块化多电平矩阵式换流器（M3C），3×3 型 M3C 共用 9 个桥臂，每个桥臂上均由 1 个桥臂电抗 L 及若干个全桥子模块串联而成。

杭州柔性低频输电工程共建设 1 台 220/64kV、330MVA、50Hz 三相双绕组有载调压工频变压器和 1 组 220/64kV、110MVA、20Hz 单相双绕组低频变压器。

9.3 电气总平面及配电装置布置

9.3.1 电气总平面布置

根据站址的地理位置、出线方向走廊的情况，并且结合各配电装置的布置，综合考虑电气总平面布置。

亭山换频站 220kV 交流 GIS 配电装置朝北布置电缆出线，主控楼紧靠阀厅布置在北侧。中埠换频站 220kV 交流 GIS 配电装置朝南布置电缆出线。主控楼紧靠阀厅布置在东侧。亭山换频站平面布置如图 9-2 所示。中埠换频站平面布置如图 9-3 所示。

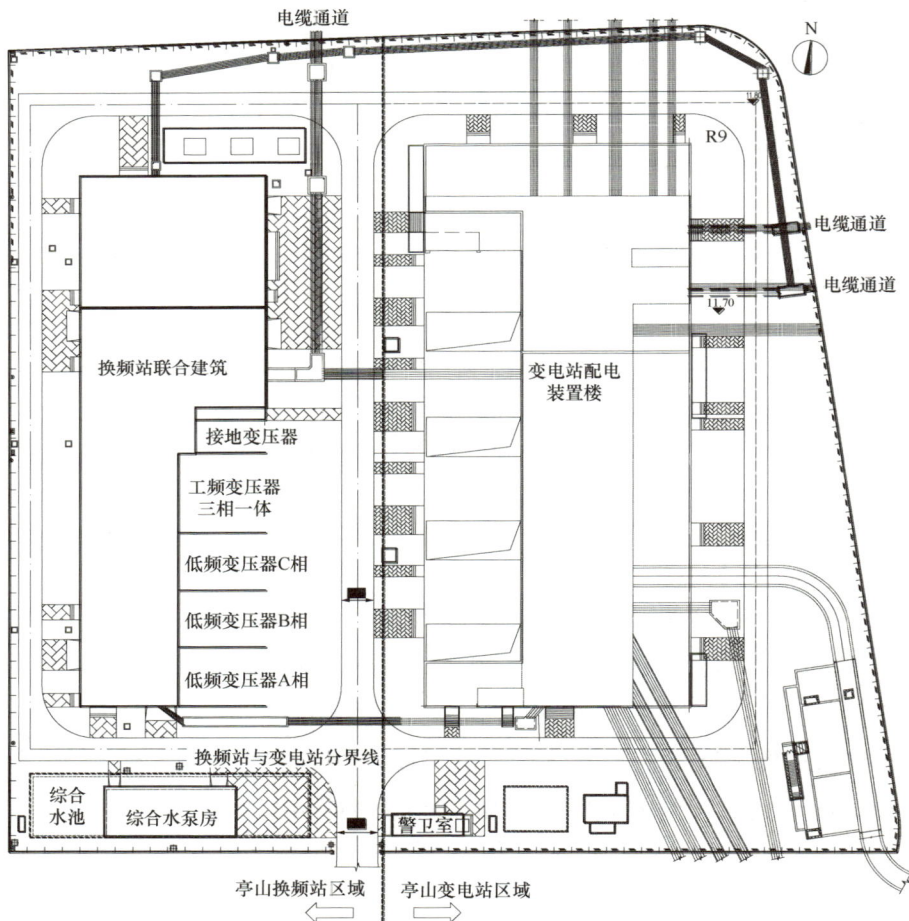

图 9-2 亭山换频站平面布置图

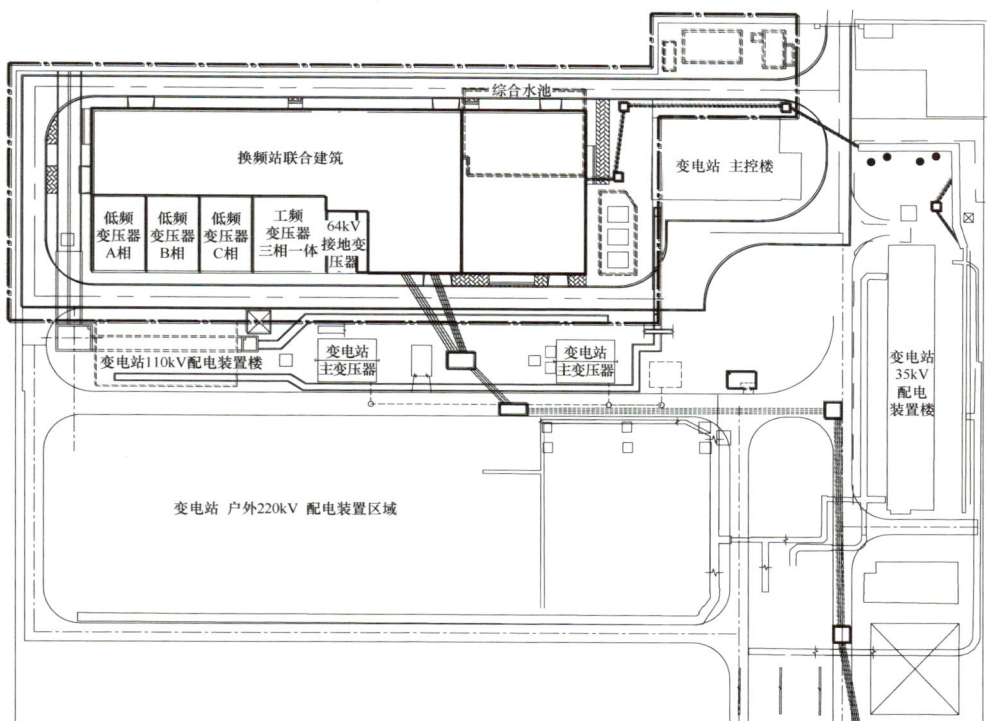

图 9-3　中埠换频站平面布置图

亭山、中埠 2 座换频站联合建筑及主变压器区域电气布置基本一致。本节以亭山换频站为例介绍换频站内配电装置布置。

换频站联合建筑分为阀厅及配电装置部分和控制楼部分，阀厅及配电装置部分采用两层布置方案，控制楼部分采用五层布置方案。

阀厅及配电装置部分一层布置 64kV 桥臂电抗器、64kV 低频配电装置、220kV 工低频配电装置，64kV 低频配电装置室外紧邻布置工频变压器、低频变压器、接地变压器及接地电阻，局部区域为电缆夹层。二层布置换频阀、64kV 工频配电装置、启动电阻。亭山换频站联合建筑电缆层布置如图 9-4 所示。亭山换频站联合建筑一层布置如图 9-5 所示、二层布置如图 9-6 所示。

控制楼部分一层布置有 35kV 站用变压器、35kV 开关柜、站用电主屏、阀冷设备；二层布置有蓄电池室、动力电源室、通信机房、二次设备室；三层布置有二次设备室、阀控室、备品备件室等；四层布置有主控室、阀厅空调设备间及辅助用房等；五层均为辅助用房。

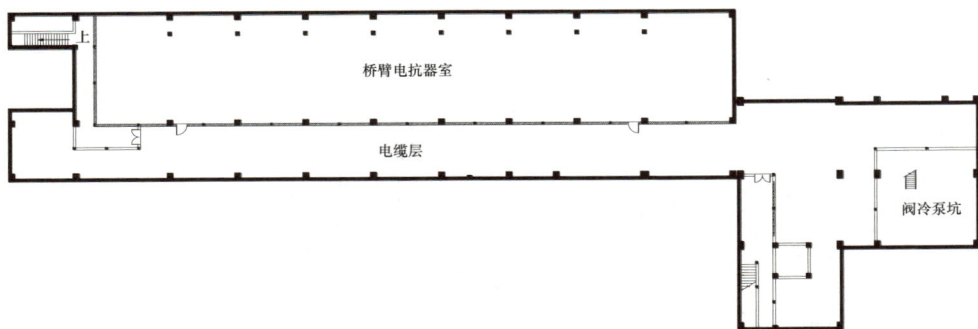

图 9-4　亭山换频站联合建筑电缆层布置图

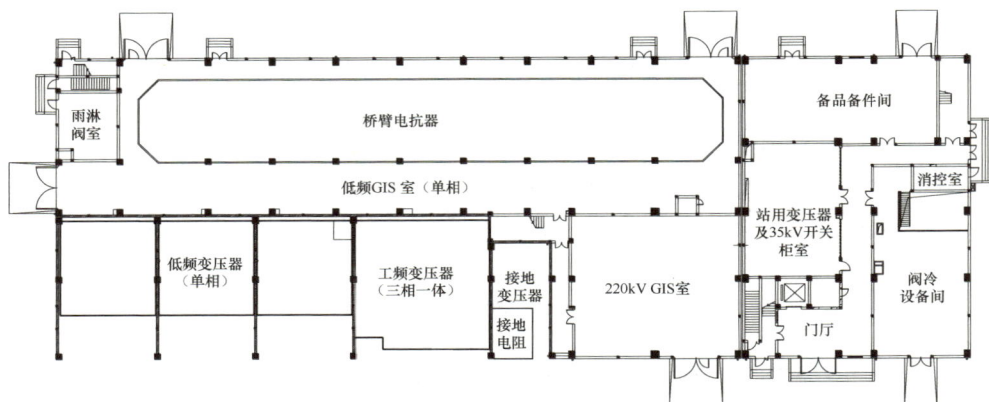

图 9-5　亭山换频站联合建筑一层布置图

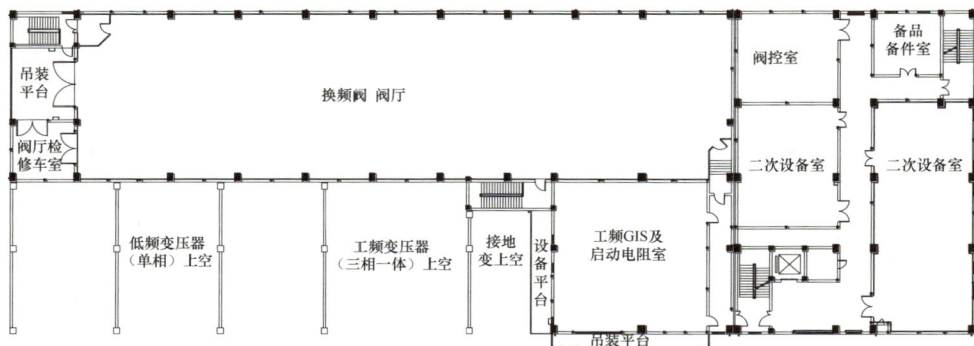

图 9-6　亭山换频站联合建筑二层布置图

9.3.2　阀厅电气布置

换频阀布置 9 个桥臂，共设 9 个阀塔，阀塔采用支撑式。阀塔工频侧采用 A、B、C 母线后经穿墙套管至工频 64kV 配电装置室；阀塔低频侧接穿墙套管后经户外母线至一层电抗器及低频 64kV 配电装置室。中埠换频站阀厅如图 9-7 所示。

图 9-7　中埠换频站阀厅

换频阀组工频侧布置顺序分别为：工频侧 A1 桥臂—工频侧 B1 桥臂—工频侧 C1 桥臂—工频侧 A2 桥臂—工频侧 B2 桥臂—工频侧 C2 桥臂—工频侧 A3 桥臂—工频侧 B3 桥臂—工频侧 C3 桥臂。工频侧各相通过管母分别汇流。

换频阀组低频侧布置顺序分别为：低频侧 A1 桥臂—低频侧 A2 桥臂—低频侧 A3 桥臂—低频侧 B1 桥臂—低频侧 B2 桥臂—低频侧 B3 桥臂—低频侧 C1 桥臂—低频侧 C2 桥臂—低频侧 C3 桥臂。低频侧各相经电抗器后就近汇流。

为了方便换频阀就位安装，该工程于阀厅内设 1 组 5t LX 型电动单梁悬挂起重机进行辅助吊装，阀厅外设吊装平台。

为确保换流阀正常运行，阀塔应布置于干燥、低污秽程度、环境可控的室内。阀厅内设置透明巡视舱用于现场巡视。

9.3.3　64kV 电抗器及低频配电装置室电气布置

64kV 电抗器及低频配电装置室内布置有桥臂电抗器、64kV 低频 GIS、低频接地开关、低频避雷器。

杭州柔性低频输电工程换频阀采用 M3C 模块化多电平矩阵式换流器，共 9 组桥臂电抗，每个桥臂 2 台电抗器串联，采用干式空心电抗器。室内环绕桥臂电抗器设通长网栏。

桥臂电抗器布置在一层，电抗器阀侧接穿墙套管经户外母线接至换频阀低频侧，电抗器GIS侧直接连接至低频GIS套管。亭山换频站桥臂电抗器如图9-8所示。

图 **9-8** 亭山换频站桥臂电抗器

为了方便电抗器吊装，工程于桥臂电抗室内设1组电动单梁悬挂起重机。

低频64kV GIS布置在一层，经分支母线穿墙引接至户外低频变压器，考虑户外低频变压器三相角形连接困难，每相GIS靠近低频变压器侧配置2只套管，与变压器套管连接后组成三角连接。低频配电装置室设置1条安装检修主通道，可以充分保证分相设备的安装检修。亭山换频站低频64kV配电装置如图9-9所示。

图 **9-9** 亭山换频站低频 **64kV** 配电装置

9.3.4 64kV 工频配电装置室电气布置

64kV工频配电装置室内布置有64kV工频GIS、64kV启动电阻、64kV工频避雷器。亭山换频站启动电阻及工频 64kV 配电装置如图 9-10 所示。

图 9-10　亭山换频站启动电阻及工频 64kV 配电装置

64kV 工频配电装置采用户内 GIS，进出线均采用套管，断路器分相单列布置；GIS 工频变压器侧套管通过分支母线伸出至户外平台，经软导线连接至工频变压器 64kV 侧套管。GIS 阀侧套管通过软导线连接室内管型母线，管型母线再经软导线至工频穿墙套管。64kV 工频避雷器布置在管母下方。每相 GIS 配置 2 只套管引接 64kV 启动电阻。

9.3.5　220kV 配电装置室电气布置

220kV 配电装置采用户内 GIS，进出线采用电缆，采用分相式断路器单列布置，包含工频线变组间隔、低频线变组间隔、旁路间隔。亭山换频站 220kV 配电装置如图 9-11 所示。

图 9-11　亭山换频站 220kV 配电装置

9.3.6　变压器布置

3 台单相低频变压器、1 台工频变压器及 1 台接地变压器呈一字型布置，紧靠 64kV 电抗器及低频配电装置室户外。亭山换频站 220kV 工频变压器如图 9-12 所示。

图 9-12　亭山换频站 220kV 工频变压器

低频变压器高压侧通过软导线经电缆终端连接后通过电缆与低频 220kV GIS 连接，低压侧通过软导线直接连接低频 64kV GIS 套管，并与 6 只低频 GIS 套管形成三角形接线。中性点通过防火墙上的管母进行连接后再接地。

工频变压器高压侧通过软导线经电缆终端连接后通过电缆与工频 220kV GIS 连接。低压侧通过软导线和管母连接至工频 64kV GIS 套管。中性点通过接地变压器及电阻接地。

64kV 接地变压器区域布置接地变压器、接地电阻、隔离开关，高压侧套管连接隔离开关，中性点套管连接接地电阻后接地。

9.4　二　次　系　统

9.4.1　变压器布置换频站控制保护

换频站控制保护系统包含运行人员控制系统、站控系统和低频输电控制系统，采用模块化、分层分布式。站控系统、低频输电控制系统采用完全双重化配置。运行人员控制系统中的服务器、站 LAN 网等采用双重化配置。

计算机监控系统采用站控层、控制层和就地层三层结构，控制层和就地层设备完全双重化配置。

换频站按有人值班设计，监控信息直送调度中心。

低频输电系统保护分成换频器保护区、低频变压器保护区、工频变压器保护区、低频线路保护区、工频线路保护区。

换频器保护区包括工频连接线差动保护、工频连接线过电流保护、工频零序过电压保护、启动电阻过电流保护、桥臂过电流保护、桥臂电抗器差动保护、换频器过电流保护、阀差动保护、换频器差动保护，采用"三取二"配置。

9.4.2　变压器保护

220kV 工频变压器、低频变压器保护均采用双重化配置电气量保护和一套非电气量保护。每套保护均配置完整的主、后备保护，选用主后备保护一体装置。

35kV 站用变压器每台配置保护装置 1 套，组屏安装于二次设备室内。

9.4.3　线路保护及断路器失灵保护

低频线路保护。亭山、中部换频站分别在亭山侧和中埠侧 π 接入亭中 2400 线，原 220kV 中埠—亭山联络线改为低频运行。亭山换频站—中埠换频站 1 回线两侧均完全双重化配置分相电流差动保护。

工频线路保护。考虑到换频站退出运行时，220kV 亭山—中埠 1 回仍以工频运行，因此保留原亭山—中埠 1 回线两侧 220kV 工频线路保护。在亭山变电站—亭山换频站 1 回线、中埠变电站—中埠换频站 1 回线两侧配置双重化分相电流差动保护。

为避免保护死区，本期换频站工频出线侧及低频出线侧均按双重化配置断路器失灵保护，并组于线路保护柜内。

9.4.4　故障录波及保护信息子站

换频站配置 1 套故障录波器，实现工频交流电及工频降压变压器、低频（20Hz）交流电及低频升压变压器、阀区、阀控的故障信息采集。其中用于阀区、阀控的故障信息采集的故障录波器需双套配置，其余单套配置。

换频站配置继电保护及故障信息管理子站 1 套，收集工频侧保护装置及工频故障录波器信息。子站接入调度保护信息管理系统。

9.4.5 调度自动化

换频站一体化监控系统中配置两台Ⅰ区数据通信网关机、两台Ⅱ区数据通信网关机，直接接入站控层网络，负责与各级调度（调控）中心的数据交换。Ⅰ区数据通信网关机直接采集站内数据，实现对调度（调控）中心的数据传输，并接收其操作与控制命令；Ⅱ区数据通信网关机通过防火墙从Ⅰ区数据服务器获取站内Ⅱ区数据，实现对调度（调控）中心的数据传输，并提供远方信息查询及浏览服务。

远动信息直送浙江省调和杭州地调。

换频站远动信息采用网络方式接入电力调度数据网的省调接入网和地调接入网。配置 2 套调度数据网络接入设备，两点分别就近接入调度数据网络骨干节点。按国家电网二次系统安全防护总体方案要求配置纵向加密装置。

杭州柔性低频输电工程配置电能质量在线监测系统 1 套，配置宽频测量装置 1 套。

9.4.6 二次设备布置

杭州柔性低频输电工程共设置 4 个二次设备室，1 个布置于控制楼二层，布置了阀冷设备控制柜；另外 3 个布置于控制楼三层，布置了换频站公用二次设备、低频输电控制保护及接口设备、换频阀控制保护及接口设备、变压器保护设备、线路保护设备、母线保护设备、工频交流测控设备。直流电源布置于控制楼二层动力电源室，通信设备布置于控制楼二层通信机房。

9.5 土 建 设 计

亭山换频站与亭山变电站合建，站址总用地面积约 3.3666hm²。亭山换频站新建建筑物包括联合楼、综合水泵房、警卫室、成品消防小室。亭山换频站站内主建筑为联合楼，分为阀厅及配电装置楼部分、主控楼部分。

中埠 220kV 低频站利用中埠 220kV 变电站原 110kV 配电装置场地，总用地面积约 0.65hm²。中埠换频站新建建筑物为 1 座联合楼。

两站建筑结构形式均为钢筋混凝土结构。

　　两站联合建筑、闭式冷却塔及水池、主变压器区域考虑采用混凝土灌注桩处理。事故油池、综合泵房及水池、雨水泵井、围墙、电缆沟等部位采用天然地基。

　　换频站用水主要由生活用水、工业用水和消防用水组成，用水从市政自来水管网引接。

9.6　辅　助　设　施

9.6.1　防雷接地

　　亭山、中埠换频站为半户内站，出线采用电缆出线，全站防雷保护考虑以屋顶避雷针和屋顶避雷带联合保护的方式，建筑物采用屋顶避雷带保护，低频变压器及工频变压器的防雷保护主要由屋顶避雷针完成。两站均采用铜材作为主接地网材料。

9.6.2　站用电

　　亭山、中埠换频站分别从亭山、中埠变电站的 2 段 35kV 母线引接 2 台容量相同、可互为备用、分列运行的站用工作变压器。交流站用电系统为 380/220V 中性点接地系统，单母线分段接线，用塑壳断路器分段，为提高供电可靠性，重要负荷采用双回路供电，全容量备用。

　　交流系统配置主屏采用抽屉式，交流分屏采用固定式，如图 9-13 所示。

图 9-13　亭山换频站 35kV 站用变压器及 400V 站用电主屏

9.6.3　火灾报警系统

每个换频站设置 1 套火灾自动报警系统。阀厅内设置红紫外复合火焰探测器及吸气式感烟探测器。

9.6.4　智能辅助系统

每个换频站配置 1 套智能辅助控制系统实现图像监视及安全警卫、火灾报警、消防、照明、采暖通风、环境监测等系统的智能联动控制。智能辅助控制系统配置独立后台系统。

阀厅内设置红外热成像摄像头用于对阀体的温度监视，如图 9-14 所示。

图 9-14　中埠换频站阀厅红外热成像摄像头

9.6.5　阀冷却系统

每个换频站设置一个阀厅，配置一套独立的阀冷却系统。亭山换频站阀冷设备间如图 9-15 所示。

阀内冷却系统采用闭式冷却水循环系统，外冷却系统采用水冷却。

阀内冷却系统配置主循环水泵、电动三通阀、主过滤器、电加热器、脱气罐等主要设备，均置于联合楼的阀冷却设备间内。

图 9-15　亭山换频站阀冷设备间

阀外冷却系统主要设备包括闭式冷却塔、喷淋水泵、循环水管道及控制系统等。蒸发型密闭式冷却塔（见图 9-16）及水池布置在户外紧邻阀冷设备间处，其余设备布置在联合楼阀冷却设备间内。阀冷控制系统布置于二层二次设备间内。

图 9-16　亭山换频站阀外冷闭式冷却塔

9.6.6　空调、供暖与通风

换频站阀厅空调采用屋顶式空调机组系统。阀冷设备间、通信机房、主控室等房间的空调采用变频多联式空调系统，冬、夏季运行，按房间功能和使用时间不同设置多套变频多联式空调系统。

第10章

柔性低频输电工程运维技术

10.1　杭州柔性低频输电工程运维管理

10.1.1　值班模式

24h 值班，交接班时间为上午 9:00，每值 2 人，每值至少 1 名正值。

10.1.2　巡视周期

例行巡视每日 1 次；全面巡视每周一巡视 1 次；熄灯巡视结合全面巡视开展，每周一巡视 1 次。

10.1.3　换频阀运行维护项目

（1）应定期对换频阀设备进行红外测温，建立红外图谱档案，进行纵、横向温差比较，及时发现设备隐患并利用停电时机进行处理。测温对象应包括阀子模块、并联回路、阀电抗器、散热器、水管、通流回路及连接点、光纤槽盒、阀避雷器等。

（2）每周至少开展 1 次红外测温普测，迎峰度夏期间每天开展 1 次。

（3）每月至少开展 1 次精确红外测温。

（4）可使用阀厅智能红外巡检设备进行红外测温，阀厅红外测温系统自动巡检周期应不小于每日 2 次，大负荷运行、重要保电期间应缩短周期。如巡检周期内设备故障不能修复的应转为人工测温。

（5）应对换频阀设备进行紫外测试，每年至少开展 2 次，及时发现设备隐患并利用停电时机进行处理。

10.1.4　低频阀冷设备运行维护项目

（1）主循环泵及电机。

1）设备运行时，应定期对主循环泵进行红外测温，出现异常发热时应切换至备用泵，并通知检修人员处理。

2）巡检时应重点对主循环泵的油位和渗漏油、漏水及异常振动等情况进行检查。

3）应定期测量主泵电源回路接触器运行温度，停电检修时对接触器触头烧蚀情况进行检查，烧蚀严重时应进行更换。

4）应定期监测电机电源的三相电流平衡，三相电流相差应小于10%。当主循环泵噪声增大或异常时，应立即手动切换至备用泵，并通知检修人员到现场排除故障。

5）主循环泵电机冷却风扇积尘过多时应清理干净，防止在风扇上面聚集尘埃，使电机转子产生不平衡及振动。

（2）就地电源控制盘柜。

1）设备巡检时应注意对主泵电源和冷却塔风机电源进行红外测温，温度异常应及时汇报，必要时切换至备用设备。

2）应定期进行就地电源控制盘柜柜门风扇检查，柜内接线检查及清灰，并对动力电缆进行红外测温，确保动力电缆无局部过热、烧损等现象。

（3）加药系统。

1）外冷水加药系统中的加药泵、搅拌泵及加药泵流量计需定期检查，确保其功能正常；

2）加药系统的化学药剂应定期补充，确保充足；

3）应定期对加药系统的就地操作箱内接线及回路进行检查；

4）加药系统的化学药剂应定期补充，药剂应合格、充足。

（4）其他。

1）应定期检查氮气瓶压力，必要时更换氮气瓶；

2）对采用金属波纹管的部位，应注意其外层金属编织护套是否存在破损和锈蚀，如有问题应及时处理；

3）应定期检查和清洗保安过滤器；

4）应定期检查和清洗外冷水反渗透膜。

10.1.5　反措管理

根据国家电网有限公司《防止柔直换流站（关键设备）事故措施及释义》的具体要求定期对换流阀的落实情况进行检查，督促落实。

配合主管部门按照反事故措施的要求，分析设备现状，制订落实计划。

做好反措执行单位施工过程中的配合和验收工作，对现场反措执行不利的情况应及时向有关主管部门反映。

定期对换流阀反事故措施的落实情况进行总结、备案，并上报有关部门。

10.1.6　运行人员培训管理

换频站运行人员应通过培训，具备以下能力：

（1）了解国家及行业有关换流阀的技术标准，熟悉掌握低频换频站运行规程，了解低频设备预防事故措施要求。

（2）熟悉换频原理，掌握低频设备的一般原理、低频设备的接线方式，掌握低频设备的各种保护配置、原理及一般情况下的各种保护投切方式，了解低频设备检修项目、试验项目的内容和要求。

（3）掌握低频设备正常巡视及特巡内容及方式。

（4）了解低频设备过电压、过负荷情况下的运行方式及紧急处置方法。

（5）掌握低频设备保护跳闸、设备着火等紧急情况下的事故处理方法。

（6）掌握安全生产知识，学会紧急救护和人工呼吸法，特别要学会触电急救。

10.2　台州柔性低频输电工程运维管理

10.2.1　管辖权限确定

35kV 盐场变电（换频）站在投运初期，由台州供电公司变电运维中心和台州路桥区供电公司变电运维班共同管辖。投运半年后，为加速培养低频运检人才、打造台州公司低频专家团队，台州供电公司变电运维中心、变电检修中心、台州路桥区供电公司、台州椒江区供电公司共同派出优秀青年骨干成立盐场低频运检专班，以专班运行的模式承接盐场变电（换频）站各项工作。投运一年半后，四家单位均对低频技术有了一定的积累与掌握，盐场低频运检专班退出，盐场变电（换频）站分成 35kV 工低频部分与常规 10kV 部分，分别由台州供电公司变电运维中心和台州路桥区供电公司变电运维班各自管理，职责权限进一步明确清晰，管理效率进一步提升。

10.2.2　值班模式

24h 值班，交接班时间为上午 9:30，每值 2 人，每值至少 1 名正值。

10.2.3　巡视周期

例行巡视每日 1 次；全面巡视每月 15 号巡视 1 次；熄灯巡视结合全面巡视开展，每月 15 号巡视 1 次。

10.2.4　换频阀巡视要点

（1）关灯检查换频阀组件、阀电抗器、阀避雷器、光纤等设备有无异常放电。

（2）检查换频阀塔各部位有无火光、烟雾、异味、异响和振动。

（3）检查阀体各部位（包括阀塔屏蔽罩、阀塔底盘及阀塔内部）有无漏水现象，以及阀避雷器、管型形母线、阀厅地面、墙壁有无水迹。

（4）检查阀塔内部、阀厅地面是否清洁，有无杂物。

（5）检查换频阀、阀避雷器、悬挂绝缘子有无放电痕迹。

（6）检查阀厅温度、湿度是否符合换频阀运行技术要求。

（7）检查换频阀子模块损坏数量、换频阀子模块正向保护触发数量有无变化。

（8）检查阀塔元件、屏蔽罩、阀避雷器和绝缘子等有无严重积灰。

（9）检查阀厅高空附属设备（如电缆穿管、探头、阀厅红外测温装置等）有无脱落迹象。

10.2.5　低频阀冷设备巡视要点

1.　内冷水系统日常巡检

（1）检查主循环泵、内冷水管道、各阀门及法兰连接处外观是否正常，有无严重锈蚀、渗漏水等现象。内冷水管道阀门位置是否正确，指示清晰。

（2）检查主循环泵、各控制盘柜运行声音有无异常，内冷水管道有无异常振动，现场气味有无异常。

（3）检查内冷水控制屏、电源控制显示屏显示是否正常，有无异常告警；各指示灯状态是否正常，有无报警灯亮。

（4）检查内冷水进、出水温度是否正常，流量是否正常，膨胀罐水位不应低于报警值。原水罐内液位正常，原水充足。

（5）内冷水电导率低于报警值，氮气罐及减压阀压力不低于正常值；主循环泵出口压力正常，主过滤器前后压差正常。

（6）主循环泵、母线排、负荷开关、接触器无明显过热点。

（7）定期进行红外测温，红外检测范围为动力电源柜、控制保护柜及主循环泵；重点检测主循环泵轴承、动力电源柜开关、接触器、二次回路。

（8）管道、阀门及传感器的运行编号应完整清晰，回路标识和流向指示应齐全清晰，无锈蚀、渗漏。

2. 外冷水系统日常巡检

（1）现场检查各类水泵、电机、阀门、罐体、过滤器等连接处有无漏水现象，加药管路及连接处有无渗漏、腐蚀现象。

（2）检查各阀门位置是否正确，高压泵、自循环泵、反洗泵、喷淋泵、加药泵、冷却塔风扇（包括风扇电机和传动皮带）有无异常声音和明显振动，有无渗漏水、溢水等现象。

（3）检查各冷却塔的喷水情况是否平衡，冷却塔风扇的转速是否平衡。

（4）检查就地控制盘柜的控制方式与参数显示是否正常；盘面上的相关电压、电流、水位、压力表的指示值是否正常，有无异常告警。

（5）定期进行红外测温，红外检测范围为动力电源柜、控制保护柜及喷淋泵；重点检测喷淋泵轴承、动力电源柜开关、接触器、二次回路。

（6）检查阀外水冷动力及控制柜柜体冷却风扇运行是否正常。

（7）检查管道、阀门及传感器的运行编号是否完整清晰，回路标识和流向指示是否齐全清晰，有无锈蚀、渗漏。

3. 风冷系统日常巡检

（1）检查整个系统有无渗漏、锈蚀现象。

（2）检查各阀门位置，开度是否正常。

（3）检查冷却风机和电机有无振动、噪声等异常现象，风叶有无松动、变形。

（4）检查换频器运行是否正常，有无异常现象。

（5）检查风机隔离网、管束上下有无杂物。

（6）对风扇电机进行红外测温，风冷控制柜及动刀柜内开关、接触器、继电器、二次端子应无温度异常。

（7）检查管道、阀门及传感器的运行编号是否完整清晰，回路标识和流向指示是否齐全清晰，有无锈蚀、渗漏。

10.2.6　反措管理

（1）根据国家电网有限公司《防止柔直换流站（换流阀）事故措施》的具体要求定期对换流阀的落实情况进行检查，督促落实。

（2）配合主管部门，按照要求分析设备现状，制订落实计划。

（3）做好反事故措施执行单位施工过程中的配合和验收工作，对现场反事故措施执行不利的情况应及时向有关反事故措施主管部门反映。

（4）定期对换流阀反事故措施的落实情况进行总结、备案，并上报有关部门。

10.2.7　运行人员培训管理

运行人员应通过培训，具备以下能力：

（1）了解国家及行业有关换流阀的技术标准，熟悉掌握低频换频站运行规程，了解低频设备预防事故措施要求。

（2）熟悉换频原理，掌握低频设备的一般原理、接线方式，掌握低频设备的各种保护配置、原理及一般情况下的各种保护投切方式，了解低频设备检修项目、试验项目的内容和要求。

（3）掌握低频设备正常巡视及特巡内容及方式。

（4）了解低频设备过电压、过负荷情况下的运行方式及紧急处置方法。

（5）掌握低频设备保护跳闸、设备着火等紧急情况下的事故处理方法。

（6）掌握安全生产知识，学会紧急救护和人工呼吸法，特别要学会触电急救。

10.2.8　备品备件管理

低频换频阀应包含以下备品备件：换频阀子模块、支撑绝缘子、底部绝缘子、层间绝缘子、横担绝缘子、阀塔水冷配管、进水干管、回水干管、侧母管、首端母管、尾端母管、横向母管、EPDM法兰密封垫、O形圈、光纤槽盒、竖线槽、竖线槽、下竖线槽、横向光纤槽。

低频阀冷设备应包含以下备品备件：主循环泵、补水泵、原水泵、电导率传感器、流量传感器、温度传感器、温湿度传感器、压力传感器、检漏传感器。

10.3　现 场 调 试 项 目

相比工频交流，柔性低频输电系统需要开展系统调试工作，系统调试分站系统调试和端对端系统调试。其中，站系统调试指在完成分系统调试的基础上，换流站内一次设备和二次设备全部投入运行，带电验证换流站全部设备性能的试验；而端对端系统调试是在完成站系统调试的基础上，开展多端间的系统带电调试工作。

一般站系统调试包括充电解锁试验、空载加压试验、控制功能试验、保护功能试验、紧急停运试验及控制保护切换试验等。

端对端系统试验包括系统启停试验、逻辑切换试验、稳态性能试验、控制功能切换试验、暂态性能试验、模拟保护试验、168h试运行试验等。

通过系统调试可以很好的验证低频系统能否稳定运行及在所有可能的故障情况下保护能否正确的动作。

10.4　验 收 项 目

为了确保现场完成安装的阀塔运行正常，确保工程成功顺利投运，需在现场安装工作完成后，针对换频阀开展三部分工作：①阀塔安装质量检查验收；②阀模块低压加压试验；③阀塔水路加压试验。

10.4.1　换频阀安装质量检查验收

1.　针对低频子模块的检查

（1）外观检查。合格判据：阀模块中所有部件表面无脏污和损伤等外观缺陷，无遗留物；检查各螺钉力矩标志线，无移位。

（2）子模块接线检查。合格判据：子模块中所有接线、端子等无松动、不牢靠现象。

（3）驱动板盒组件。合格判据：子模块驱动板盒上螺钉安装可靠，无松动、遗漏；驱动盒内电子器件无掉落等问题。

（4）电源组件。合格判据：子模块电源板、中控板上电子器件无掉落等问题；电源组件接线排固定，螺钉无松动；电源板、中控板与底部安装板固定螺钉无松动；中控盒表面沉头螺钉无松动。

（5）均压电阻。合格判据：子模块均压电阻安装固定，孔无开裂问题，固定螺钉安装可靠，无松动；接线可靠，无松动；接线端子橡胶护套无明显位移。

（6）旁路开关。合格判据：子模块旁路开关处于分闸位置；底部螺钉安装可靠，无松动、遗漏，与散热器连接位置螺钉无松动、遗漏，软连接母排无开裂、破损等缺陷。

（7）子模块光纤。合格判据：子模块光纤插接可靠，锁扣安装到位，绑扎牢靠，松紧适当；备用光纤全部安装好，绑扎牢靠，松紧适当。

（8）IGBT 组件。合格判据：子模块 IGBT 组件安装固定可靠，所有螺钉无松动、遗漏；组件上无异物。

（9）散热器及水管。合格判据：散热器与水管连接位置无渗漏水现象；水管完好，无破损、裂纹；水管接口力矩标志线无移位。

（10）电容器正负极母排。合格判据：正负极母排间无异物、变形；正负极母排与电容器、散热器连接可靠，螺母力矩标志线无移位。

（11）连接母排。合格判据：子模块及阀模块间连接母排螺钉连接可靠，螺钉力矩标志线无移位；软连接母排外观无破损。

（12）阀模块水管。合格判据：阀模块水管各连接处无渗漏水现象；阀模块水管端部等电位线已安装；水管接口力矩标志线无移位。

2. 针对阀塔的检查

（1）层间绝缘子检查。合格判据：层间支柱绝缘子安装方向无误；两端固定螺栓已紧固，螺钉力矩标志线无移位。

（2）GRP 螺钉检查。合格判据：阀塔中阀支架、光纤槽支架、水管支架上绝缘螺钉已全部紧固，并点胶处理。

（3）阀塔水管检查。合格判据：阀塔水管与阀模块三通法兰连接可靠，无松动，等电位线已安装、无遗漏。

（4）底部绝缘子检查。合格判据：底部绝缘子安装方向无误；两端固定螺栓已紧固，无松动。

（5）均压罩检查。合格判据：均压罩表面无脏污和损伤等外观缺陷；固定螺栓已紧固，无松动。

（6）连接母排检查。合格判据：阀塔上各阀模块之间的连接母排螺钉连接可靠，无松动；外观无破损。

10.4.2　换频阀电气性能检查验收

为了保证工程中安装使用的子模块在运抵现场并安装后能够正常工作，且阀塔安装与阀控制系统的通信正常，需制定换流阀低压加压试验方案，确保每个子模块在投运使用前的功能都正常。试验过程中需要进行如下检查：

（1）通信功能检查。合格判据：子模块与阀控通信建立，无通信丢帧，子模块电压合格，子模块程序版本号合格。

（2）保护功能检查。合格判据：阀控后台确认子模块可用，且子模块无任何故障回报。

（3）触发功能检查。合格判据：子模块旁路并回报正确。

（4）旁路功能检查。合格判据：子模块与阀控通信建立，无通信丢帧，子模块电压合格。

10.4.3　换频阀水压检查验收

换频阀水压检查验收开展以下外观检查：

（1）主循环泵、喷淋泵、补水泵、原水泵等泵体安装端正，连接管道无松动。

（2）冷却塔运行正常，无漏水、溢水现象。

（3）罐体无明显凹陷、砂眼，焊缝无夹渣、疤痕。

（4）管道无明显凹陷、砂眼，焊缝无夹渣、疤痕。

（5）阀门紧固无松动，外观无刮花、生锈或掉漆。

（6）传感器表面无刮伤、破损、生锈，连接处无渗漏水。

（7）电控柜涂漆均匀，柜体无明显向前 / 后倾斜，接地连接可靠，柜内接线排列整齐、牢固。

（8）风机无锈蚀，法兰、阀门、接口、丝堵、排水栓处无渗水现象。

换频阀塔需要进行水压试验。合格判据：水压阀配水管路无破裂或渗漏水现象。

10.5　调　度　规　程

柔性低频输电系统双端投运后，其运行方式可分为双端低频运行、单端低频运行、单端 STATCOM 运行、工频旁路运行方式。柔性低频系统双端低频运行方式可实现有功功率双向传输。

10.5.1　柔性低频输电系统控制模式

（1）工频侧控制：分为无功功率控制和交流电压控制两种模式，控制换频站工频网侧的无功功率或者交流电压。

（2）低频侧控制：分为电压频率控制（V/f 控制）和有功无功控制（PQ 控制）两种模式。整个低频系统有且只有一端使用 V/f 控制模式，控制低频网侧的电压和频率；另一端使用 PQ 控制模式，控制低频系统输送的有功功率、无功功率。

10.5.2　换频站调度运行管理规定

（1）低频输电系统根据电压等级确定由国调 / 网调 / 省调 / 地调调度管辖，其运行模式由管辖的调度部门负责确定。

（2）所在地市公司负责低频输电系统的运维检修工作，并编写现场运行检修规程，规程应明确低频输电系统运行条件及操作规范。

（3）低频输电系统运行时，换频站工频侧采用无功功率控制模式下，规定工频侧无功指令为正值时，换频站阀组相当于电容器组，向系统送出无功；无功指令为负值时，换频器阀组相当于电抗器，从系统吸收无功。

（4）低频输电系统双端低频运行时，管辖的调度需指定一侧换频站采用 V/f 控制模式，电压固定为额定电压，频率固定为额定频率；另一侧换频站采用 PQ

控制模式，通过改变 PQ 控制策略和数值，可实现潮流双向传输。

（5）规定 PQ 控制换频站低频侧有功指令为正时，低频联络线潮流为流向 PQ 控制换频站，流出 V/f 控制换频站，即流入为正。

（6）低频输电系统双端低频运行时，有两种启动方式：①两侧换频站都改为充电状态（低频联络线无电改运行），通过两侧阀组导通实现双端互联；②一侧换频站改为低频三相运行后，另一侧换频站由 STATCOM 运行状态改为低频三相运行，通过低频变压器高压侧开关合环方式实现双端互联（单站投入）。

（7）低频输电系统由双端低频运行改为停役时，同样有两种方式：①通过阀闭锁进行解环（两站停运）；②通过低频变压器高压侧开关解环（单站退出）。

（8）低频输电系统双端低频运行时，若需两站停役或单站退出，管辖的调度需先发令 PQ 控制换频站将有功功率降至零。一般情况下两站停役需从 PQ 控制换频站侧解环。若 V/f 控制换频站需单站退出，调度需先发令 PQ 控制换频站将有功功率降至零，再发令将 V/f 控制换频站切换为 PQ 控制模式，原对侧 PQ 控制换频站自动切换至 V/f 控制模式，最后发令停役换频站。

（9）低频输电系统单端低频三相运行或 STATCOM 运行时，换频器工频侧均采用无功控制模式运行。单端低频三相运行时，低频侧必须是电压频率控制模式（V/f 模式）运行，电压固定为额定电压，频率固定为额定频率。

（10）换频站单端低频三相运行或 STATCOM 运行时，若工频侧线路需要停役，需先将该侧换频站改为热备用或冷备用状态，方可停役工频侧线路。

（11）系统需无功补偿时，低频输电系统仍可保持双端低频运行，通过改变两侧换频站工频侧无功控制策略实现无功调节。

第11章

柔性低频输电工程异常处置、故障分析

11.1 异 常 处 理

11.1.1 换流站运行异常时的处理流程

（1）值班人员在换流阀运行中发现任何不正常现象时，按规定程序上报并做好相应记录。

（2）值班人员若发现设备有威胁电网安全运行且不停电难以消除的缺陷时，应向值班调度员汇报，及时申请停电处理，并按规定程序上报。

（3）当发生危及换流阀安全的故障、而换流阀的有关保护装置没有动作时，应立即手动将换流阀停运。

（4）因换流阀设备故障引起直流输电系统某极或阀组停运，未经检查处理不得恢复该极或阀组运行。在重新启动前，如条件许可，可在发生故障的换流站进行空载加压试验。

（5）换流阀和阀冷却水系统在运行中发生异常时，按站内有关规程处理。当发生换流阀冷却水超温等影响直流输电系统送电能力的设备报警时，换流站运行值班员可向上级调度汇报并提出降低直流输送功率等措施。

11.1.2 常见异常处理方法

1. 换频阀声音异常处理

（1）故障现象：换频阀运行声音有异常变化。

（2）处理原则：

1）换频阀运行过程中声音明显增大，并伴有放电、爆裂声时，应立即查明原因并采取相应措施，检查在线检测装置和阀避雷器有无异常现象，检查阀塔悬吊结构有无异常，必要时将换频阀停运登塔检查。

2）若换频阀在运行过程中响声比平常增大而均匀时，应检查电网电压情况，确定是否为电网电压异常引起，同时检查换频阀负荷情况，并加强对换频阀运行监视。

3）运行中听到水声时，应立即检查换频阀冷却系统有无渗漏，检查阀漏水检测装置有无动作，若确认阀塔漏水，应立即申请停运处理。

2. 进出阀水温异常升高处理

（1）故障现象：换频阀进出阀温度异常升高。

（2）处理原则：

1）现场检查冷却塔（或冷却风机）运行情况是否正常，风扇转速是否正常。

2）检查喷淋泵（若有的话）运行情况是否正常，出水量是否正常等。

3）检查冗余系统测量值是否正常，若与当前系统差异较大，应加强监视，采取必要措施进行处理。若测量值接近，应监视温度，有条件的话，根据现场情况启动辅助降温应急预案。

4）若温度继续上升，可申请降低负荷或者申请将换频阀停运。

3. IGBT 子模块故障或保护触发报警

（1）故障现象：运行人员工作站出现"IGBT 子模块故障"或"保护触发"报警，阀控设备出现报警。

（2）处理原则：

1）读取、记录该故障位置信息。

2）如为单系统报警，评估风险后，可重启该系统阀控装置。若报警信号复归，应确保运行人员工作站与现场设备状态一致；如报警信号未复归，则密切监视系统运行情况。

3）如冗余系统报警信息一致，应密切监视系统运行情况或根据实际情况申请停运检查处理。

4）当单阀内无冗余 IGBT 子模块时，应及时向调度申请停运该阀组，做好隔离措施，联系专业人员处理。

4. 阀塔设备失火

（1）故障现象：阀塔设备冒烟、着火。

（2）处理原则：

1）若已确认阀塔设备起火，或在短时间内连续发生阀控报警（保护性触发、IGBT 子模块故障）、消防报警（紫外、烟感）并通过视频监控等设施发现存在起火迹象的，应立即停运。

2）若阀控系统或阀厅火灾报警系统已闭锁，应将相关情况汇报调度。

3）确保阀厅空调和阀厅排烟系统处于关闭状态。

4）运行人员进入阀厅巡视走道前，应佩戴防毒面具、防火服等防火器具。

5）停运后若火势已熄灭或有明显熄灭趋势，则不宜采取污染阀塔设备的灭火措施；若火势继续蔓延，应及时进行灭火。在保证人身安全和不扩大火情的情况下，必要时可进入阀厅灭火。

6）必要时，运行人员应拨打 119，请求消防部门协助灭火。

7）确认火势完全扑灭且不会复燃后，方可打开阀厅排烟系统对阀厅进行排烟。

8）阀厅内烟雾散尽后应关闭阀厅排烟系统，防止阀塔设备受潮和灰尘进入。

9）做好隔离、接地措施，联系专业人员处理。

5. 阀塔设备漏水

（1）故障现象：阀塔设备、阀塔下方地面有水迹或阀塔水管喷水；排除温度影响外，阀冷却水水位仍持续下降。

（2）处理原则：

1）发现漏水后，应采用多种手段观察漏水点，确定水迹来源和泄漏程度。

2）如水迹来源为雨水等外部因素造成，可对漏水点加强监视，必要时申请停运阀组。

3）如阀塔水管漏水，但泄漏程度轻微且泄漏位置不会引起阀设备损坏，应申请停运阀组。

4）如阀塔水管漏水严重，或者发现阀塔已经有放电、灼烧现象时，应紧急停运该阀组，同时汇报值班调控人员。

5）停运后做好隔离、接地措施，联系专业人员处理。

6. 阀厅红外测温系统云台控制异常

（1）故障现象：后台无法操作控制云台。

（2）处理原则：

1）检查云台协议、波特率、地址与使用的云台或球型摄像机的云台协议、波特率、地址设置有无异常。

2）检查当前用户有无相应权限。

11.2　线　路　短　路

在所有正式试验中，亭山站系统低频侧的控制模式为 PQ 控制，中埠站低频侧为 V/f 控制，低频侧有功功率方向为中埠站送亭山站。具体试验项目分单相接地和相间短路试验，见表 11-1。单相接地故障的故障相选择 B 相，相间短路故障的故障相选择 A、B 相。具体试验波形如图 11-1 ～图 11-4 所示。

表 11-1　　　　　　　　　　　试验内容

序号	试　验　内　容
1	低频侧单相接地短路试验（中埠站双开关运行）
2	低频侧两相相间短路试验（中埠站双开关运行）

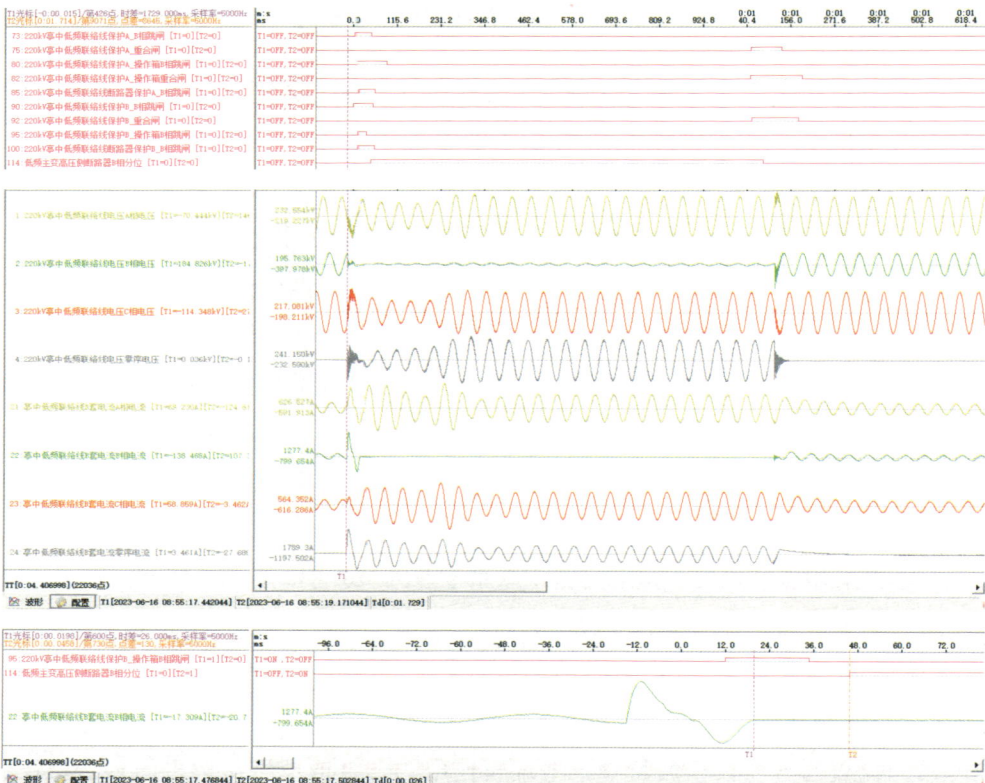

图 11-1　单相接地故障下亭山换频站故障录波

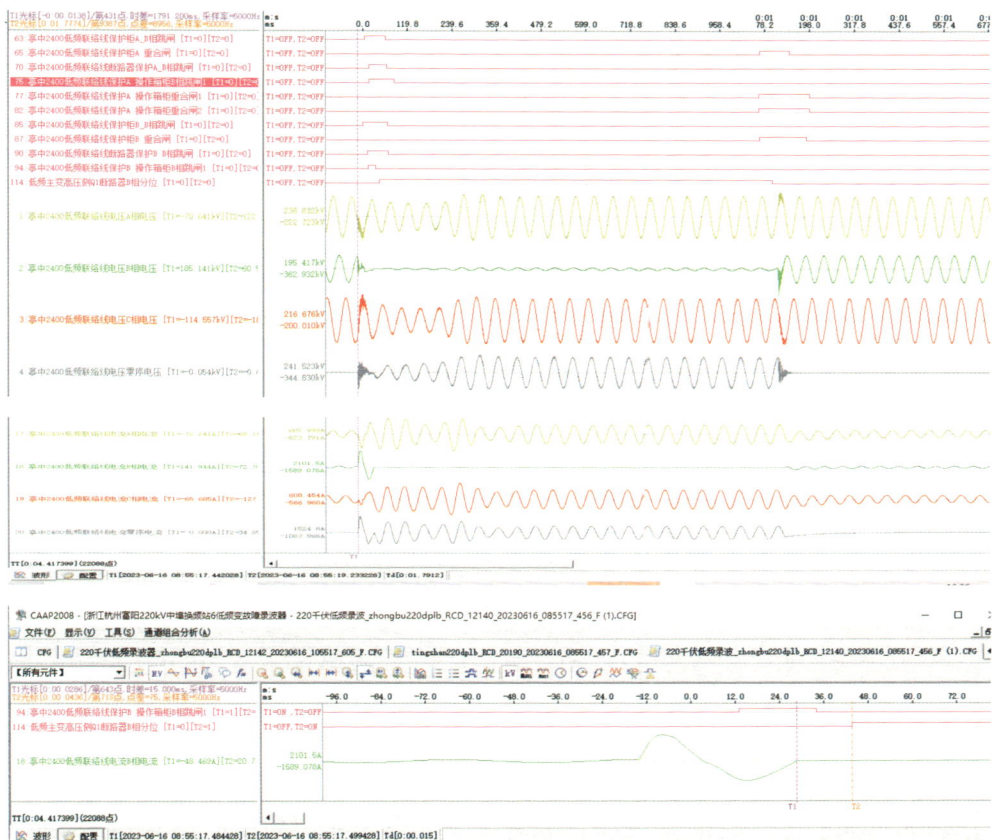

图 11-2　单相接地故障下中埠换频站故障录波

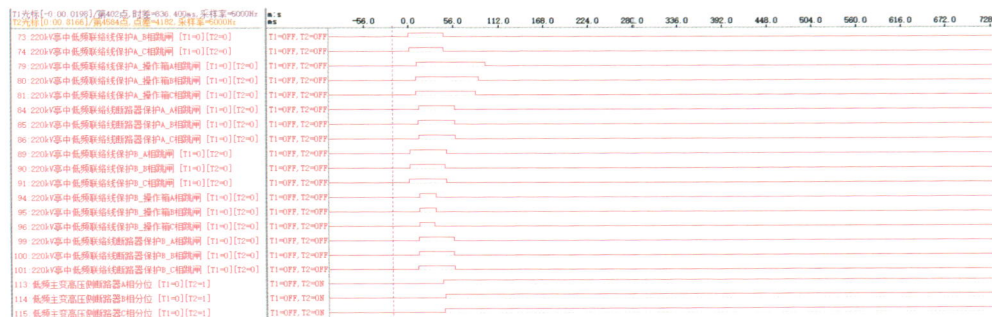

图 11-3　相间故障下亭山换频站故障录波（一）

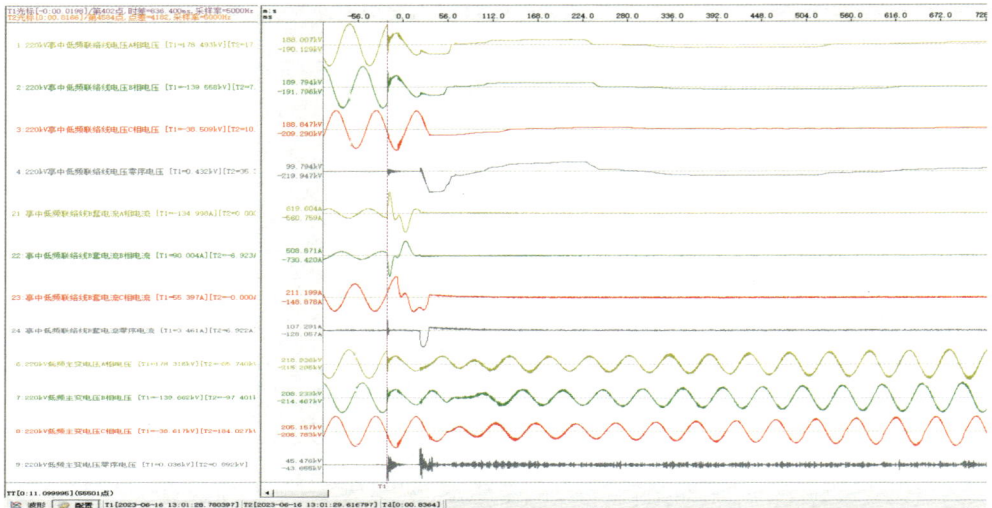

图 11-3　相间故障下亭山换频站故障录波（二）

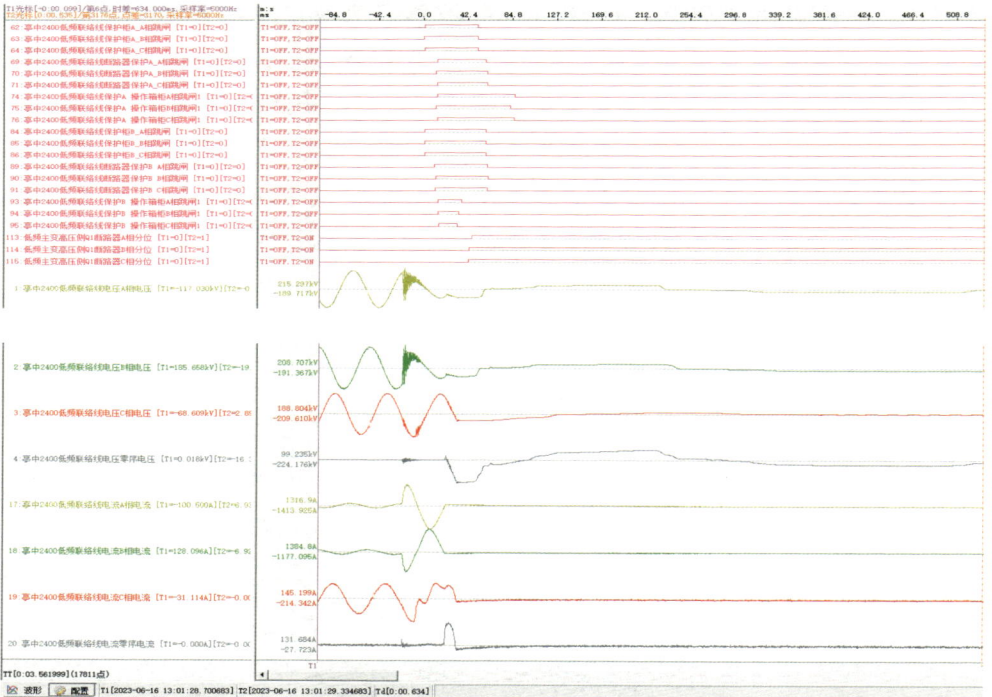

图 11-4　相间故障下中埠换频站故障录波

　　单相接地试验（B 相）过程中，两站的低频联络线保护均在 14 ～ 16ms 范围内动作，亭山换频站从线路保护动作到低频网侧断路器分位时间约为 46ms，中埠换频站从线路保护动作到低频网侧断路器分位时间约为 43.4ms，且改变低频侧控制模式和潮流方向对于保护动作及断路器动作的时间基本没有影响。

　　相间短路故障（A、B 相之间）试验过程中，两站的低频联络线保护均在 16 ～ 19ms 范围内动作，亭山换频站从线路保护动作到低频网侧断路器分位时间约为 46ms，中埠换频站从线路保护动作到低频网侧断路器分位时间约为 46.4ms，中埠换频站低频网侧快速开关动作时间在 70 ～ 85ms 范围内。

11.3　海缆外破事故案例

11.3.1　事故概况

　　2023 年 11 月 30 日 07 时 06 分 51 秒，台州柔性低频输电工程盐场换频站 3748 低频开关断开，2 号联结变压器 12kV 开关断开，2 号联结变压器 35kV 开关断开，3 号联结变压器 12kV 开关断开，换频阀停运。Ⅰ、Ⅱ 段母线电压正常（电源线为新盐 3746 线），Ⅲ 段低频母线失电，站用电正常。陈盐 3748 低频线路保护显示 11.30 07:07:12 0012ms 纵联差动保护动作，测距 30.30km，故障相为 B 相。

11.3.2　设备运行方式

　　盐场换频站：新盐线 3746 开关、联盐线 3749 母线开关、35kV 母分开关运行，大陈线 3633 开关热备用，陈盐线 3748 工频开关冷备用，阀冷系统运行。1、2 号站用变压器运行，35kV Ⅰ、Ⅱ、Ⅲ 段母线及电压互感器运行，母分备自投跳闸。换频器低频运行、陈盐线 3748 低频开关运行。换频器定无功功率输出 0Mvar。盐场换频站系统运行方式如图 11-5 所示。

　　大陈换频站：宽频宽压电源冷备用，陈盐线 3748 低频开关运行状态，陈盐线 3748 工频开关冷备用状态，陈盐 3748 线低频运行状态，低频 3634 线运行状态。大陈换频站系统运行方式如图 11-6 所示。

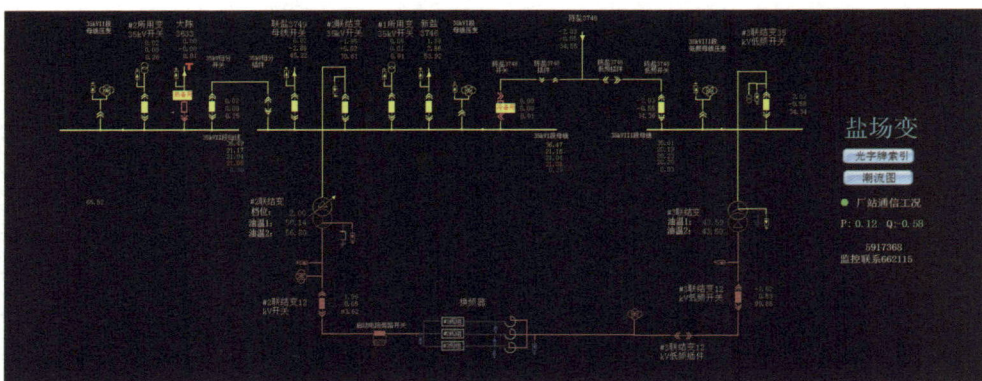

图 11-5   盐场换频站系统运行方式

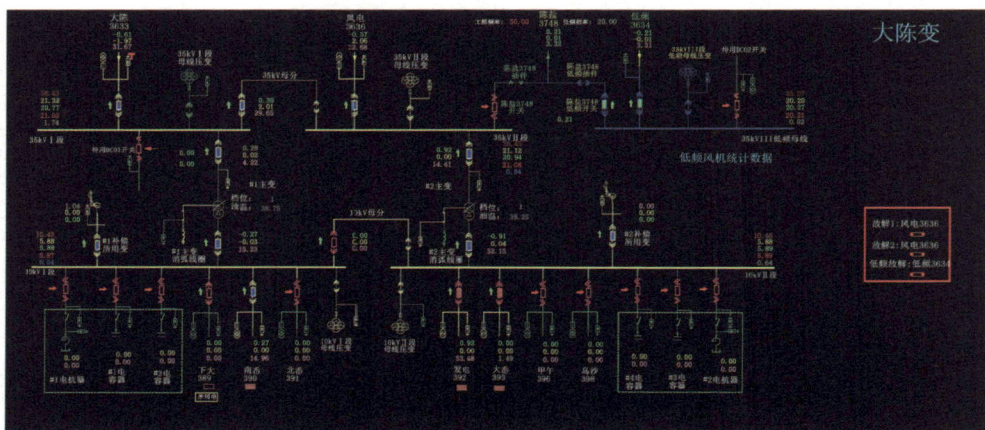

图 11-6   大陈换频站系统运行方式

11.3.3   设备信息

盐场换频站低频换频阀由南京南瑞继保有限公司生产，型号 PCS-8100-LFAC-VSC-U1，投运时间为 2022 年 5 月。

陈盐 3748 低频线为海缆，电缆厂家为 ABB（中国）有限公司、杭州华新电力电缆有限公司；电缆型号为 YJV22-26/35kV-3×300mm²。

11.3.4   事件信息

2023 年 11 月 30 日 07:07:12.863，盐场换频站陈盐 3748 线保护跳闸，跳低频线路两侧开关。

07:07:12.865，盐场换频站换频器控制装置 S1P1PCP1 接收到线路保护跳闸信号后联跳，闭锁换频阀，跳 2 号联结变压器（工频侧联结变压器）与 3 号联结变压器（低频侧联结变压器）阀侧断路器不启动失灵。

07:07:12.865，大陈岛 1、2 号风机保护动作报高穿超时故障，将机组由运行状态转换为故障停机状态。低频风机对于区外故障仅会闭锁风机，不会动作跳开相应开关。

11.3.5　现场检查情况

事件发生后，台州公司调查人员前往盐场换频站进行检查。椒江公司大陈换频站值班人员前往大陈换频站进行检查。陈盐 3748 线两侧纵联差动保护动作，站内其他一、二次设备无异常。盐场换频站陈盐 3748 线低频线路保护动作报文如图 11-7 所示。大陈换频站陈盐 3748 线低频线路保护动作报文如图 11-8 所示。

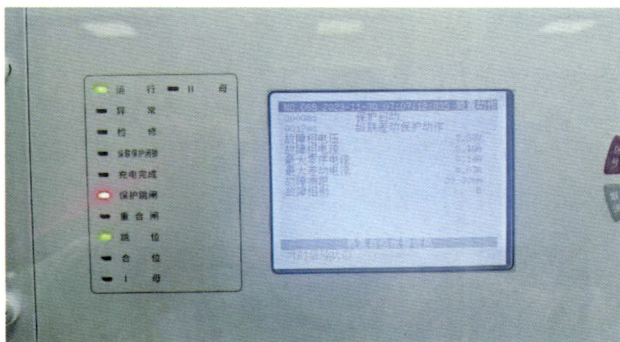

图 11-7　盐场换频站陈盐 3748 线低频线路保护动作报文

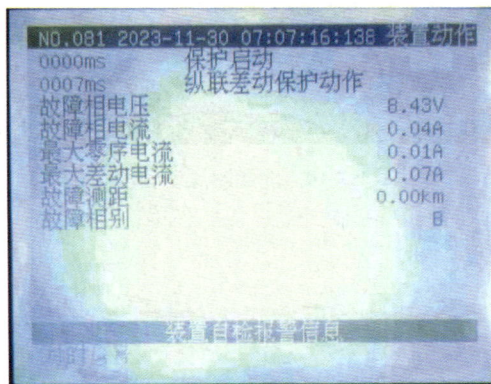

图 11-8　大陈换频站陈盐 3748 线低频线路保护动作报文

检查海缆监测系统发现，跳闸前后海缆监测系统发出大量告警（见图 11-9），告警地点距陈盐 3748 线海缆盐场侧入海点 0 号塔约 8km，并有关联船只 MMIS 号。海缆厂家反馈疑似船只抛锚对海缆造成损坏。

图 11-9 海缆监测系统告警

椒江公司运维人员对大陈换频站内陈盐 3748 线接入开关柜电缆接头及海缆陆缆分接箱进行了巡视，未发现有放电痕迹。

11.3.6 设备恢复情况

台州供电公司开展了海缆耐压试验（见图 11-10），发现陈盐 3748 线海缆 B 相绝缘不合格，与保护动作相别相符；该线路不可投。

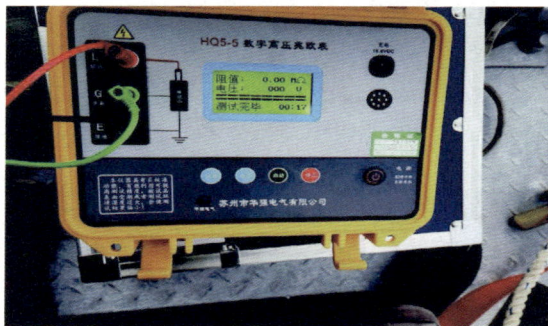

图 11-10 海缆耐压试验图

11.3.7 保护动作分析

1. 第一阶段：盐场换频站陈盐 3748 线低频线路保护动作

（1）波形分析。

从盐场侧故障波形（见图 11-11）看，故障后 B 相电压迅速跌落，B 相电流迅速增大，15ms 后 B 相二次电压有效值由 57.7V 跌落到 35V 以下，B 相二次电流有效值由 0.048A 增大到 0.185A。同时，故障电流中零序电流较大，15ms 时达到 0.25A。

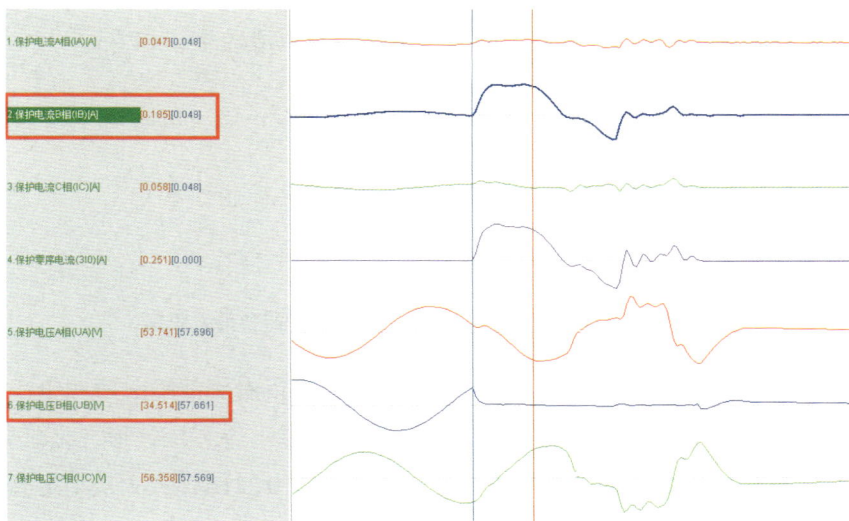

图 11-11 盐场侧电压电流波形

从大陈侧故障波形（见图 11-12）看，故障后 B 相电压迅速跌落，B 相电流略增大，15ms 后 B 相二次电压有效值由 57.7V 跌落到 34V 以下，B 相二次电流有效值由 0.045A 增大到 0.061A。同时，故障电流中不含零序分量。

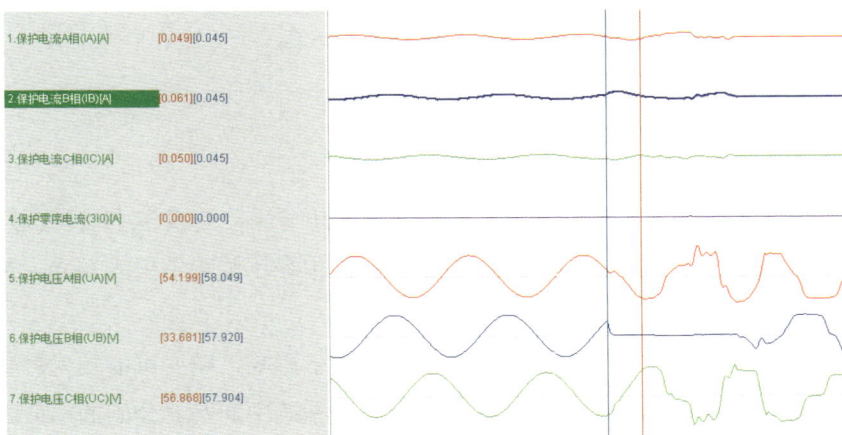

图 11-12 大陈侧电压电流波形

（2）原因分析。

1）电流特征分析。故障发生在低频陈盐 3748 线上，故障类型为 B 相接地故障。故障后盐场侧向故障点提供较大的短路电流（见图 11-13）。大陈侧风机低频升压变压器高压侧无接地点，没有零序回路，故障后大陈侧无零序电流。加上大陈侧风机呈现弱馈特征，因此大陈侧提供的短路电流较小。

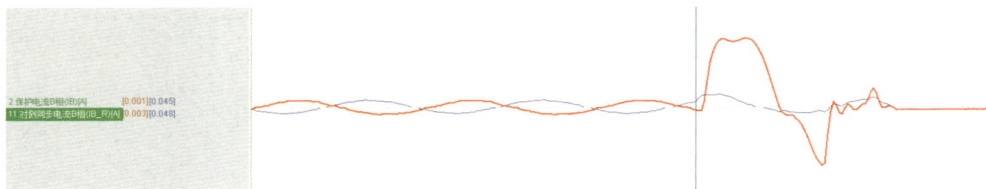

图 11-13　两侧电流波形（红色为盐场测，蓝色为大陈侧）

2）差动保护行为分析。对比两侧电流波形，可以看到故障前两侧电流反向，故障后电流相位差减小到 90°以内，满足区内故障特征。从差流波形（见图 11-14）可以看出，故障后 B 相差流迅速增大，15ms 时达到了 0.221A，大于差动定值 0.1A。根据两侧电流有效值，可以计算得到制动电流 I_R 约 0.12A。稳态差动的比率制动条件 $I_{CD}>0.6I_R$ 满足。由于差流和差动制动特性均成立，差动保护正确动作。

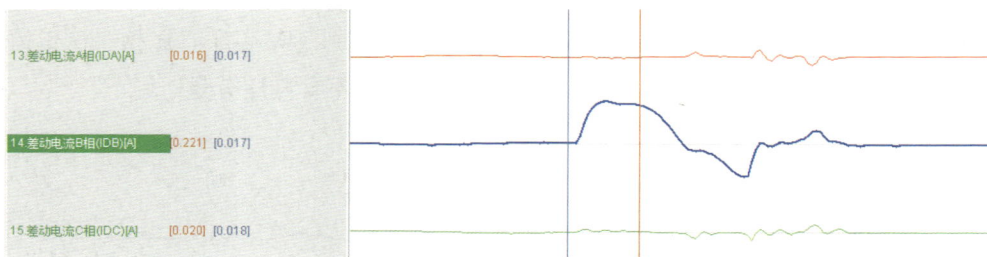

图 11-14　差流波形

3）动作报告中显示测距结果和差流分析。盐场侧动作报告中显示测距结果为 30.3km，最大差流为 0.07A；大陈侧动作报告中显示测距结果为 0km，最大差流为 0.07A。

故障初期受电力电子控制暂态过程的干扰波形影响，畸变可能较为严重，为提升测距精度及故障信息数据准确性，结合低频系统中断路器分闸的一般时间指标，故障测距及最大差流计算从保护动作后 50ms 开始，由于本次故障开关跳开较快（保护动作后约 38ms 左右已经跳开断路器），测距和差流计算采用的电压、电流数据包含了跳开后的数据，因此计算结果与实际有较大偏差，故本次故障信息中测距结果不具备参考意义。

2. 第二阶段：换频器跳闸和风机保护动作

（1）波形分析。图 11-15 所示为盐场变频站换频器控制系统录波的相关波形，从图 11-15 可看出，低频海缆 B 相发生接地故障后，换频器持续运行，并控制非故障相不过压；故障发生后 36ms 左右，换频器控制系统接收到线路保护装置动作信号，闭锁换频器、并跳工频低频变压器两侧的断路器，换频器闭锁后盐场侧低频线路故障电流开始降低；故障发生后 57ms 左右 3748 线路盐场侧断路器跳开，盐场侧低频母线电压开始降低。

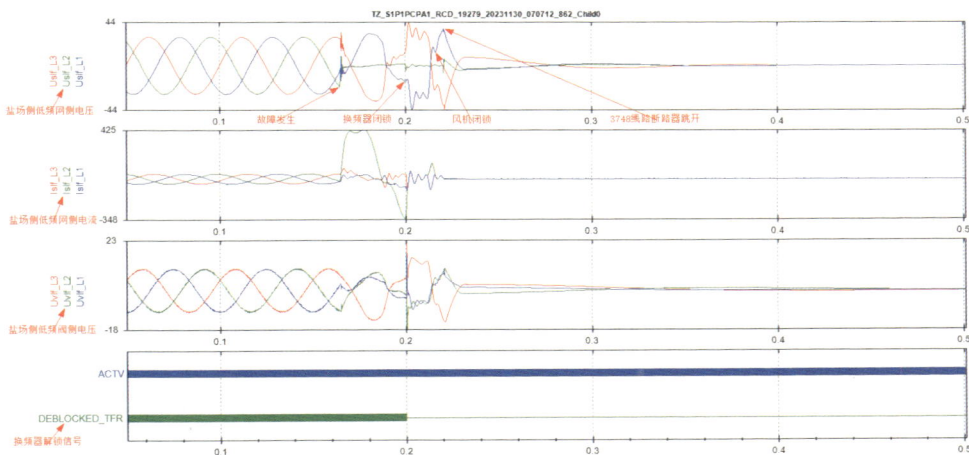

图 11-15　盐场换频站换频器相关波形

从图 11-16 可以看出，故障发生后 50ms 左右风机闭锁，在风机闭锁后大陈侧低频线路故障电流开始降低；故障发生后 174ms 左右 3748 线路大陈侧断路器跳开，大陈侧低频母线电压开始降低。

（2）原因分析。低频海缆发生接地故障对换频器来说属于区外故障，因此在线路发生故障后换频器会执行故障穿越策略、持续运行，提供故障电流便于交流保护动作，在换频器接收到线路保护动作的信号后，立即闭锁换频器并联跳相应的断路器，此后盐场侧故障电流消失。

在 3748 线路断路器跳开前，风机会持续运行，并提供一部分故障电流，风机检测到系统发生区外故障闭锁后，大陈侧电流消失。

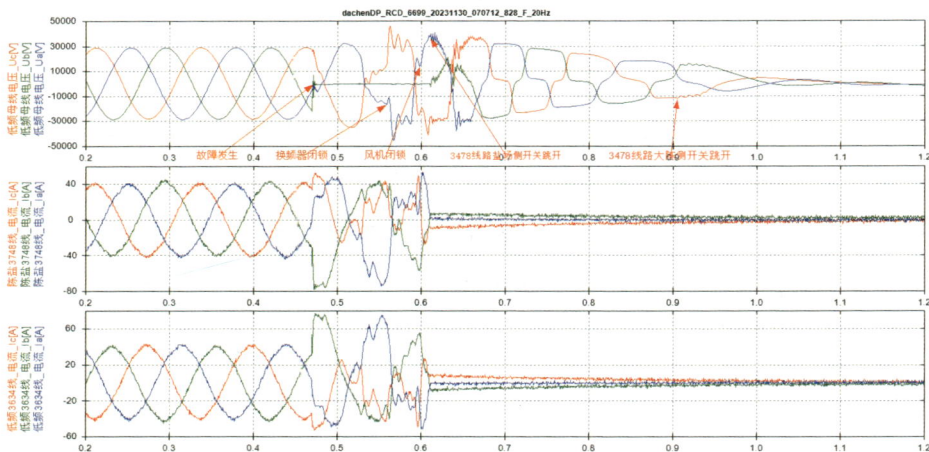

图 11-16   大陈换频站换频器相关波形

由于海缆分布电容的存在，虽然换频器和风机均闭锁了，但在断路器跳开前，低频母线仍能检测到类似方波的交流电压，在断路器跳开后，低频母线电压开始快速降低至零。该现象符合过往现场试验结果。

11.3.8　故障结论及处置

陈盐 3748 线海缆发生船只外破导致的 B 相故障，陈盐 3748 线低频线路差动保护正确动作。盐场变频站低频控制装置收到低频线路保护动作联跳开入，跳开换频器开关，动作正确。

2023 年 11 月 30 日，陈盐 3748 线路由热备用改为线路检修。台州供电公司与台州海事局合作查找涉事船只，并联系舟山启明海工修复海缆。修复海缆过程中，大陈 3633 线三段光差停用。2023 年 12 月 29 日，陈盐 3748 线路由线路检修改为运行，换频器由热备用改为运行。

第12章

柔性低频输电技术总结与展望

12.1　柔性低频输电系统接入技术研究

　　明确柔性低频输电接入系统后的运行方式和运行特性是保证系统安全稳定运行的关键。目前，柔性低频输电的频率亟需统一，而针对柔性低频输电的系统构建方式、工/低频混联交流系统运行方式、暂稳态运行及故障特性、低频系统主设备过电压水平和暂态电气应力情况均尚未明确，需开展相应的离线仿真研究和硬件在环实时仿真研究，明确低频输电系统接入特性。

12.2　柔性交交换频器主电路拓扑设计

　　理想的柔性交交换频器应能够在满足工程所需容量与电压等级需求前提下，简化主电路拓扑结构、减少模块串联数量、降低器件开关损耗、降低控制保护与调制的复杂程度。现有交交换频器拓扑已具备开展柔性低频输电应用的条件，但是 BTB-MMC 在低频工况下对环流与电容电压控制难度较大，M3C 所需开关器件数量很多，控制系统实现复杂，Hexveter 等新型拓扑则尚在起步阶段[33-34]，仍需进一步探索适用性和效率更高的换频器拓扑。

12.3　柔性低频输电控制与保护系统设计

　　针对 M3C 换频器的装置级的控制策略已开展了较多的研究。目前的技术路线主要分为双解耦控制、桥臂电流直接控制、电压空间矢量控制三类。其中，桥臂电流直接控制方法需要在每个桥臂中串联桥臂电抗，造成系统复杂程度和设备制造成本的增加；电压空间矢量控制方法的开关状态随着模块数量的增加呈指数增加，多电平场景下难以满足计算量要求，有必要开展交交换频器控制策略的优化设计，同时重点开展环流抑制、电容电压控制优化的研究。针对柔性低频输电的站级和系统级控制策略也有待深入研究。此外，还需开展交流保护对低频的适应性改造和新保护技术的开发，针对交交换频器也需要设计相应的故障限流技术与快速穿越技术。

12.4   柔性低频输电谐波与电能质量分析

柔性交交换频器的高频开关、快速电压控制、电流控制环节可能向系统引入谐波，与电网中的无源器件（如电容器、滤波电抗及长距离电缆）产生相互影响。低频输电的典型应用场合往往采用长距离电缆，使得谐振频率显著降低，同时由于电缆损耗的减少，阻尼效应也明显降低，可能带来潜在的谐波稳定性问题。对低频输电谐波产生、传导及抑制进行机理分析和仿真研究，可以为滤波系统、PWM 控制的设计及其优化，噪声和无线电干扰的降低提供理论基础，同时也是保障低频交流系统安全、稳定、经济运行的关键。

12.5   柔性低频输电主设备低频适应性研究

现有研究认为低频输电的断路器、变压器、电缆、风机等主设备的开发不存在技术瓶颈，但尚需要开展主设备低频适应性分析并进行低频化改造。针对低频断路器的分闸性能与快速开断方法、低频变压器经济设计方法及风机低频改造和低频控制策略仍有待进一步研究。

参 考 文 献

[1] FUNAKI T, MATSUURA K. Feasibility of the low frequency AC transmission[C]. Power Engineering Society Winter Meeting, Singapore, IEEE, 2000: 2693-2698.

[2] WANG X F. The fractional frequency transmission system[C]. IEEE Japan Power & Energy, Tokyo, Japan, IEEE, 1994: 53-58.

[3] 王秀丽，张小亮，宁联辉，等. 分频输电在海上风电并网应用中的前景和挑战 [J]. 电力工程技术，2017，36(1)：15-19.

[4] 王锡凡，王秀丽，滕予非. 分频输电系统及其应用 [J]. 中国电机工程学报，2012，32(13)：1-6.

[5] 汤广福，贺之渊，庞辉. 柔性直流输电工程技术研究、应用及发展 [J]. 电力系统自动化，2013，37(15)：3-14.

[6] 陆晶晶，贺之渊，赵成勇，等. 直流输电网规划关键技术与展望 [J]. 电力系统自动化，2019，43(2)：182-191.

[7] 王锡凡，王秀丽. 分频输电系统的可行性研究 [J]. 电力系统自动化，1995，19(4)：5-13.

[8] 胡超凡，王锡凡，曹成军，等. 柔性分频输电系统可行性研究 [J]. 高电压技术，2002，28(3)：16-18.

[9] RESHMA P, KUMAR S V S, REDDY B B. Offshore wind farm connection with low frequency AC transmission technology[C]. IEEE Power & Energy Society General Meeting, Calgary, Canada, IEEE, 2009: 1-8.

[10] ILVES K, BESSEGATO L, NORRGA S. Comparison of cascaded multilevel converter topologies for AC/AC conversion[C]// 2014 International Power Electronics Conference, May18-21, 2014, Hiroshima, Japan: 1087-1094.

[11] FUNAKI T, MATSUURA K. Feasibility of the low frequency AC transmission[C]// Proceedings of 2000 IEEE Power Engineering Society Winter Meeting, January 23-27, 2000, Singapore: 2693-2698.

[12] 王锡凡，曹成军，周志超. 分频输电系统的实验研究 [J]. 中国电机工程学报，2005，25(12)：6-11.

[13] ERICKSON R W, AL-NASEEM O A. A new family of matrix converters[C]// Annual Conference of the IEEE Industrial Electronics Society, November 29-December 2, 2001, Denver, USA: 1515-1520.

[14] CARRASCO M, MANCILLA-DAVID F, VENKATARAMANAN G, et al. Low frequency HVAC transmission to increase power transfer capacity[C]// 2014 IEEE PES T&D Conference and Exposition, April 14-17, 2014, Chicago, USA: 1-5.

[15] FISCHER W, BRAUN R, ERLICH I. Low frequency high voltage offshore grid for transmission

of renewable power[C]// 2012 3rd IEEE PES Innovative Smart Grid Technologies Europe, October 14-17, 2012, Berlin, Germany: 1-6.

[16] RUDDY J, MEERE R, O'DONNELL T. Low frequency AC transmission as an alternative to VSC-HVDC for grid interconnection of offshore wind[C]// 2015 IEEE Eindhoven PowerTech, June 29-July 2, 2015, Eindhoven, Netherlands: 1-6.

[17] XIANG X, MERLIN M M C, GREEN T C. Cost analysis and comparison of HVAC, LFAC and HVDC for offshore wind power connection[C]// 12th IET International Conference on AC and DC Power Transmission (ACDC 2016) , May 28-29, 2016, Beijing, China: 1-6.

[18] 黄明煌，王秀丽，刘沈全，等．分频输电应用于深远海风电并网的技术经济性分析 [J]. 电力系统自动化，2019，43(5)：167-174.

[19] 王锡凡，刘沈全，宋卓彦，等．分频海上风电系统的技术经济分析 [J]. 电力系统自动化，2015，39(3)：43-50.

[20] 汤广福．基于电压源换流器的高压直流输电技术 [M]．北京：中国电力出版社，2010：16-17.

[21] LIU S Q, WANG X F, WANG B Y, et al.Comparison be-tween back-to-back MMC and M3C as high power AC/AC converters[C]//2016 IEEE PES Asia-Pacific Power and Energy Engineering Conference, Xi'an, China.IEEE, 2016: 671-676.

[22] 李姝玉，于弘洋，葛菁，等．双端口矩阵变换器在工 / 低频电网互联下的电容及电压波动特性分析 [J]. 电网技术，2020，44(4)：1437-1444.

[23] 李峰．面向高密集度海上和陆上风电接入的区域电网规划模型与方法研究 [D]. 广州：华南理工大学，2017.

[24] 刘其辉，逢思敏，吴林林，等．大规模风电汇集系统电压不平衡机理、因素及影响规律 [J/OL]. 电工技术学报 [2022-04-06].

[25] 徐政．柔性直流输电系统 [M]．北京：机械工业出版社，2012.

[26] LU C Y, WANG K J, QIU P, et al. Resonance stability analysis of hangzhou flexible low frequency AC system[C]//2021 International Conference on Power System Technology, Haikou, China. IEEE, 2021: 1640-1644.

[27] ILVES K, BESSEGATO L, NORRGA S. Comparison of cascaded multilevel converter topologies for AC/AC conversion[C]//2014 International Power Electronics Conference, Hiroshima, Japan. IEEE, 2014: 1087-1094.

[28] AL-TAMEEMI M, LIU J, BEVRANI H, et al. A Dual VSG-Based M3C Control Scheme for Frequency Regulation Support of a Remote AC Grid Via Low-Frequency AC Transmission System[J]. IEEE Access, 2020, 8: 66085-66094.

[29] 孟永庆，王健，李磊，等．基于双 dq 坐标变换的 M3C 变换器的数学模型及控制策略研究 [J]. 中国电机工程学报，2016，36(17)：4702-4712.

[30] 邢法财，徐政，王世佳，等．三相换流器交流侧扰动特性的定性及定量分析 [J]. 电网技术，2020，44(1)：255-265.

[31] 王锡凡，王秀丽，滕予非．分频输电系统及其应用 [J]. 中国电机工程学报，2012，32(13)：1-6.

[32] 迟方德，王锡凡，王秀丽. 风电经分频输电装置接入系统研究 [J]. 电力系统自动化，2008，32(4)：59-63.

[33] Baruschka L, Mertens A. A new three-phase AC/AC modular multilevel monverter with six branches in hexagonal configuration[J]. IEEE Transactions on Industry Applications, 2013, 49(3): 1400-1410.

[34] Yi Y, Yang G, Qian C, et al. Branch voltage balancingcontrolstralegy based on the transfer power model by zero-sequencecirculating current for the hexverter[J]. IEEE Access, 2022 (10): 44326-44336.

[35] 李姝玉，于弘洋，葛菁，等. 双端口矩阵变换器在工 / 低频电网互联下的电容及电压波动特性分析 [J/OL]. 电网技术，2020，44(4): 1437-1444. DOI:10.13335/j.1000-3673.pst.2019.1575.